机械制图及 CAD 基础
（第 3 版）

主编　唐建成

北京理工大学出版社
BEIJING INSTITUTE OF TECHNOLOGY PRESS

内容提要

本书介绍了机械制图及CAD软件的基础知识，全书共10个模块，系统介绍了制图的基本知识与技能，AutoCAD基本操作，物体的三视图，轴测图与三维建模基础，切割体与相贯体，组合体，机械图样的表达方法，标准件与常用件，零件图，装配图等知识。

本书适合作为高等院校、高职院校的教材使用，也可供相关工程技术人员参考使用。

图书在版编目(CIP)数据

机械制图及CAD基础 / 唐建成主编. -- 3版. -- 北京 : 北京理工大学出版社, 2022.1
ISBN 978-7-5763-0996-6

Ⅰ. ①机… Ⅱ. ①唐… Ⅲ. ①机械制图 - AutoCAD软件 - 高等职业教育 - 教材 Ⅳ. ①TH126

中国版本图书馆CIP数据核字(2022)第027963号

出版发行 / 北京理工大学出版社有限责任公司
社　　址 / 北京市海淀区中关村南大街5号
邮　　编 / 100081
电　　话 / (010) 68914775（总编室）
(010) 82562903（教材售后服务热线）
(010) 68944723（其他图书服务热线）
网　　址 / http://www.bitpress.com.cn
经　　销 / 全国各地新华书店
印　　刷 / 河北盛世彩捷印刷有限公司
开　　本 / 787毫米×1092毫米　1/16
印　　张 / 15
字　　数 / 350千字
版　　次 / 2022年1月第3版　2022年1月第1次印刷
定　　价 / 79.00元

责任编辑 / 赵　岩
文案编辑 / 赵　岩
责任校对 / 周瑞红
责任印制 / 李志强

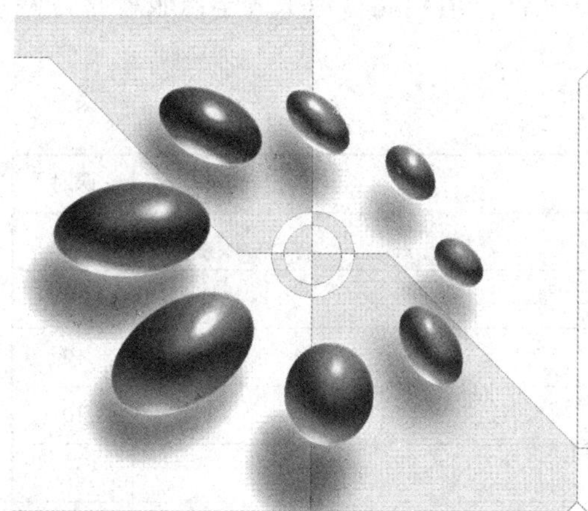

前　言

本书是江苏省五年制高等职业院校课程改革成果系列教程之一。机械制图是现代职业教育制造类专业的重要技能工具课程和专业技术基础课程，是应用型高技能人才的通用职业技能之一，计算机绘图已经在制造业企业中得到普遍应用。面对这一现状，职业院校机械制图的课程改革势在必行，通过强化学生 CAD 软件的绘图操作技能，提高相应专业职业技能培养的教学效率。

目前机械制图课程教学存在着过于侧重学习绘图原理，课程内容知识理论过多；图样的手工绘制与计算机绘图脱节，CAD 内容相对独立，没有完全融入课程内容和教学过程之中；读图与绘图学习任务脱离真实生产任务，机械制图只被作为一门专业基础课程，由此势必造成一项工具性基础技能的缺失和专业核心技能的弱化。五年制高等职业教育为职业技能培养提供了非常良好的基础条件，使职业技能的培养方向、培养过程和培养内容更明确，在不同职业阶段的技能提升过程中，机械制图将被定位在既是一个技能工具又是一项技能任务，既是“工具和语言”类基本技能又是专业核心技能项目。

本书将“机械制图”与“AutoCAD”整合为一门全新的课程——机械制图与 CAD 基础。在教学过程中，机械制图与 AutoCAD 课程内容相互融合，教师使用 CAD 实施教学任务，由于直观性好、可操作性强，强化了 CAD 技术应用和技能训练。学生直接用 CAD 来完成制图作业这一学习任务，可大大提高学生的学习兴趣、学习效率和学习效果。

本书特点一：机械制图的学习任务以 AutoCAD 为技能工具，强化学生的“工具”使用技能，教材作为学生学习的学材；特点二：CAD 本身也作为核心技能任务，课程结束学生将通过 CAD 绘图的职业鉴定；特点三：在 CAD 的技术应用上，作者首次公开了 20 多年的研究成果，配套的多媒体资源中融入了作者对 CAD 软件的应用技巧和技术应用的创新，学生在完成机械制图学习任务的同时可以领悟到 CAD 技术的魅力和精彩，对 CAD 应用功能的拓展乃至计算机的工程应用软件产生强烈的求知欲望。

本书可作为高等职业院校以及中等职业院校的教材，也可作为中高级职业资格与就业培训、CAD 技能大赛培训用书。本书中所用到的 CAD 文件，请到北京理工大学出版社官方网站（www. bitpress. com. cm）下载使用。

本书参考学时数为 120 学时，学时分配建议如下：

序号	内　容	课时
1	制图的基本知识与技能	10
2	AutoCAD 2018 基本操作	10
3	物体的三视图	10
4	轴测图与三维建模基础	10
5	切割体与相贯体	8
6	组合体	14
7	机械图样的表达方法	18
8	标准件与常用件	12
9	零件图	8
10	装配图	8
11	大作业	12
合计		120

目 录

课程简介 …… 1

模块 1　制图的基本知识与技能 …… 4

课题 1　制图基本规定 …… 4

课题 2　平面图形画法 …… 15

模块 2　AutoCAD 2018 基本操作 …… 22

课题 1　熟悉 AutoCAD 2018 界面 …… 22

课题 2　机械图的环境设置 …… 24

课题 3　基本图形的画法 …… 34

模块 3　物体的三视图 …… 60

课题 1　点的投影作图 …… 60

课题 2　直线的投影作图 …… 66

课题 3　平面的投影作图 …… 69

课题 4　基本几何体的三视图及表面取点 …… 71

模块 4　轴测图与三维建模基础 …… 78

课题 1　绘制正等轴测图 …… 78

课题 2　AutoCAD 三维建模方法 …… 81

模块 5　切割体与相贯体 …… 88

课题 1　平面体被切割 …… 88

课题 2　曲面体被切割 …… 90

课题 3　两正交圆柱相贯线画法 …… 94

课题 4　圆柱与圆锥正交相贯线画法 …… 97

模块 6　组合体 …… 100

课题 1　绘制组合体的三视图 …… 100

课题 2　标注组合体的尺寸 …… 103

课题 3　读组合体的三视图 …… 106

模块 7　机械图样的表达方法 …… 111

课题 1　视图 …… 111

课题 2　剖视图 …… 116

课题 3　断面图 …… 126

课题 4　其他表达方法 …… 129

目 录

模块8　标准件与常用件 …… 133

课题1　螺纹和螺纹紧固件 …… 133

课题2　齿轮 …… 144

课题3　键连接和销连接 …… 151

课题4　弹簧 …… 154

课题5　滚动轴承 …… 157

模块9　零件图 …… 161

课题1　认识零件图 …… 161

课题2　零件图的视图选择 …… 162

课题3　零件图的尺寸标注 …… 166

课题4　表面结构的图样表示法 …… 171

课题5　极限与配合在图样中的标注 …… 175

课题6　几何公差在图样中的标注 …… 182

课题7　识读零件图 …… 186

模块10　装配图 …… 190

课题1　装配图的内容和表示法 …… 190

课题2　装配图的尺寸标注、零部件序号和明细栏 …… 194

课题3　常见的合理装配结构 …… 197

课题4　由零件图画装配图 …… 200

课题5　读装配图和拆画零件图 …… 207

附录 …… 211

课程简介

机械制图是研究识读和绘制机械图样的一门学科，机械图样是设计和制造机械的重要技术资料，是交流技术思想的一种工程语言。

一、机械图样的内容和作用

机械产品的设计与制造，如图 0 – 1 所示的齿轮油泵，需要设计一整套的零件图和装配图，图 0 – 2 所示为泵盖的零件图，图 0 – 3 所示为齿轮油泵装配图。零件图是表达零件的结构形状、大小及技术要求的图样。装配图是表达零件之间的装配关系和技术要求的图样。在制造时，要根据零件图加工零件，再按装配图把零件装配成机器或部件。

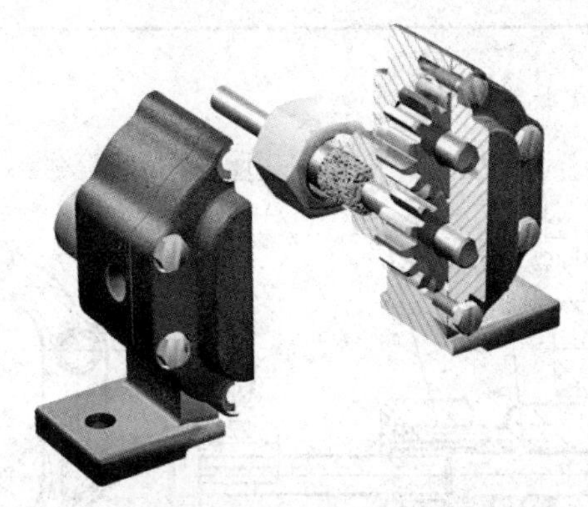

图 0 – 1　齿轮油泵

二、本课程的主要内容和基本要求

本课程的主要内容包括机械制图和 AutoCAD 技术制图两部分，主要有五大模块：

（1）制图的基本知识与技能；

（2）AutoCAD 2018 软件基础；

（3）正投影作图基础；

（4）机械图样的表示法；

（5）零件图和装配图的识读与绘制。

AutoCAD 制图技术始终贯穿于机械制图的各个阶段中，主要内容有平面图形作图基础、画法几何 AutoCAD 作图、三维建模基础、零件图和装配图的绘制方法。以下是本课程的基本要求：

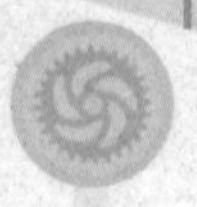

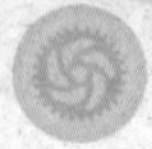

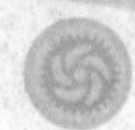

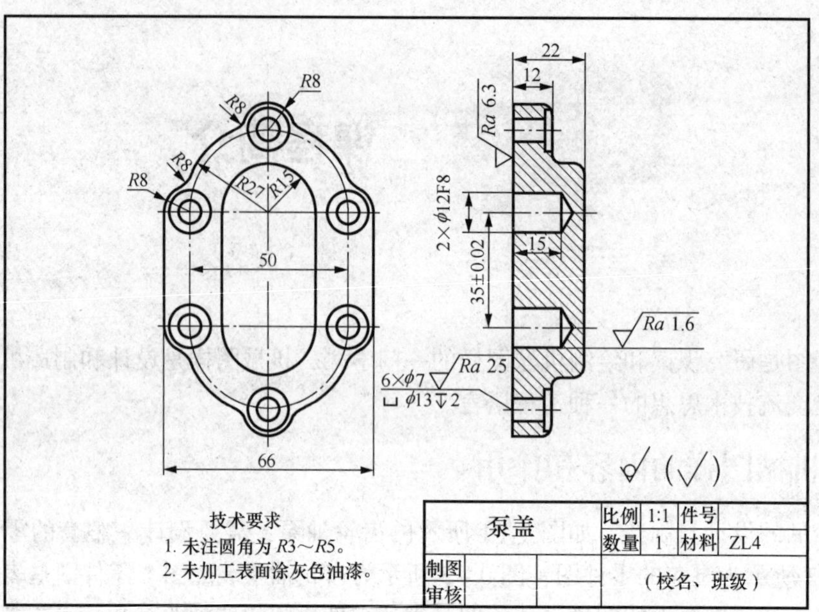

R8
R8
R8
R8
R27
R15
50
66
22
12
Ra 6.3
2×φ12F8
35±0.02
15
Ra 1.6
6×φ7
⌴ φ13↧2
Ra 25
技术要求
1. 未注圆角为 R3～R5。
2. 未加工表面涂灰色油漆。
泵盖
比例 1:1 件号
数量 1 材料 ZL4
制图
审核
（校名、班级）

图0－2　泵盖零件图

6
7
8
9
10
11
5
4
3
2
1
φ12 F8/h7
45
170
8.5
4
22
φ11
35
φ40 F8/h6
G1/4
φ35
115
64.5
2×φ11
72
100
技术要求
1. 装配后，用手转动主动齿轮轴，齿轮应转动灵活。
2. 调整垫片的厚度，保证齿轮端面与泵体端面间隙为 0.05～0.1mm。
3. 在两个标准大气压下，做油压试验不渗透。
11 盖螺母 1 ZL4
10 填料压盖 1 45
9 填料 石棉绳
8 圆柱销 2 45 GB/T 119.1
7 垫片 1 工业用纸
6 螺钉 M6×16 6 Q235 GB/T 5782
5 从动齿轮轴 1 45
4 泵盖 1 ZL4
3 主动齿轮轴 1 45
2 齿轮 2 45 m=2.5, z=14
1 泵体 1 HT200
序号 名称 数量 材料 备注
齿轮油泵
比例 1:1 学号
数量 图号
制图
审核
（校名、班级）

图0－3　齿轮油泵装配图

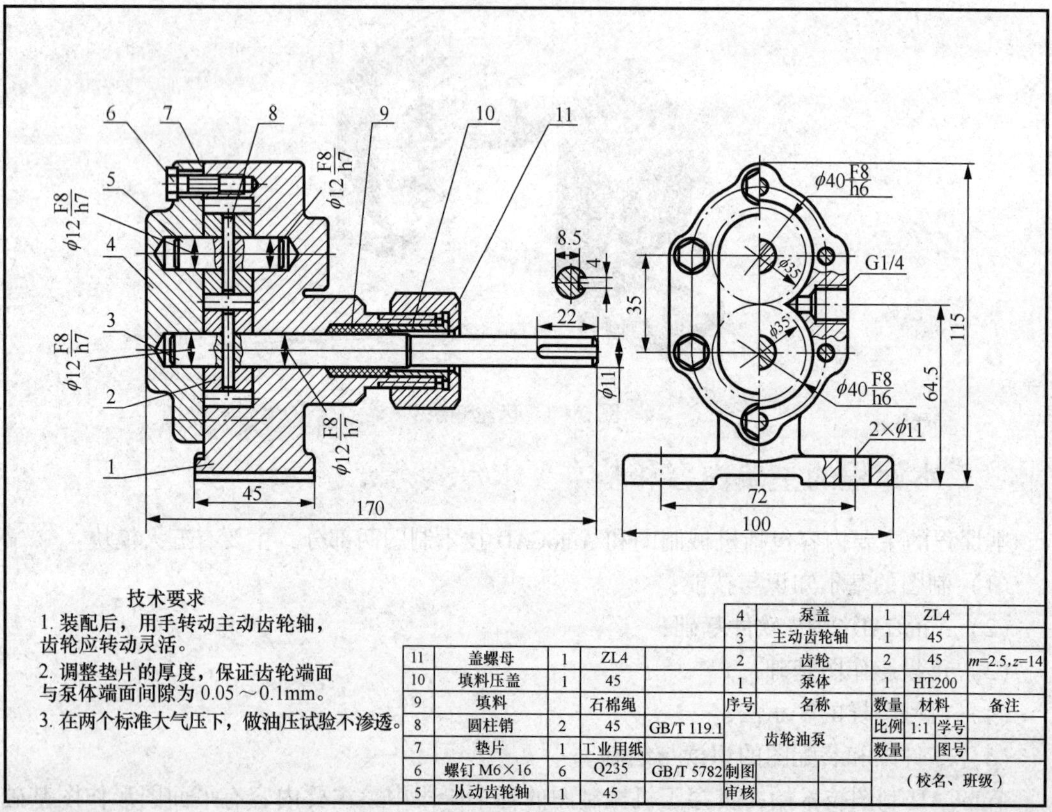

（1）通过学习制图基本知识与技能，熟悉国家标准《机械制图》的基本规定，掌握平面图形尺规绘图的方法，初步掌握徒手绘制草图的技能。

（2）通过学习 AutoCAD 2018 软件基础，熟悉 AutoCAD 2018 的界面，掌握常用的绘图与编辑工具，能够绘制较为复杂的平面图形。

（3）正投影作图基础是本课程的核心内容。通过学习点、线、面的投影，基本体和组合体的三视图画法，尺寸标注和识读，应掌握运用正投影法表达空间形体的图示方法，并具备一定的空间想象和思维能力，同时熟悉 AutoCAD 2018 在正投影作图中的各种应用。

（4）图样的表示法包括图样的基本表示法和常用机件及标准箭头要素的特殊表示法。通过学习机械图样的表示法，理解和掌握视图、剖视图、断面图等的画法和注法规定，以及螺纹紧固件、齿轮、键和销、弹簧和滚动轴承等画法与识读，同时熟悉 AutoCAD 2018，利用三维模型生成视图、剖视图的方法。

（5）零件图和装配图是本课程的主干内容，也是学习本课程的目的所在。通过学习，还应了解各种技术要求的符号、代号和标记的含义，具备识读和运用 AutoCAD 2018 绘制中等复杂程度的零件图和装配图的基本能力。

三、学习方法

本课程是一门既有理论性又具较强实践性的技术基础课，学习时必须注意以下几点：

（1）学习中，必须养成一丝不苟、严谨细致的学风。严格遵守国家标准《机械制图》《技术制图》的相关规定。

（2）本课程的核心内容是二维图形与三维模型之间的可逆转换，即“由物画图”与“由图想物”的过程。因此，学习本课程的重要方法是自始至终把物体的投影与物体的形状紧密联系。只有通过大量的绘图和读图实践，才能逐步理解和掌握投影的基本原理和基本作图方法。

（3）本教材配套的习题册中，除一部分手工绘图作业外，另一部分作业是通过 AutoCAD 2018 上机操作来完成的，可以在教师的指导下或观看配套教学光盘来完成。

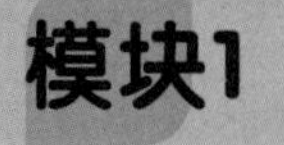

模块1　制图的基本知识与技能

学习制图，首先要树立正确的人生观，本着尊重科学、遵守规定、养成耐心细致的工作作风，才能学好制图，才能为社会主义现代化建设贡献自己的力量。本模块主要包含两方面的内容：一是介绍机械制图国家标准中的有关规定；二是掌握绘图工具的正确使用和平面图形的画法。

课题 1　制图基本规定

国家标准对图样中包含的图幅、比例、字体、图线和尺寸注法等内容作出了统一规定。国家标准简称“国标”，包括强制性国家标准（代号“GB”）、推荐性国家标准（代号“GB/T”）。本课题主要介绍绘图工具以及国家标准《技术制图》和《机械制图》中的制图基本规定。

一、绘图工具及使用

准备绘图工具：铅笔三支（H、HB、B），橡皮一块，三角板一副，图板一块，丁字尺一个，圆规、分规各一副。使用方法如表 1－1 所示。

表 1－1　绘图工具的使用

名称	图例	说明
铅笔	B HB	绘图铅笔用 B 和 H 代表铅笔的软硬程度。B 表示软性铅笔，B 前面的数字越大，表示铅芯越软（颜色深）；H 表示硬性铅笔，H 前面的数字越大，表示铅芯越硬（颜色浅）。 B 或 2B 铅笔用于粗实线；H 或 HB 铅笔用于细实线、细虚线、细点画线和写字；H 或 2H 铅笔用于画底稿。铅笔的磨削方法如左图所示

续表

名称	图例	说明
图板和丁字尺		图纸用胶带纸固定在图板上，图板的左侧边应平直。丁字尺头部紧靠图板左边，上下滑动，沿尺身上边可画出一系列的水平线
三角板	画线方向 画线方向 45° 60° 15° 75° 30°	一副三角板由45°和30°（60°）两块直角三角板组成。三角板与丁字尺配合使用，可画出垂直线和与水平方向成15°整数倍的斜线
	移动方向 移动方向	两块三角板配合使用，可画出已知直线的平行线或垂直线
圆规与分规		圆规用来画圆和圆弧。使用前应先调整好针脚，使针尖（带台阶端）稍长于铅芯。 分规用来截取线段和等分直线或圆周，以及量取尺寸。分规的两个针尖并拢时应对齐

提示：绘图工具的使用可参考配套课件

二、图纸幅面和格式（GB/T 14689—2008）

1. 图纸幅面

根据图形的大小和复杂程度来选择图纸幅面尺寸（GB/T 14689—2008）。图纸幅面通常又分为基本幅面和加长幅面，优先采用基本幅面，基本幅面的代号有A0、A1、A2、A3、A4

五种。基本幅面尺寸如表1-2所示，各个幅面的相互关系如图1-1所示。必要时，可以按规定选择加长幅面，加长幅面的尺寸由基本幅面的短边成整数倍增加后得出。图1-1中粗实线所示为基本幅面，细实线及细虚线所示分别为第二选择和第三选择的加长幅面。

表1-2　基本幅面尺寸

幅面代号	A0	A1	A2	A3	A4
尺寸 $B \times L$	841×1189	594×841	420×594	297×420	210×297
c	10			5	
a	25				
e	20		10		

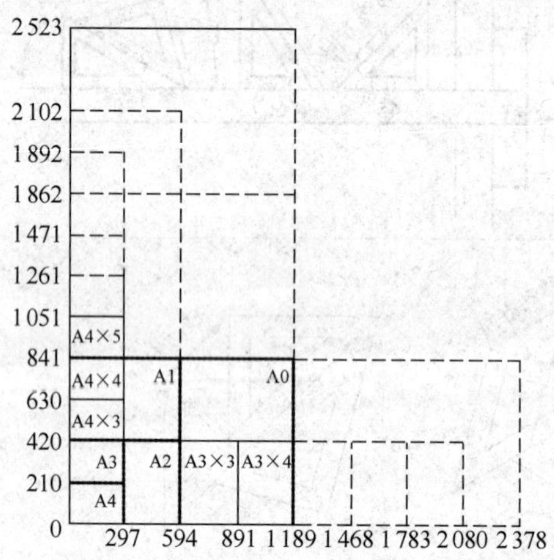

图1-1　基本幅面及加长幅面（mm）

2. 图框格式

图纸上限定绘图区域的线框称为图框，图框在图纸上必须用粗实线画出，图样绘制在图框内部。其格式分为留装订边和不留装订边两种，如图1-2和图1-3所示。同一产品的图样只能采用一种图框格式。

为了复制和缩微摄影的方便，应在图纸各边长的中点处绘制对中符号。对中符号是从周边画入图框内5mm的一段粗实线，如图1-3（b）所示。当对中符号在标题栏范围内时，则伸入标题栏内的部分予以省略。

3. 标题栏

标题栏由名称及代号区、签字区和其他区组成，其格式和尺寸在GB/T 10609.1—2008中作出了规定，制图作业的标题栏可采用图1-4所示的标题栏。

标题栏位于图纸右下角，标题栏中的文字方向为看图方向。如果使用预先印制的图纸，需要改变标题栏的方位时，必须将其旋转至图纸的右上角，此时，为了明确看图的方向，应在图纸的下边对中符号处画一个方向符号，如图1-3（b）所示。

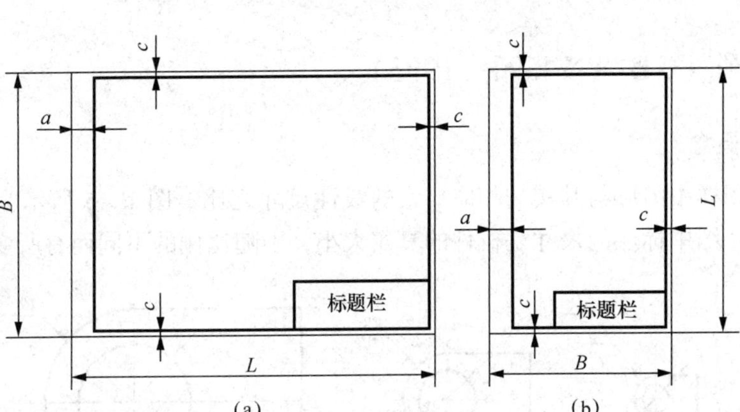

c
a
c
B
c
标题栏
L
c
a
c
L
c
标题栏
B

(a)　　　　　　　　(b)

图1－2　留装订边的图框格式

e
e
e
B
e
标题栏
L
e
标题栏
对中符号
e
e
L
方向符号
e
B

(a)　　　　　　　　(b)

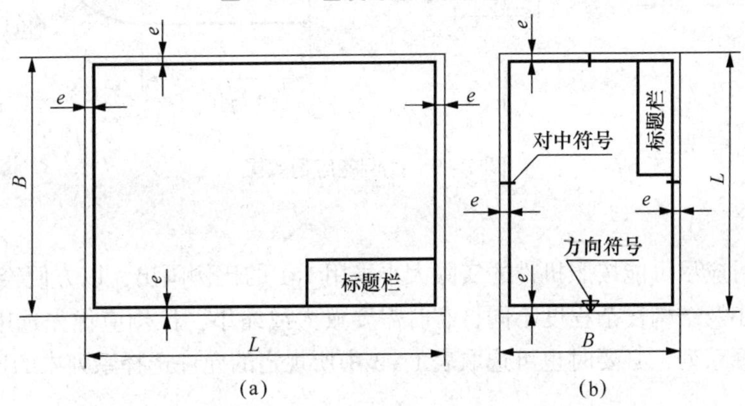

图1－3　不留装订边的图框格式及对中、方向符号

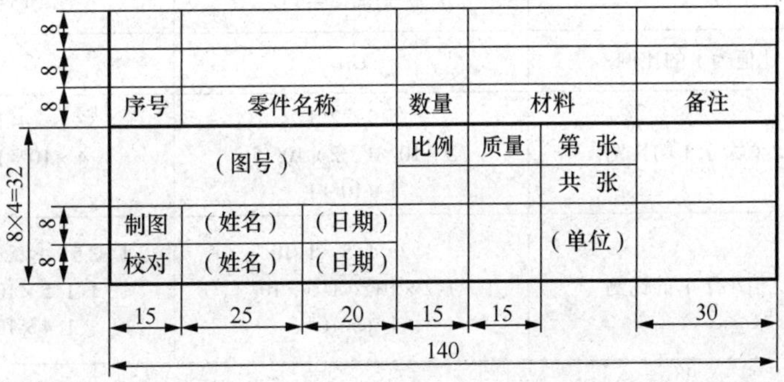

8
8
8
序号
零件名称
数量
材料
备注
8×4=32
(图号)
比例
质量
第　张
共　张
8
8
制图
(姓名)
(日期)
校对
(姓名)
(日期)
(单位)
15
25
20
15
15
30
140

(a)

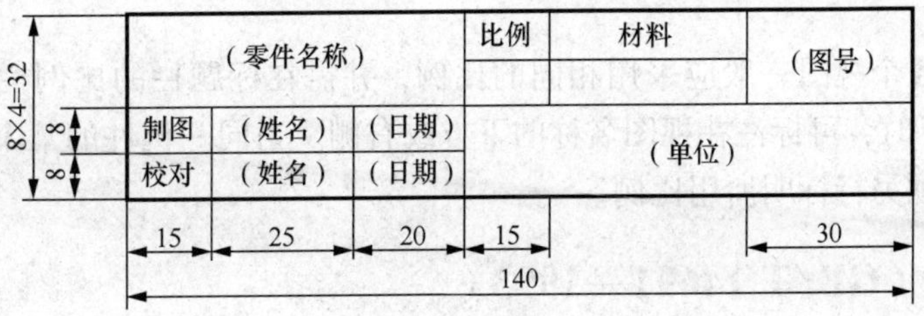

8×4=32
(零件名称)
比例
材料
(图号)
8
8
制图
(姓名)
(日期)
校对
(姓名)
(日期)
(单位)
15
25
20
15
30
140

(b)

图1－4　制图作业中简化标题栏格式

(a) 装配图用；(b) 零件图用

三、比例（GB/T 14690—1993）

1. 比例的概念

比例是指图样中图形与其实物相应要素的线性尺寸之比，图1－5所示为比例的应用效果。特别注意：图中标注的尺寸是机件的真实大小，不随比例的不同而有所变化。

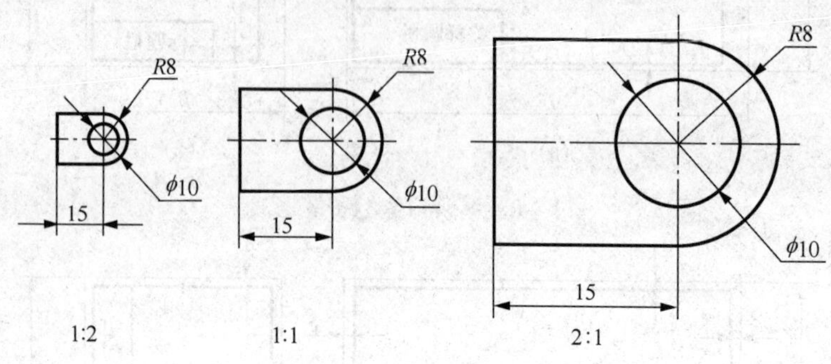

图1－5　比例的应用效果

2. 比例的选用

绘制图样时应尽可能按照机件的实际大小采用1∶1的比例画出，以方便绘图和看图。但由于机件的大小及结构复杂程度不同，有时需要放大或缩小，比例应优先选用表1－3中所规定的优先选择系列，必要时也可选取表1－3中所规定的允许选择系列中的比例。

表1－3　比例（GB/T 14690—1993）

种类	定义	优先选择系列	允许选择系列
原值比例	比值为1的比例	1∶1	
放大比例	比值大于1的比例	5∶1　2∶1 5×10^n∶1　2×10^n∶1 1×10^n∶1	4∶1　2.5∶1 4×10^n∶1　2.5×10^n∶1
缩小比例	比值小于1的比例	1∶2　1∶5　1∶10 1∶2×10^n　1∶5×10^n 1∶1×10^n	1∶1.5　1∶2.5　1∶3　1∶4　1∶6 1∶1.5×10^n　1∶2.5×10^n 1∶4×10^n　1∶6×10^n
注：n为正整数。			

同一机件的各个视图一般应采用相同的比例，并需在标题栏的比例栏内写明采用的比例，如1∶1，必要时，可标注在视图名称的下方或右侧。当同一机件的某个视图采用了不同比例绘制时，必须另行标明所用比例。

四、字体（GB/T 14691—1993）

1. 字体的号数

图样中除了用图形表达机件的结构和形状外，还需要用文字、数字等说明机件的名称、

尺寸、材料和技术要求。国家标准规定在图样中书写的文字必须做到“字体工整、笔画清楚、间隔均匀、排列整齐”。字体的号数即字体的高度 h，可分为 8 种：20、14、10、7、5、3.5、2.5、1.8。

2. 汉字

汉字应写成长仿宋体，并采用国家正式公布的简化字。汉字的高度不应小于 3.5mm，其宽度一般为 $h/\sqrt{2}$。汉字的书写要领是横平竖直、注意起落、结构匀称、填满方格。汉字字体示例如图 1－6 所示。

3. 字母和数字

字母和数字可写成斜体或直体，通常是用斜体，字头向右倾斜，与水平线成 75°。当与汉字混写时一般用直体。各种字母、数字示例如图 1－6 所示。

字体工整笔画清楚间隔均匀排列整齐

横平竖直注意起落结构均匀填满方格

ABCDEFGHIJKLMNOPQRSTUVWXYZ

abcdefghijklmnopqrstuvwxyz

Ⅰ Ⅱ Ⅲ Ⅳ Ⅴ Ⅵ Ⅶ Ⅷ Ⅸ Ⅹ　*0123456789*

图 1－6　汉字、字母和数字示例

五、图线（GB/T 4457.4—2002）

1. 图线的线型及应用

绘图时应采用国家标准规定的图线线型和画法。国家标准《技术制图　图线》（GB/T 17450—1998）规定了绘制各种技术图样的 15 种基本线型。根据基本线型及其变形，国家标准《机械制图 图样画法 图线》（GB/T 4457.4—2002）中规定了 9 种图线，其名称、线型及应用示例如图 1－7 和表 1－4 所示。

2. 图线的线宽

图线宽度系列为：0.13mm、0.18mm、0.25mm、0.35mm、0.5mm、0.7mm、1mm、1.4mm、2mm。所有线型的图线宽度应按图样的类型和尺寸大小在上述系列中选择。机械图样中粗线和细线的宽度比率为 2∶1，粗实线的宽度通常选用 0.5mm 或 0.7mm。为了保证图样清晰、便于复制，应尽量避免出现线宽小于 0.18mm 的图线。在同一图样中，同类图线的宽度应一致。

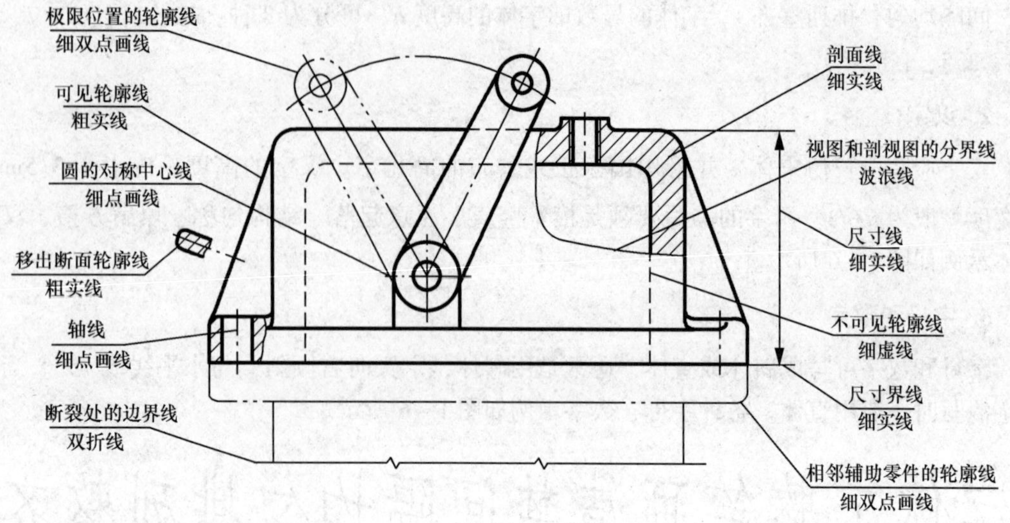

图1－7　图线应用示例

表1－4　图线的线型及应用（GB/T 4457.4—2002）

图线名称	图线型式	图线宽度	主要用途
粗实线	——————	d	可见轮廓线
细实线	——————	$d/2$	尺寸线、尺寸界线、指引线 剖面线 重合断面轮廓线 螺纹的牙底线、齿轮的齿根线 过渡线
波浪线	～～～～	$d/2$	断裂处的边界线 视图与剖视图的分界线
双折线	——\/——\/——	$d/2$	同波浪线
细虚线	— — — — —	$d/2$	不可见轮廓线
粗虚线	— — — — —	d	允许表面处理的表示线
细点画线	—·—·—·—	$d/2$	轴线 对称线、中心线 齿轮的分度圆（线）
粗点画线	—·—·—·—	d	限定范围表示线
细双点画线	—··—··—	$d/2$	相邻辅助零件的轮廓线 极限位置的轮廓线 中断线

3. 图线画法

（1）在同一图样中，同类图线的宽度应一致。虚线、点画线及细双点画线的线段长度和间隔应各自大致相同。点画线、细双点画线的首末两端是长画而不是点。

（2）画圆的中心线时，圆心应是长画的交点，细点画线的两端应超出轮廓 2 ~ 5mm；当细点画线较短时，允许用细实线代替细点画线，如图 1－8 所示。

（3）细虚线直接在粗实线延长线上相接时，细虚线应留出空；细虚线与粗实线垂直相接时则不留间隙；细虚线圆弧与粗实线相切时，细虚线圆弧应留出空隙，如图 1－9 所示。

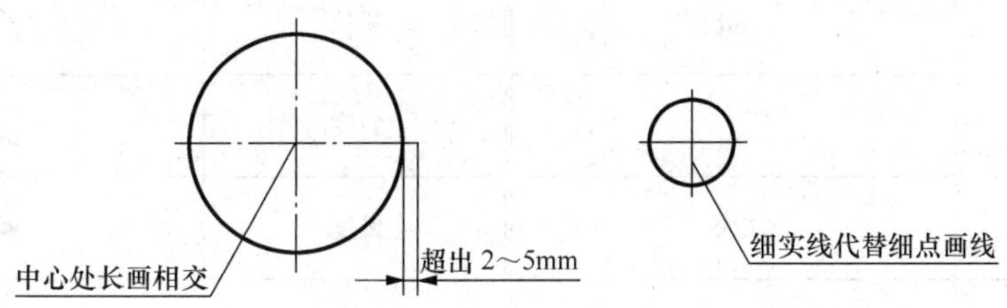

图 1－8　中心线画法

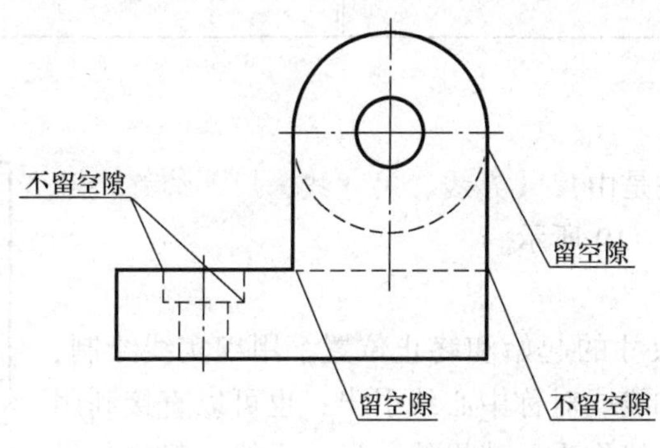

图 1－9　虚线画法

六、尺寸注法（GB/T 4458.4—2003，GB/T 16675.2—2012）

机件的形状由图形来表达，而大小则必须由尺寸来确定。标注尺寸时，应严格遵守国家标准有关尺寸标注的规定，做到正确、完整、清晰、合理。

1. 标注尺寸的基本规则

（1）机件的真实大小应以图样上标注的尺寸数值为依据，与图形的大小及绘图的准确度无关。

（2）图样中的尺寸以 mm 为单位时，不必标注计量单位的符号（或名称）。如采用其他单位，则应注明相应的单位符号。

（3）图样中所标注的尺寸应为该图样所示机件的最后完工尺寸，否则应另加说明。

（4）机件上的每一尺寸一般只标注一次，并应标注在表示该结构最清晰的图形上。

（5）标注尺寸时，应尽可能使用符号或缩写词，常用的符号和缩写词如表 1－5 所示。

表1－5　常用的符号和缩写词

含义	符号或缩写词	含义	符号或缩写词
直径	ϕ	深度	↧
半径	R	沉孔或锪平	⌴
球直径	$S\phi$	埋头孔	⌵
球半径	SR	弧长	⌒
厚度	t	斜度	⌳
均布	EQS	锥度	⌲
45°倒角	C	展开长	
正方形	□	型材截面形状	按 GB/T 4656.1—2000

2. 尺寸的组成

一个完整的尺寸标注是由尺寸界线、尺寸线、尺寸线终端和尺寸数字组成的，如图1－10所示。

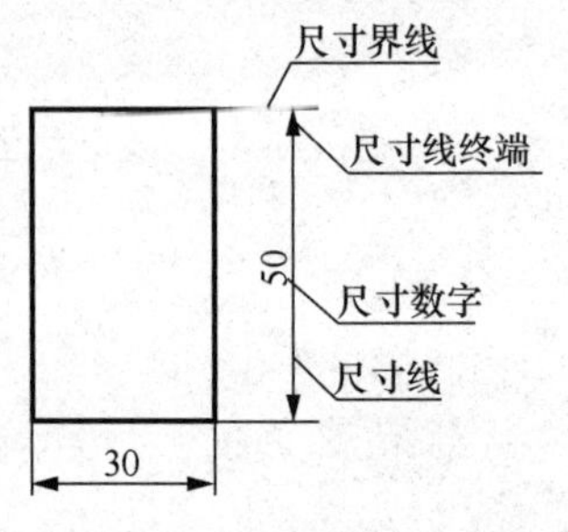

图1－10　尺寸的组成

1）尺寸界线

尺寸界线表示所注尺寸的起始和终止位置，用细实线绘制，并应从图形的轮廓线、轴线或对称中心线引出；也可以直接利用轮廓线、轴线或对称中心线作为尺寸界线。尺寸界线一般应与尺寸线垂直，外端应超出尺寸线2～5mm。

2）尺寸线

尺寸线用细实线绘制，但尺寸线不能用其他图线代替，也不得与其他图线重合或画在其延长线上。尺寸线应平行于被标注的线段，并与轮廓线间距10mm，相同方向的各尺寸线之间间隔均为7～8mm。尺寸线与尺寸界线之间应尽量避免相交，即小尺寸在里面，大尺寸在外面。

3）尺寸线终端

尺寸线终端有箭头〔图1－11（a）〕和斜线〔图1－11（b）〕两种形式。通常，机械图样的尺寸线终端画箭头，土木建筑图的直线尺寸线终端画斜线。当没有足够的位置画箭头时，可用小圆点〔图1－11（c）〕或斜线代替〔图1－11（d）〕。

4）尺寸数字

线性尺寸数字一般应注写在尺寸线的上方或左方，也允许注写在尺寸线的中断处。水平方向的线性尺寸，数字字头朝上书写；竖直方向的线性尺寸，数字字头朝左书写；倾斜方向的线性尺寸，数字字头方向有向上的趋势。角度数字一般都按照字头朝上水平书写。尺寸标注的形式如表1－6所示。

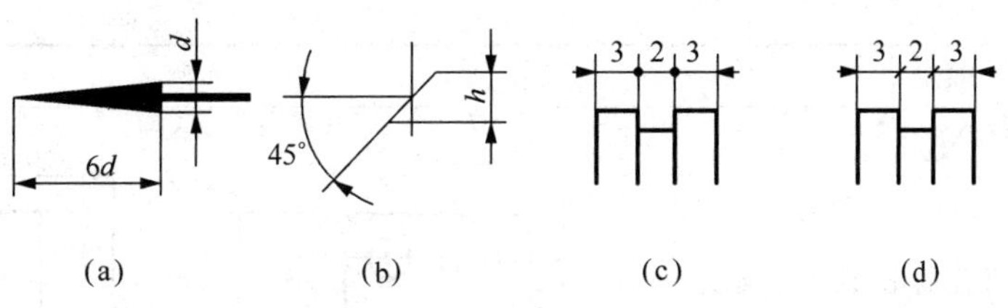

图1－11　尺寸线终端形式

表1－6　尺寸标注的规定及示例

项目	规定	示例
尺寸数字	线性尺寸的数字一般按右图中（a）中的方向填写，尽量避免在图示 30°范围内标注尺寸。当无法避免时，可按右图中（b）所示的形式，引出标注	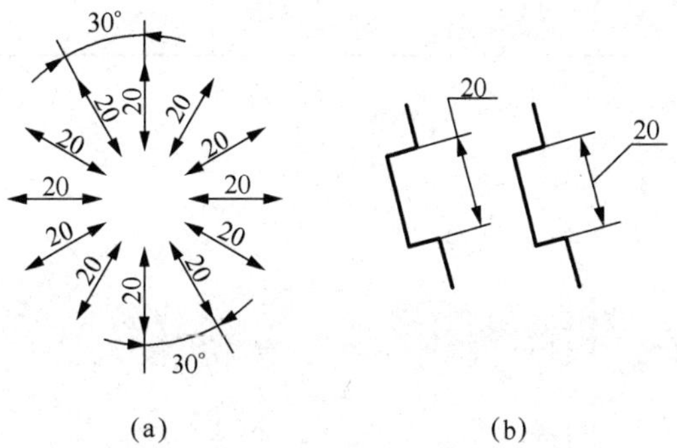 (a)　(b)
圆与圆弧半径	一般整圆或大于半圆的圆弧用直径尺寸标注，直径尺寸数字前加符号 ϕ；小于或等于半圆的圆弧用半径尺寸标注，半径尺寸数字前加符号 R。直径与半径的标注如右图所示	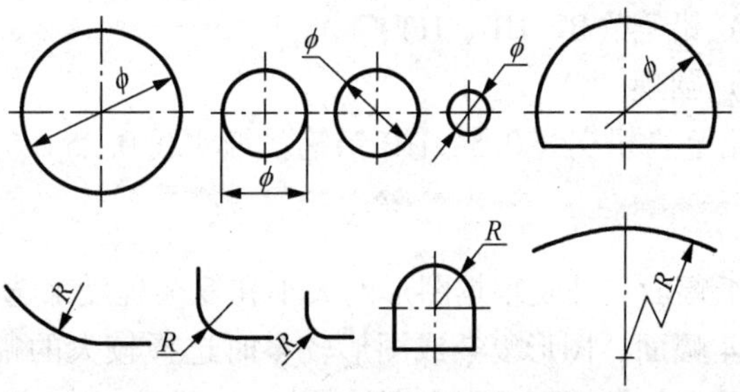
角度和弧长尺寸	标注角度时，尺寸线为圆弧，其圆心为该角的顶角。角度数字一律水平书写，一般注写在尺寸线的中断处，必要时也可注写在尺寸线的上外侧或引出标注。角度标注如右图中（a）所示；弧长标注如右图中（b）所示	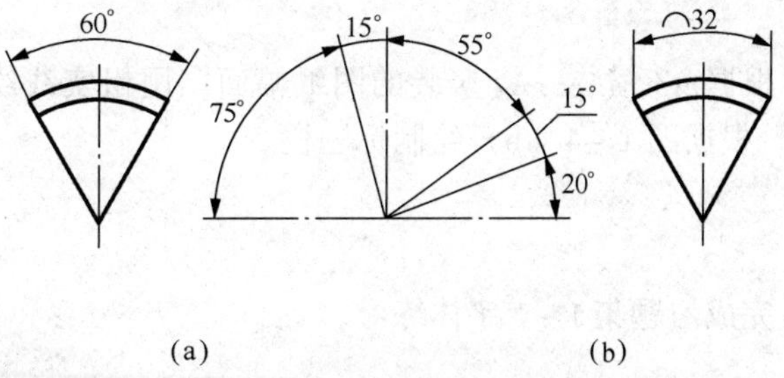 (a)　(b)
小尺寸	在没有足够的位置画箭头或注写数字时，可将箭头、数字如右图所示标注	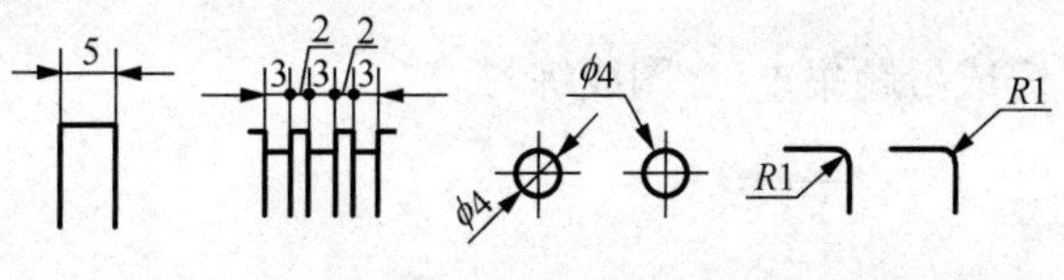

续表

项目	规定	示例
对称图形标注	当对称图形采用简化画法时，如右图中（a）所示，对称尺寸48、60的尺寸线应超过对称线。 分布在对称线两侧的相同结构，可仅标注其中一侧的结构尺寸，如右图中（b）所示	R6　φ12　18　30　4×φ6　48　60 (a) 20　R3　R2　27　12　44 (b)

一、准备绘图工具，绘制图框和标题栏

1. 绘图工具

（1）三角尺一副；

（2）铅笔（B、HB、H）；

（3）圆规。

B铅笔：粗实线0.5；HB铅笔：细实线0.25。

2. 选择图幅

图纸幅面尺寸是根据图形的大小和复杂程度来选择的，一般图形简单且图形较少时选择A3或A4幅面，图形复杂或图形较多时选择较大的幅面尺寸，如A2、A1或A0，特殊情况下可以选择加长幅面。本次训练选择A3横装、A4竖装。

3. 绘制图框和标题栏

根据A3横装、A4竖装的图纸幅面，用粗实线绘制图框（A3留装订边、A4不留装订边）。根据图1－4（b）绘制标题栏。

二、字体

完成习题集1－1字体练习。

三、图线

完成习题集1－2图线练习。

四、尺寸注法

完成习题集1－3尺寸标注练习（一）。

完成习题集 1 -4 尺寸标注练习（二）。

课题 2 平面图形画法

一、等分作图

1. 直线段的等分

1）比例法

如图 1 -12 所示，将一直线段 *AB* 分成四等分，作图方法如下：

（1）从已知直线段的一端点 *A* 任作一射线 *AC*，如图 1 -12（a）所示。

（2）从端点 *A* 起在射线上以适当长度截取四等分，如图 1 -12（b）所示。

（3）将射线上的最后等分点与直线段另一端点 *B* 连接，如图 1 -12（c）所示。

（4）过各等分点作 *BC* 连线的平行线与已知直线段相交，交点即所求，如图 1 -12（d）所示。

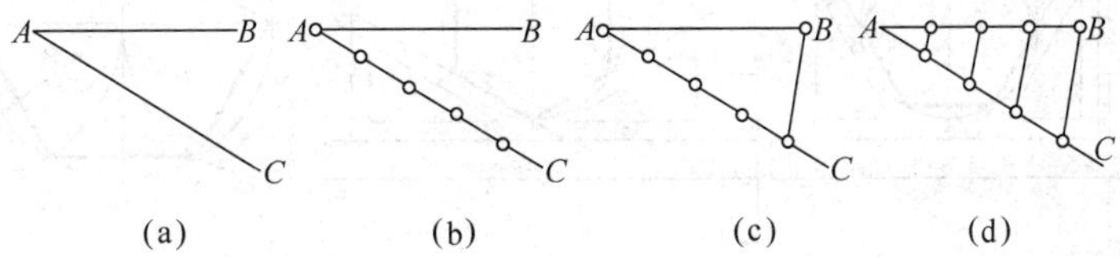

图 1 -12 比例法

2）试分法

将如图 1 -13（a）所示直线段分成三等分，作图方法如下：

（1）目测已知直线段的 1/3 为单位“1”作三等分，如图 1 -13（b）所示。

（2）如果出现误差，则重新调整单位“1”，用原来的单位“1”加上剩余线段的 1/3，如图 1 -13（c）所示。

（3）用新的单位“1”重新等分直线段，如图 1 -13（d）所示。

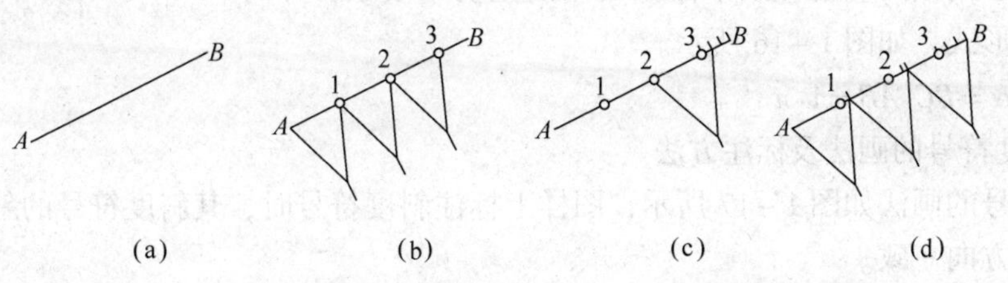

图 1 -13 试分法

2. 圆的等分（作正多边形）

1）作圆内接正五边形

（1）作半径 OF 的二等分点 G，以 G 为圆心、AG 为半径画圆弧交水平直径线于 H，如图1－14（a）所示。

（2）以 AH 为半径，分圆周为五等分，顺序连接各分点即成，如图 1－14（b）、(c) 所示。

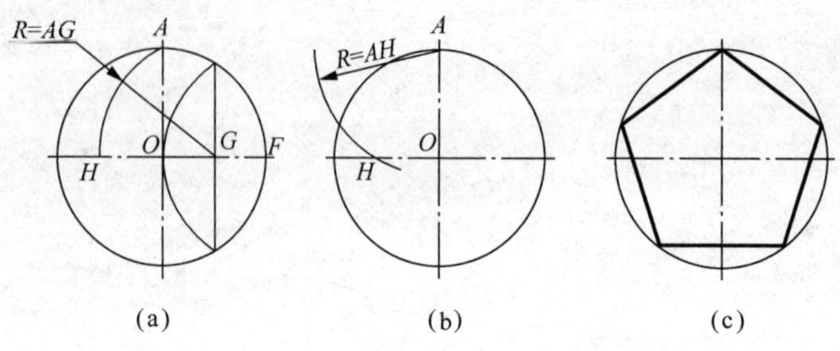

图 1－14　正五边形画法

2）作圆内接正六边形

可用 30°或 60°三角板或圆规来作图，作图方法如图 1－15 所示。

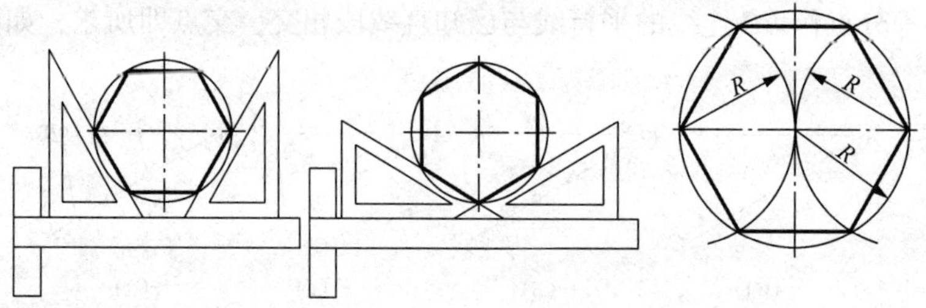

图 1－15　正六边形画法

二、斜度与锥度画法

1. 斜度

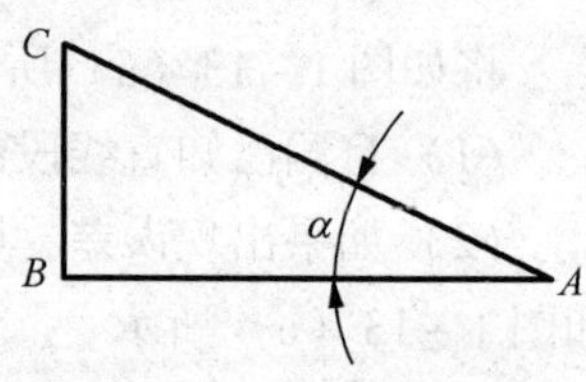

图 1－16　斜度的概念

1）斜度的概念

斜度是指一直线（或平面）对另一直线（或平面）的倾斜程度，其大小用该两直线（或平面）夹角的正切来表示，并简化为 1∶n 的形式，如图 1－16 所示。

$S = \tan \alpha = BC : AB = 1 : n$

2）斜度符号的画法及标注方法

斜度符号的画法如图 1－17 所示，图样上标注斜度符号时，其斜度符号的斜边应与图中斜线的倾斜方向一致。

3）斜度的画法（如表 1－7 所示）

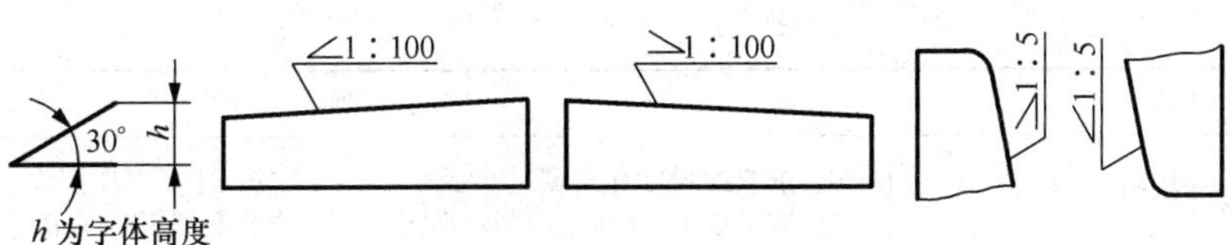

图1－17　斜度的标注

表1－7　斜度的画法

要求	画法		
按照下面的尺寸绘图	1. 按已知线性尺寸绘图	2. 过 A 点作水平线，长度为5的整数倍，作 BC 等于 AB 长度的1/5	3. 作出斜度线和垂线的延长线，并加深描粗轮廓
10　20　1：5　8　35	10　20　8　35	10　20　C　B　A　8　35	10　20　8　35

2. 锥度

1）锥度的概念

锥度是指正圆锥的底圆直径与其锥高之比。若是圆台，则为上下两底面圆直径之差与圆台高度之比。并以1∶n 的形式表示，如图1－18所示。

$$锥度=\frac{D-d}{l}=\frac{D}{L}=2\tan\frac{\alpha}{2}$$

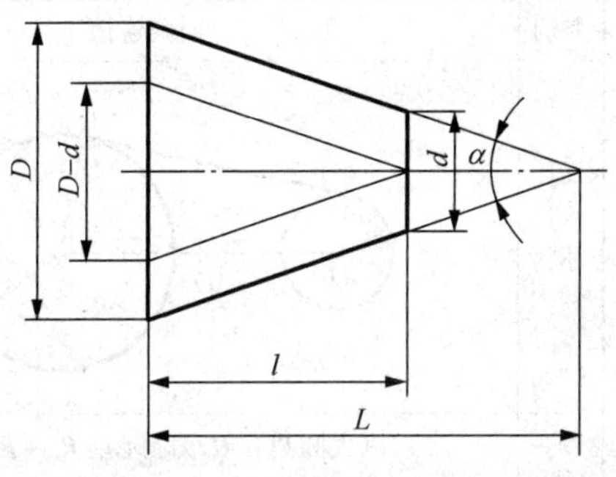

图1－18　锥度

2）锥度符号的画法与标注方法

锥度符号的画法如图1－19所示，图样上标注锥度符号时，锥度符号的方向应与圆锥的方向一致。

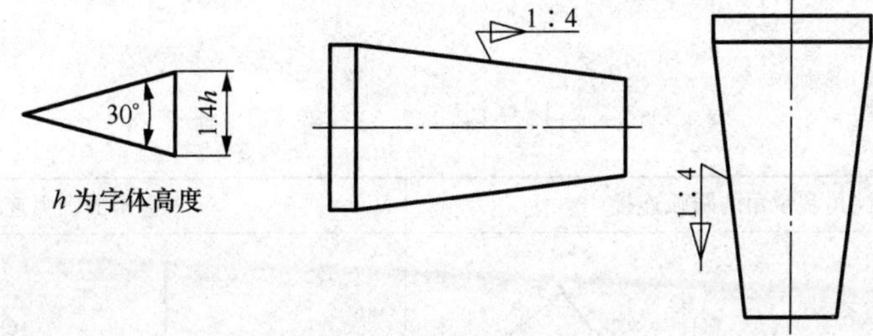

图1－19　锥度符号的画法与标注

3）锥度的画法（如表1－8所示）

表1－8　锥度的画法

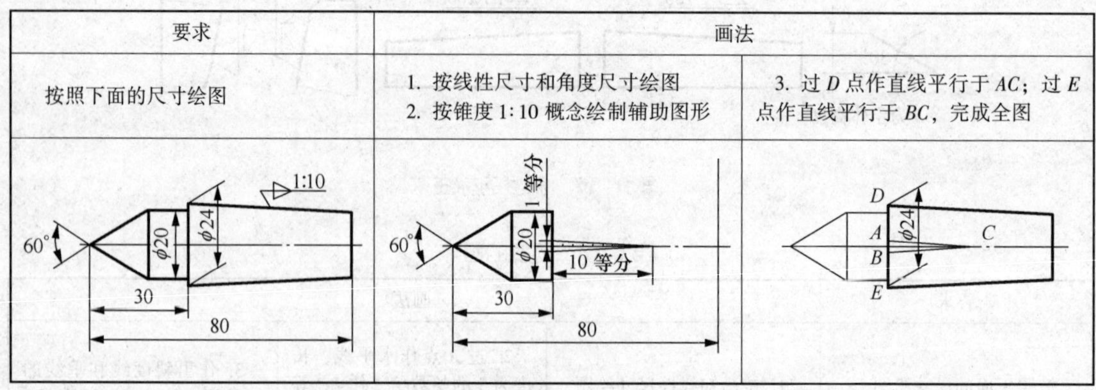

要求	画法	
按照下面的尺寸绘图	1. 按线性尺寸和角度尺寸绘图 2. 按锥度1∶10概念绘制辅助图形	3. 过D点作直线平行于AC；过E点作直线平行于BC，完成全图

三、图线连接

用一条线（直线段或圆弧）把两条已知线（直线段或圆弧）平滑连接起来称为连接。平滑连接中，线段与圆弧、圆弧与圆弧之间是相切的。因此在作图时必须求出切点及连接圆弧的圆心。

1. 用直线连接两圆弧（见表1－9）

表1－9　两圆公切线画法与步骤

类别	同侧连接	异侧连接
图例		
作图步骤	（1）以大圆圆心O_2为圆心，R_2-R_1为半径画弧。 （2）以O_1O_2中点O为圆心，OO_2为半径画弧得交点1。 （3）连接O_21并延长得切点T_2。 （4）过O_1作O_2T_2的平行线得切点T_1。 （5）连接T_1T_2完成公切线	（1）以一个圆的圆心如O_2为圆心，R_2+R_1为半径画弧。 （2）以O_1O_2中点O为圆心，OO_2为半径画弧得交点1。 （3）连接O_21与O_2圆相交得切点T_2。 （4）过O_1作O_2T_2的平行线得切点T_1。 （5）连接T_1T_2完成公切线

2. 用圆弧连接两直线（见表1－10）

表1－10　两直线间的圆弧连接画法与步骤

类别	钝角和锐角的圆弧连接	直角的圆弧连接
图例		

续表

类别	钝角和锐角的圆弧连接	直角的圆弧连接
作图步骤	（1）分别作已知两直线的平行线且距离等于连接圆弧的半径 R，交点 O 即连接圆弧的圆心。 （2）过圆心 O 分别作两已知直线的垂线，垂足即切点。 （3）以 O 为圆心，画圆弧连接 T_1、T_2 两切点	（1）以顶角为圆心，R 为半径画圆弧与直角边交于 T_1、T_2。 （2）分别以 T_1、T_2 为圆心，R 为半径画圆弧，交点 O 即连接圆弧的圆心。 （3）以 O 为圆心，画圆弧连接 T_1、T_2 两切点

3. 用圆弧连接两圆弧（见表1－11）

表1－11　两圆弧间的圆弧连接画法与步骤

类别	已知条件	作图步骤		
外连接	R_1 O_1 R_2 O_2 R 用已知半径为 R 的圆弧，与两圆内切	$R+R_1$ O R_2+R_1 O_1 R O_2 1. 分别以（$R+R_1$）及（$R+R_2$）为半径，O_1、O_2为圆心，画圆弧交于 O	O T_1 T_2 O_1 O_2 2. 连接 OO_1、OO_2，分别交两圆于 T_1、T_2 两切点	O T_1 T_2 R O_1 O_2 3. 以 O 为圆心，画圆弧连接 T_1、T_2两切点
内连接	R_1 O_1 R_2 O_2 R 用已知半径 R 的圆弧，与两圆内切	R_1 O_1 $R-R_1$ $R-R_2$ R_2 O_2 O R 1. 分别以（$R-R_1$）及（$R-R_2$）为半径，O_1、O_2为圆心，画圆弧交于 O 点	T_1 T_2 O_1 O_2 O 2. 连接 OO_1、OO_2 并延长，分别交两圆于 T_1、T_2两切点	T_1 T_2 O_1 O_2 O 3. 以 O 为圆心，画圆弧连接 T_1、T_2两切点
混合连接	R_1 O_1 O_2 R_2 R 用已知半径 R 的圆弧，与 O_1 圆外切，与 O_2 圆内切	$R+R_1$ R_1 O_1 $R-R_2$ O_2 R_2 R 1. 分别以（$R+R_1$）及（$R-R_2$）为半径，O_1、O_2为圆心，画圆弧交于 O 点	O T_1 O_1 O_2 T_2 R 2. 连接 OO_1 交圆 O_1 于 T_1，连接 OO_2 并延长交圆 O_2 于 T_2，即得到两切点	O T_1 R O_1 O_2 T_2 R 3. 以 O 为圆心，画圆弧连接 T_1、T_2两切点

4. 用圆弧连接直线与圆弧（见表 1－12）

表 1－12　直线与圆弧间的圆弧连接画法与步骤

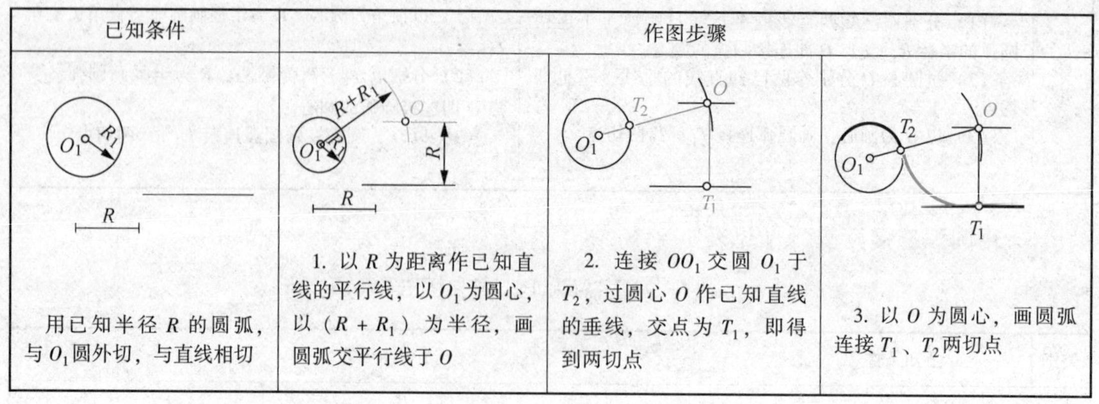

已知条件	作图步骤		
用已知半径 R 的圆弧，与 O_1 圆外切，与直线相切	1. 以 R 为距离作已知直线的平行线，以 O_1 为圆心，以（$R+R_1$）为半径，画圆弧交平行线于 O	2. 连接 OO_1 交圆 O_1 于 T_2，过圆心 O 作已知直线的垂线，交点为 T_1，即得到两切点	3. 以 O 为圆心，画圆弧连接 T_1、T_2 两切点

重要提示：圆弧连接的实际手工作图有技巧，参见配套教学视频。

四、平面图形的画法与步骤

1. 平面图形的尺寸分析

1）定形尺寸

定形尺寸是确定平面图形中几何元素大小的尺寸。例如线段的长度、圆的直径和圆弧半径等，如图 1－20 所示中的所有圆直径和圆弧半径尺寸即定形尺寸。

2）定位尺寸

定位尺寸是确定几何元素位置的尺寸。例如两圆圆心之间的距离等，如图 1－20 所示中的 170、28、19 等尺寸即定位尺寸。

3）尺寸基准

标注定位尺寸时必须与尺寸基准相联系。尺寸基准是指标注定位尺寸的起点，通常以图形的对称线、较大圆的中心线、较长的直线段作为尺寸基准。如图 1－20 所示，$\phi 76$ 圆的中心线即长度和高度方向的尺寸基准。

2. 平面图形的线段分析

1）已知线段

具备完整的定形尺寸和定位尺寸的线段称为已知线段。如图 1－20所示的 $\phi 32$、$\phi 76$、$\phi 80$、$R91$ 等圆和圆弧即已知线段。

2）中间线段

具备完整的定形尺寸和不完整的定位尺寸的线段称为中间线段。如图 1－20 所示的 $R42$ 的圆弧和 60°斜线均为中间线段。

3）连接线段

只有定形尺寸，而没有定位尺寸的线段称为连接线段。如图 1－20所示的 $R118$、$R7$ 等为连接线段。

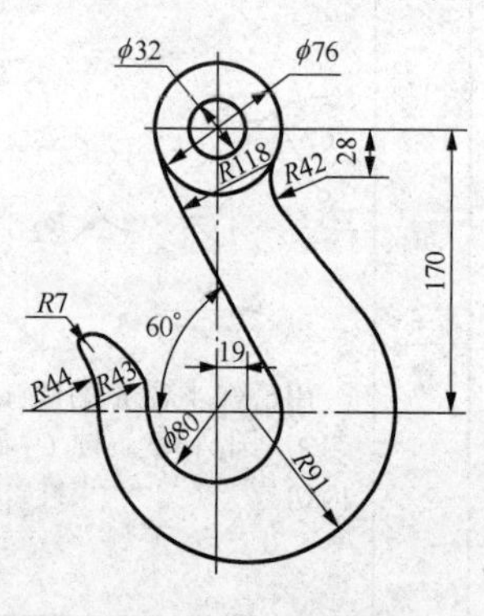

图 1－20

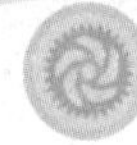

3. 平面图形的作图步骤

(1) 画基准线;
(2) 画定位中心线;
(3) 画已知线段;
(4) 画中间线段;
(5) 画连接线段;
(6) 按线型加深;
(7) 标注尺寸。

平面图形画法。

1. 等分练习

完成习题集 1-5 线段等分和正多边形练习。

2. 斜度与锥度练习

完成习题集 1-5 斜度和锥度的画法练习。

3. 圆弧连接练习

完成习题集 1-6、1-7 圆弧连接练习。

4. 平面图形画法

完成习题集 1-8 平面图形画法第 1 题,如图 1-21 所示。
完成习题集 1-8 平面图形画法第 2 题,如图 1-22 所示。

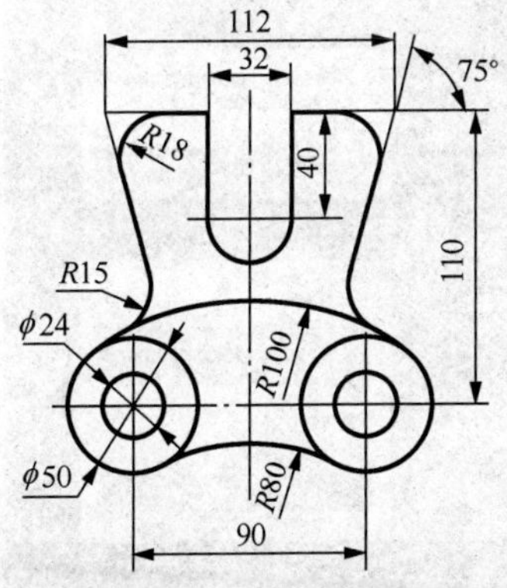

图 1-21　平面图形画法(一)

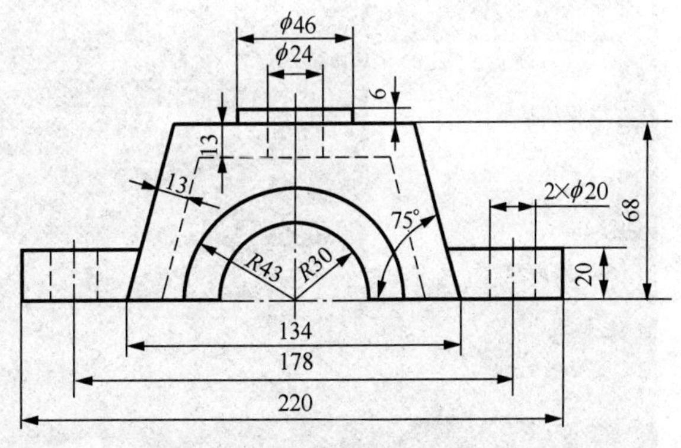

图 1-22　平面图形画法(二)

模块2　AutoCAD 2018基本操作

课题1　熟悉 AutoCAD 2018 界面

一、熟悉 AutoCAD 2018 界面

1. AutoCAD 2018 系统的启动

AutoCAD 2018 安装完毕后，可以双击桌面上的快捷图标，启动 AutoCAD 2018，启动后的界面如图 2－1 所示。

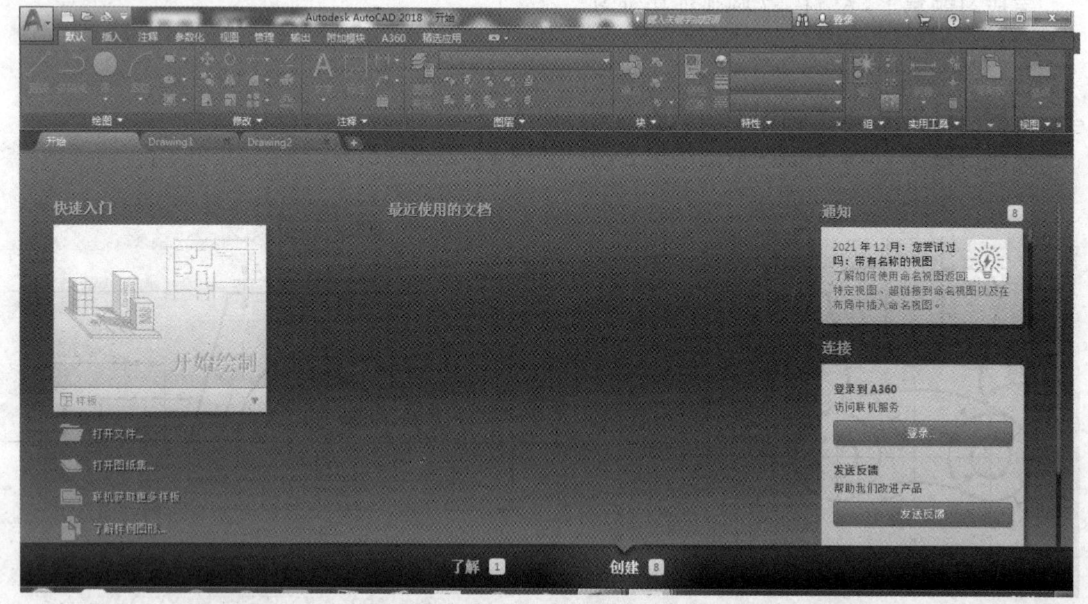

图 2－1　AutoCAD 2018 开始界面

启动后显示开始界面，在开始界面中，可以选择“开始绘制”新建一个文档，或选择“打开文件”打开一个已有的文档。

2. AutoCAD 2018 工作界面

当选择了“开始绘制”或打开一个文件后，将显示 AutoCAD 工作界面，如图 2－2 所示。

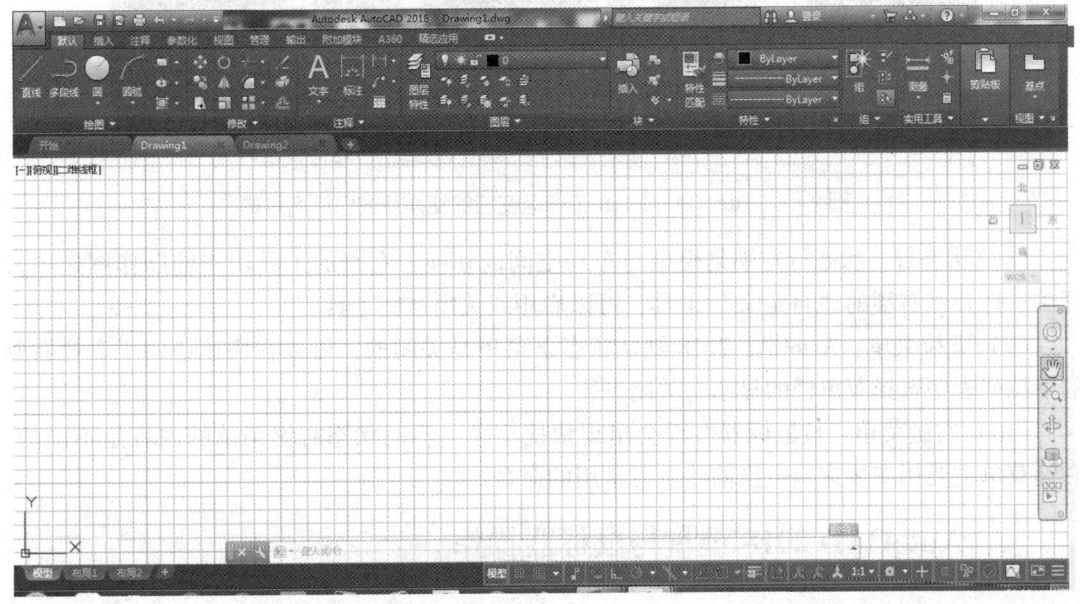

图 2－2 AutoCAD 2018 工作界面

（1）工作空间的切换：系统默认的工作空间是二维的（即草图与注释工作空间），如果想创建三维对象，需要切换工作空间。切换的方法是：在状态栏右侧的“切换工作空间”工具上单击，显示如图 2－3 所示的菜单，系统默认有三种工作空间可选，即“草图与注释”、“三维基础”和“三维建模”。（注：AutoCAD 2018 版取消了过去版本中的“AutoCAD 经典”。）

（2）应用程序按钮：界面的左上角为应用程序按钮，主要用来创建、打开或保存文件，核查、修复或清除文件，打印或发布文件等。

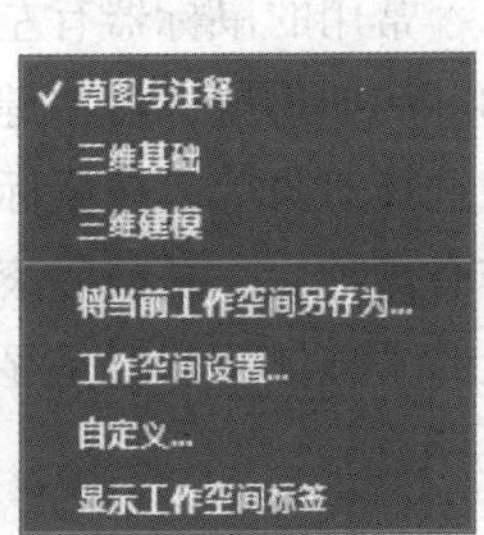

图 2－3 AutoCAD 2018 工作空间的选择

（3）快速访问工具栏：默认位置位于标题栏的左侧，主要工具有：新建文件、打开文件、保存文件、打印文件以及菜单栏的启用与关闭选项。

（4）功能区选项卡：在标题栏下是功能区选项卡，根据绘图的需要选择不同的选项卡，其中“默认”选项卡最为常用。

（5）面板和工具：功能选项卡的下面是各个面板组，工具按面板的分工来组织，极大地方便了用户的使用。

（6）工作区：AutoCAD 是多任务窗口软件，新建或打开多个文件时，可以单击工作区上方的窗口图标选择当前窗口。也可以通过选择“视图”选项卡中的“界面”面板工具，使窗口“水平平铺”“垂直平铺”或“层叠”。如图 2－4 所示。

（7）命令窗口：命令窗口的默认位置是位于状态栏的上方，有“键入命令”文字提示，是输入命令或使用工具时显示命令及提示的窗口，命令窗口可以拖动到其他位置。

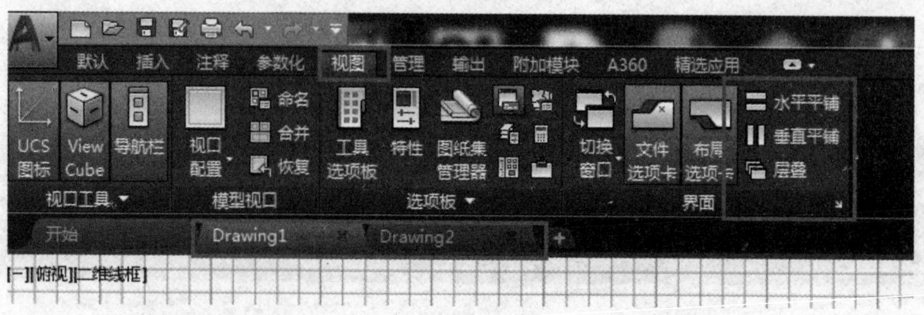

图 2－4　AutoCAD 2018 工作区窗口的切换及窗口排列方式

（8）状态行：状态行左端是模型与布局空间的切换，右端的工具用于辅助作图选项及开关。打开最右端的“自定义”工具，可以启用或关闭这些工具。

（9）下拉菜单：AutoCAD 2018 默认状态下菜单是关闭的，可以在快速访问工具栏右侧的下拉列表中选择菜单栏的显示与关闭。

（10）右键菜单：按鼠标器右键会出现快捷菜单，不同状态右键菜单的内容是不同的。右键菜单主要用来快速响应当前状态下常用的命令。

二、AutoCAD 2018 键盘与鼠标器操作

1. 键盘

一般用左手操作键盘，为了提高绘图速度，最好使用命令别名。例如直线的命令别名是 L，圆的命令别名是 C 等。在输入命令别名或参数后要按回车或空格键来完成一个操作的响应，通常按空格键更快捷。

2. 鼠标器

常用的鼠标器有左键、右键和中间滚轮。大部分的操作都是依靠鼠标器左键单击来完成的，例如用鼠标器左键来拾取菜单命令或选择工具、画图时对点的位置进行响应、编辑图形时选择对象等。按鼠标器的右键会显示快捷菜单，用于选择相关的命令。中间滚轮的基本操作有两种，一是前后滚动，二是按住滚轮平移。滚动时的作用是显示的放大或缩小，按住滚轮并平移鼠标器时是显示的平移。

课题 2　机械图的环境设置

一、图层设置

1. 图层特性管理器命令

命令方式：使用工具：默认选项卡——图层面板——图层特性工具 ；

命令行输入：命令名 layer 或别名：LA。

2. 创建图层

打开图层特性管理器后发现只有一个图层，图层名为 0，0 层是系统创建的，不可改名也不可删除，如图 2－5 所示。机械图样一般按图线的不同来定义图层，创建新图层有两种方法，一种是单击“新建图层”工具，另一种是选择一个图层名后按回车或空格键。细点画线和细虚线需要加载，如图 2－6 所示。

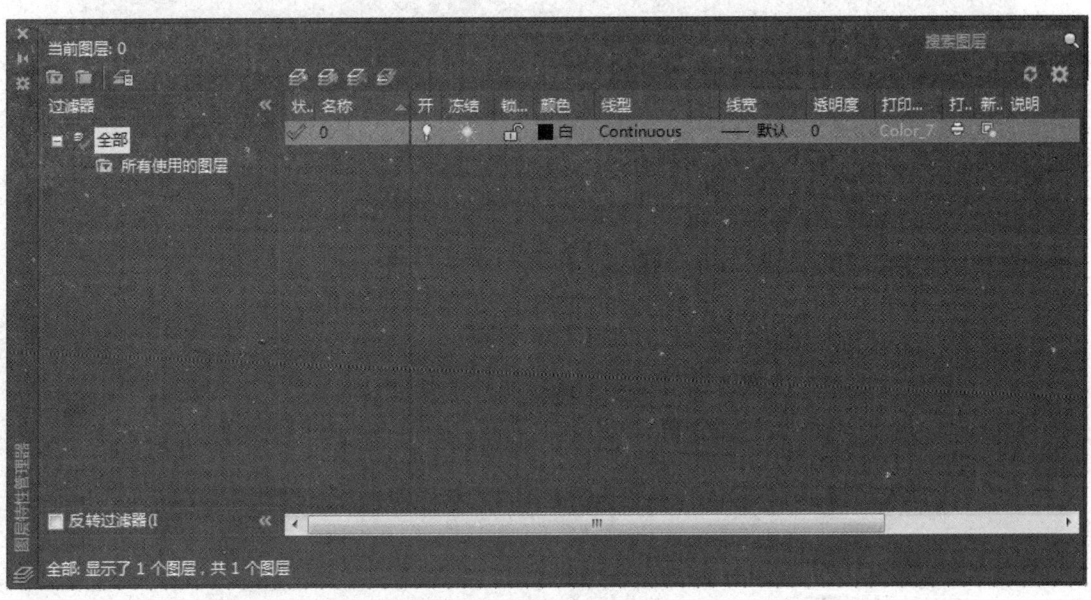

图 2－5　图层特性管理器

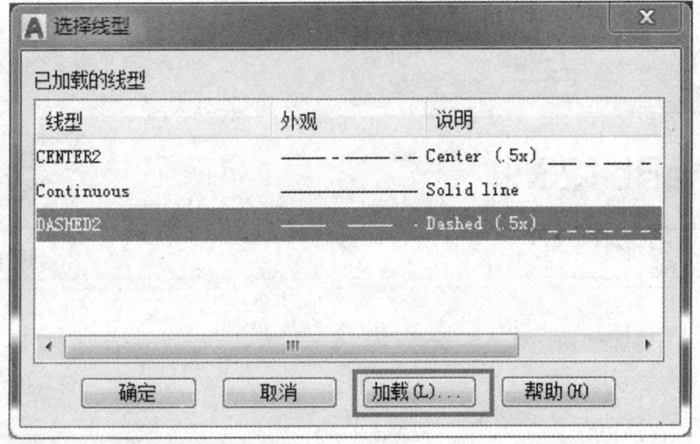

图 2－6　线型的加载与选择

新建的图层如图 2－7 所示。

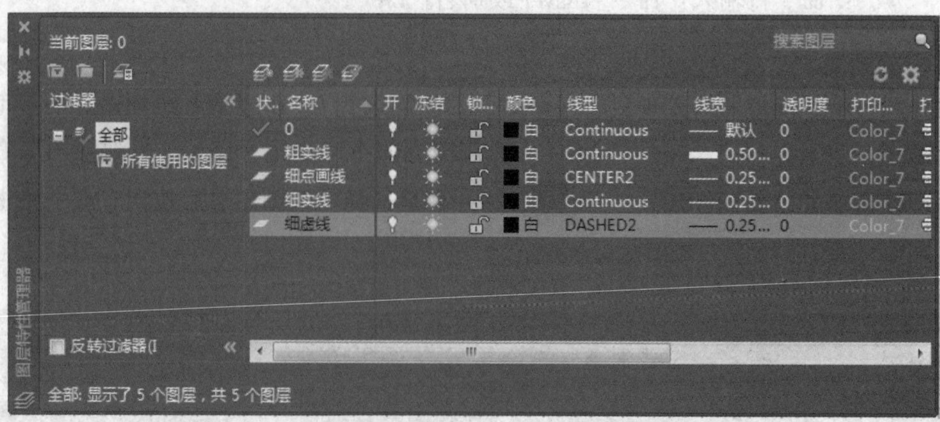

图2-7 新建的图层

二、文字样式（应符合 GB/T 14691-1993）

1. 文字样式命令

命令方式：使用工具：默认选项卡——注释面板展开——文字样式工具；

命令行输入：命令名 style 或别名 ST。如图 2-8 所示。

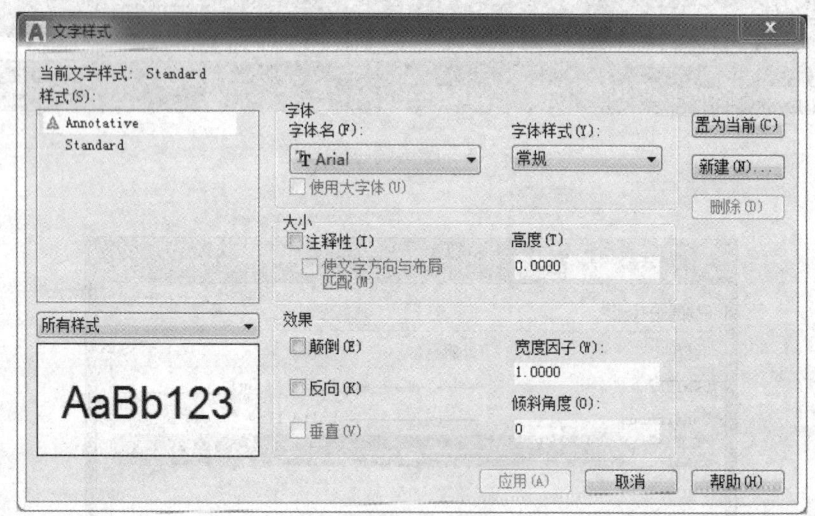

图2-8 文字样式

2. 新建文字样式

新建一个用于汉字的文字样式，名为“汉字”，字体选择“T 仿宋”，宽度因子为“0.8000”，如图 2-9 所示。

创建一个用于尺寸数字的文字样式，名为“数字”，字体选择“gbeitc. shx”，勾选“使用大字体”，大字体列表中选择“gbcbig. shx”，宽度因子为“1.0000”，如图 2-10 所示。

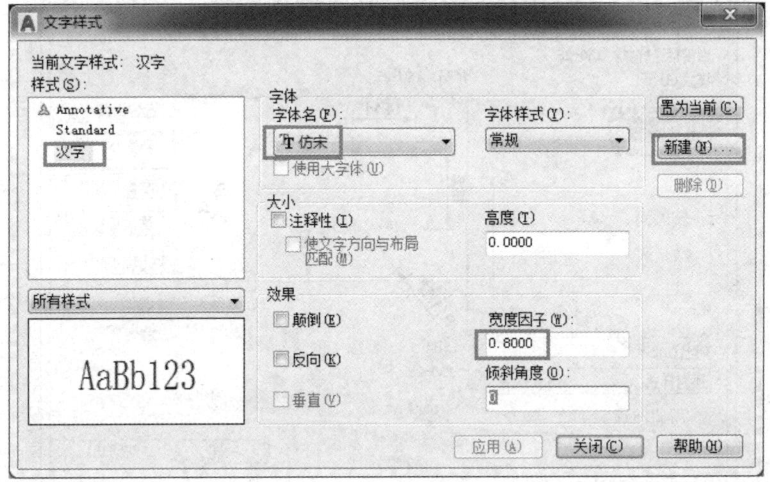

图2-9 创建汉字样式

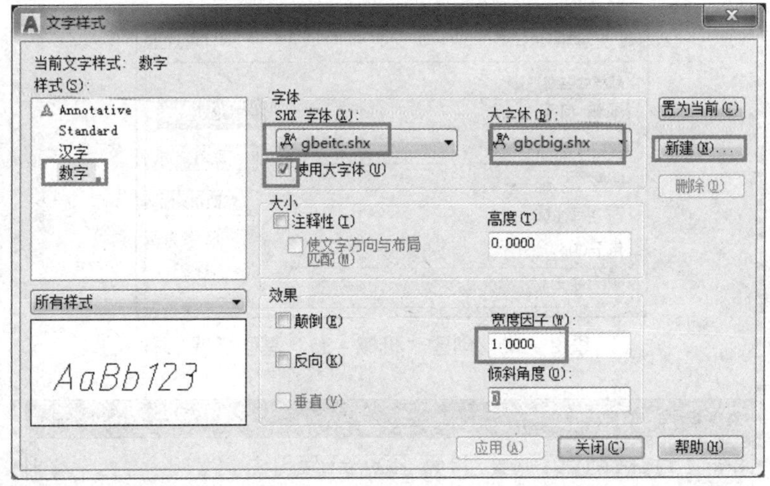

图2-10 创建尺寸数字样式

三、标注样式（应符合 GB/T 4458.4-2003）

1. 标注样式命令

命令方式：使用工具：默认选项卡——注释面板展开——标注样式工具；

命令行输入：命令名 dimstyle 或别名 D。

2. 新建标注样式

为了符合我国机械制图标准的标注，需要新建一个标注样式，在默认的 ISO-25 样式基础上，新建一个名为“机械-35”的标注样式，其基础样式设置如下：

字高为“3.5”，箭头长为“3”，尺寸界线超出尺寸线为“3”，起点偏移量为“0”，基线间距为“6”，数字位置从尺寸线偏移为“0.6”，文字样式选择“数字”，小数分割符为“句点”，如图2-11~图2-16所示。

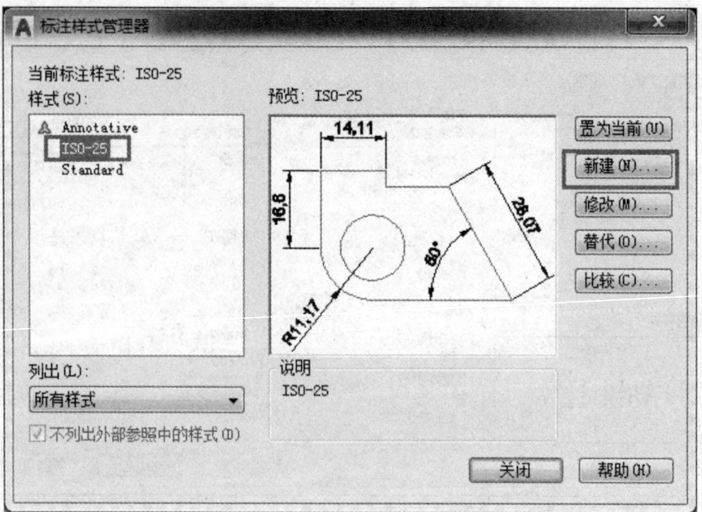

图2-11　新建标注样式

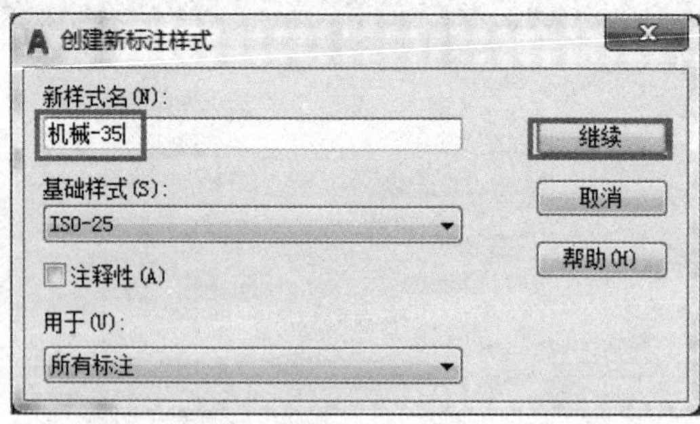

图2-12　创建“机械-35”基础样式

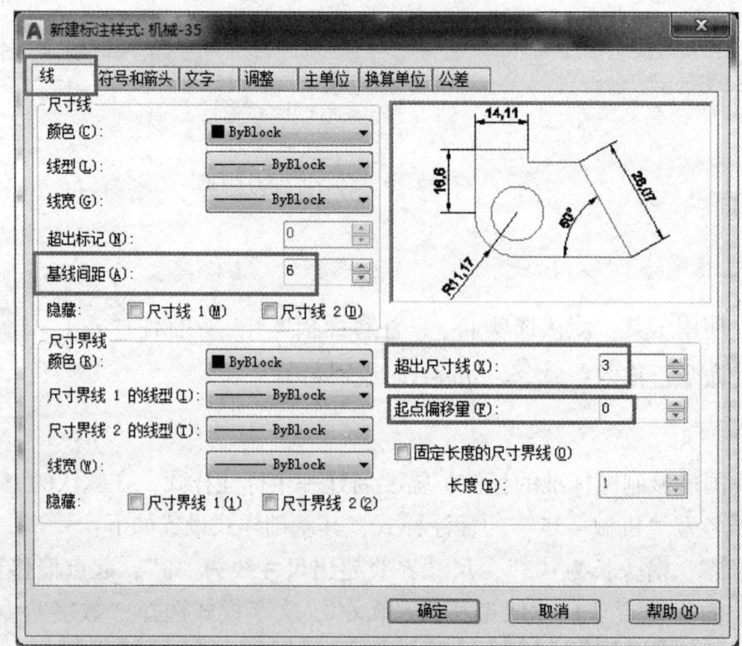

图2-13　“线”选项卡

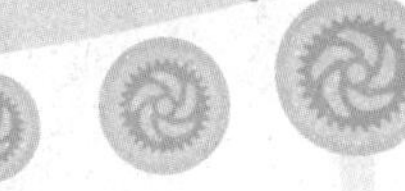

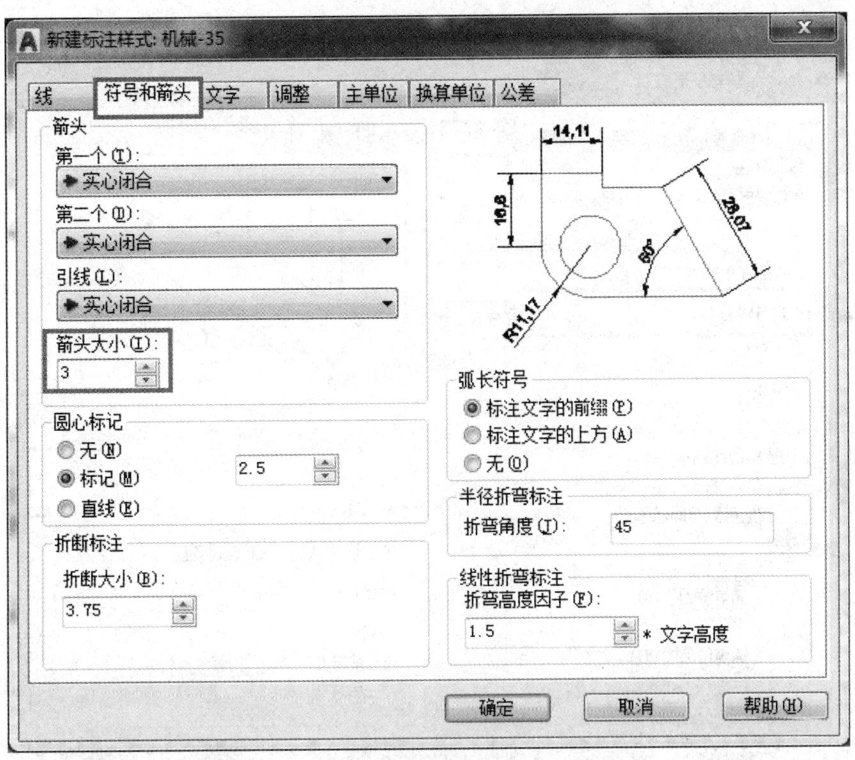

图2-14　“符号和箭头”选项卡

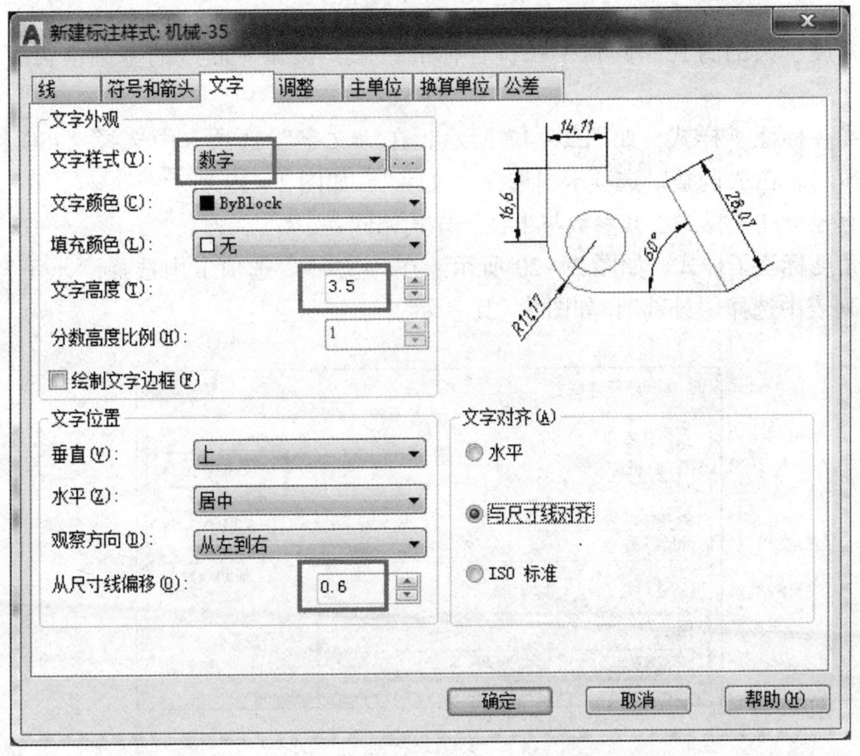

图2-15　“文字”选项卡

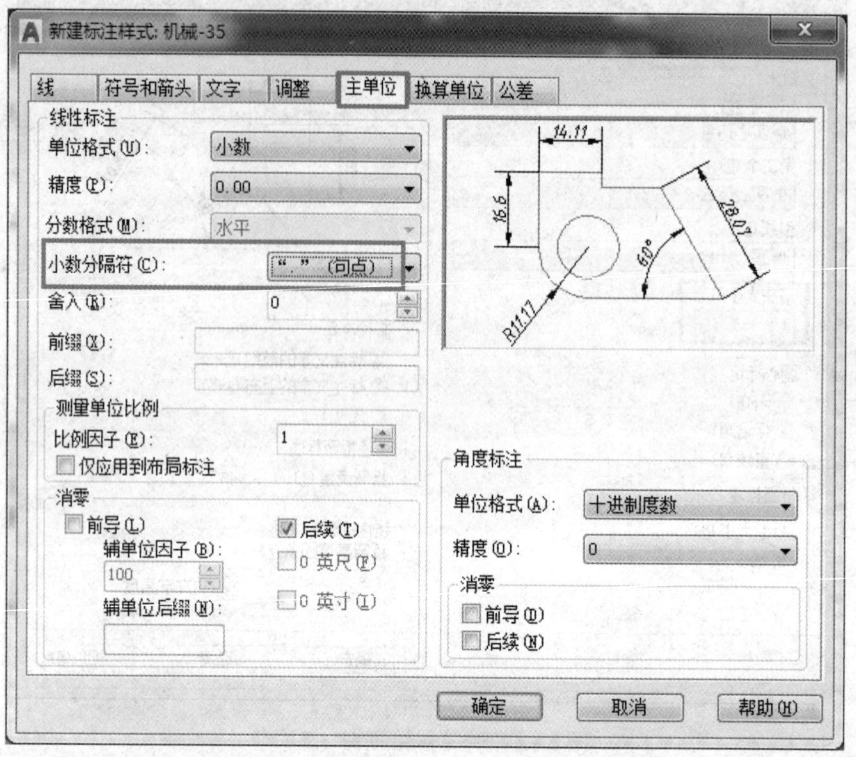

图2-16　小数分隔符为“句点”

为使角度、圆的直径和圆弧半径符合标准，在“机械-35”的基础上再新建如下子样式：

新建半径标注子样式，如图2-17所示。在“文字”选项卡中选择“ISO标准”，如图2-18所示。在“调整”选项卡中选择“文字”，如图2-19所示。

新建直径标注子样式，其参数与半径子样式相同。

新建角度标注子样式，如图2-20所示。在“文字”选项卡中选择“水平”，在“文字”垂直列表中选择“外部”，如图2-21所示。

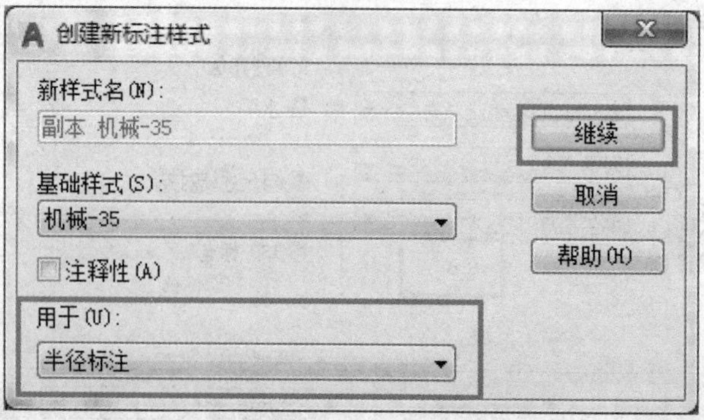

图2-17　创建半径标注子样式

图2-18　半径子样式——“文字”选项卡参数

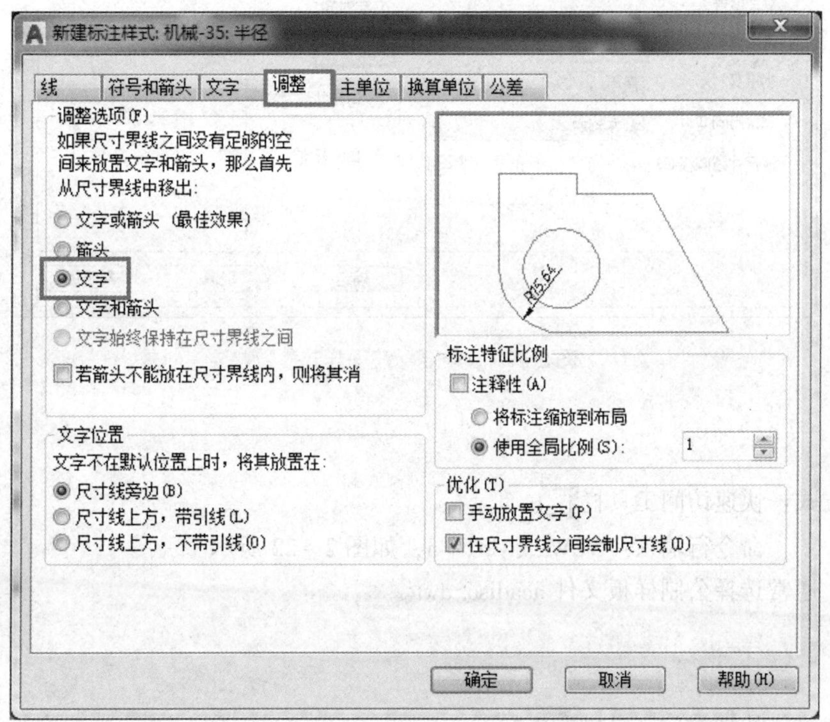

图2-19　半径子样式——“调整”选项卡参数

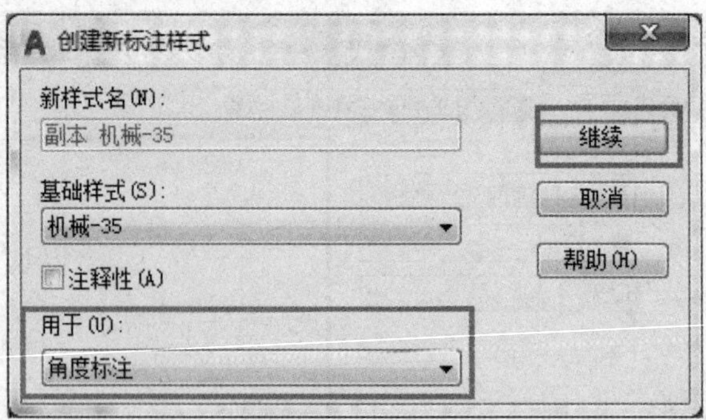

图2－20　新建角度标注子样式

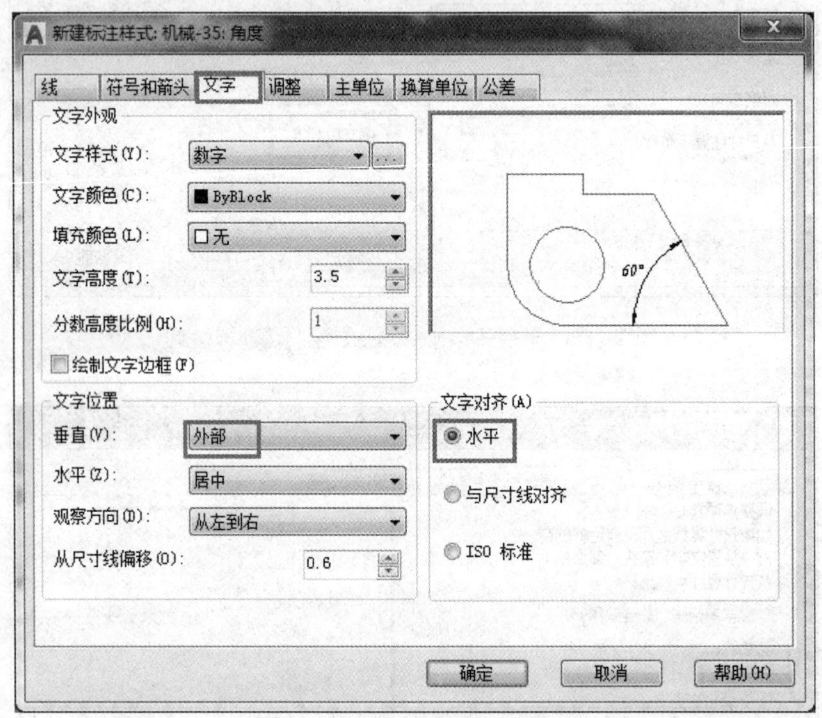

图2－21　角度标注子样式参数

四、新建文件

命令方式：快速访问工具栏；

命令行输入：NEW 或 Ctrl＋n，如图2－22所示。

说明：通常选择公制样板文件 acadiso. dwt。

五、保存文件

命令方式：快速访问工具栏；

命令行输入：SAVE 或 Ctrl＋s，如图2－23所示。

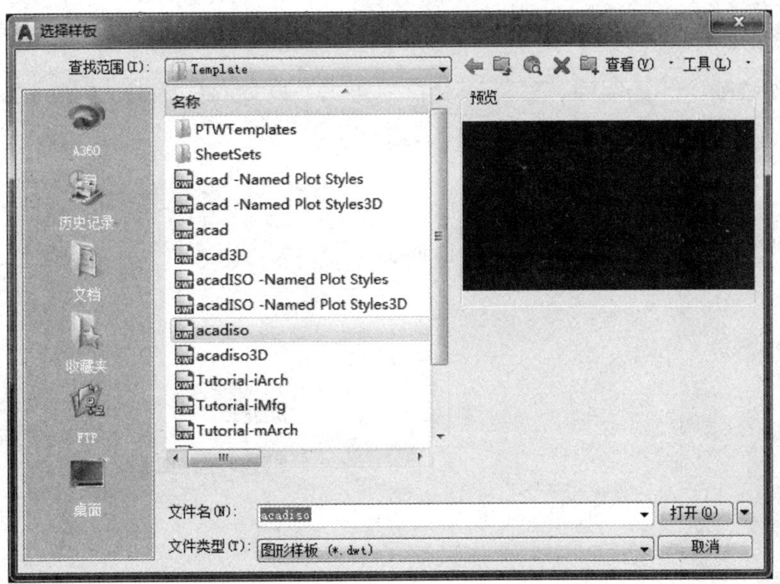

图 2－22 “新建文件”对话框

图 2－23 “图形另存为”对话框

说明：对新建的文件，如果使用保存命令会出现对话框，对打开的文件如果使用保存命令则不会显示对话框，此操作会覆盖已保存的文件。如果不想覆盖，要使用另存为命令。

六、打开文件

命令方式：快速访问工具栏 ；

命令行输入：OPEN 或 Ctrl＋o，如图 2－24 所示。

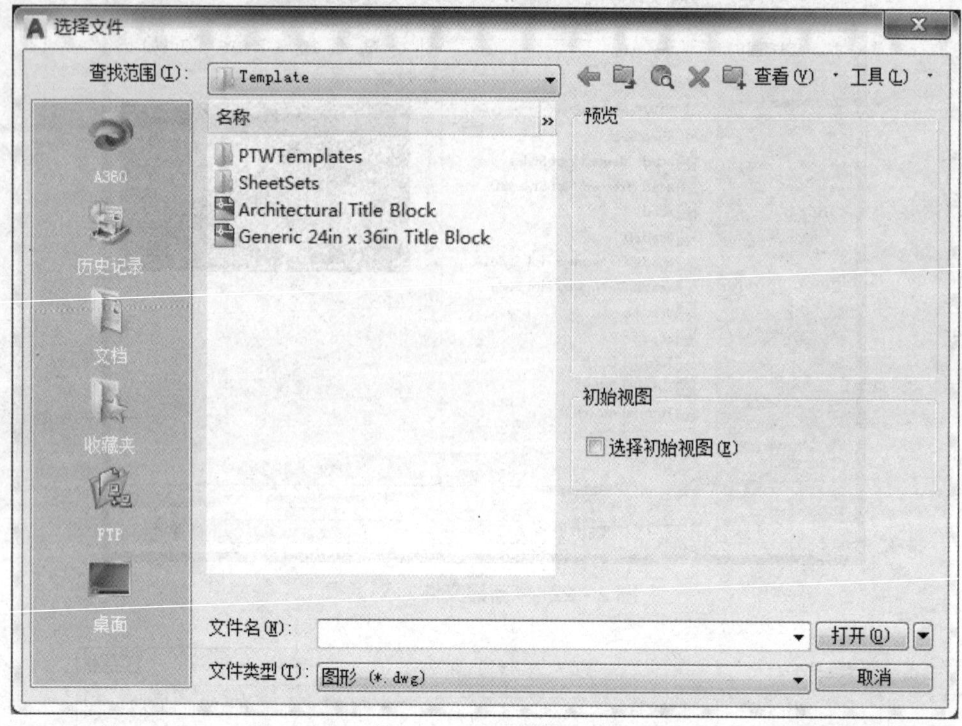

图2－24 “选择文件”对话框

七、创建图形样板的步骤

（1）新建文件，确认“acadiso. dwt”被选择，确定。

（2）设置图层。

（3）创建文字样式。

（4）创建标注样式。

（5）保存文件，在文件类型文本框中选择“AutoCAD 图形样板（*. dwt）”，在文件名文本框中输入样板文件名，例如“机械 A3”。说明：当选择了“AutoCAD 图形样板（*. dwt）”后，路径会自动变为“Template”文件夹，为了新建文件时容易找到样板文件，一般不要改变这个文件夹。

课题 3　基本图形的画法

练习 1. dwg

●训练重点

正交模式绘制直线、对象追踪、对象捕捉（端点）、线性尺寸标注，如图2－25 所示。

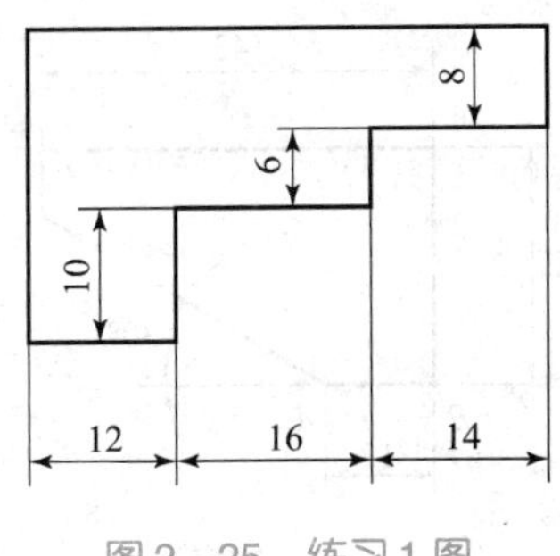

图 2-25 练习 1 图

●**训练步骤**

(1) 新建文件，选择“机械 A3. dwt”。保存文件，存储在个人文件夹中，并命名为“作业 1. dwg”。打开文件，选择“模块 2 素材\练习 1. dwg”。视图选项卡：垂直平铺。

(2) 绘图。

①确认当前图层为“粗实线”。

②使用直线命令。

命令方式：绘图面板——直线工具 直线；

命令行输入：LINE 或命令别名 L，如图 2-26 所示。

图 2-26 直线工具命令行

③绘图技术：正交模式、对象追踪、对象捕捉（或闭合）。

(3) 标注尺寸。

①将尺寸图层设置为当前层。

②使用线性标注命令。

命令方式：注释面板——线性工具；

命令行输入：DIMLINEAR 或命令别名 DLI；

③标注方式：回车后选择“对象标注”。

(4) 保存文件。

练习 2. dwg

●**训练重点**

极轴模式绘制直线、极轴设置、对象追踪、角度标注，如图 2-27 所示。

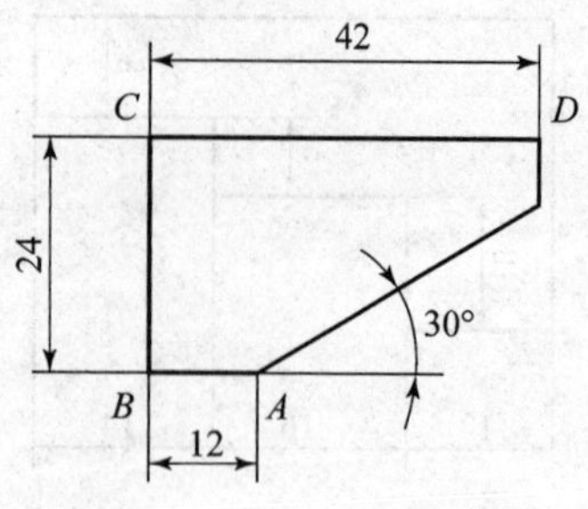

图2-27　练习2图

●训练步骤

(1) 新建文件，选择“机械 A3. dwt”。保存文件，存储在个人文件夹中，并命名为“作业 2. dwg”。打开文件，选择“模块 2 素材\练习 2. dwg”。视图选项卡：垂直平铺。

(2) 绘图。

①确认当前图层为“粗实线”。

②设置极轴，右键单击状态栏上的极轴，如图 2-28 所示。

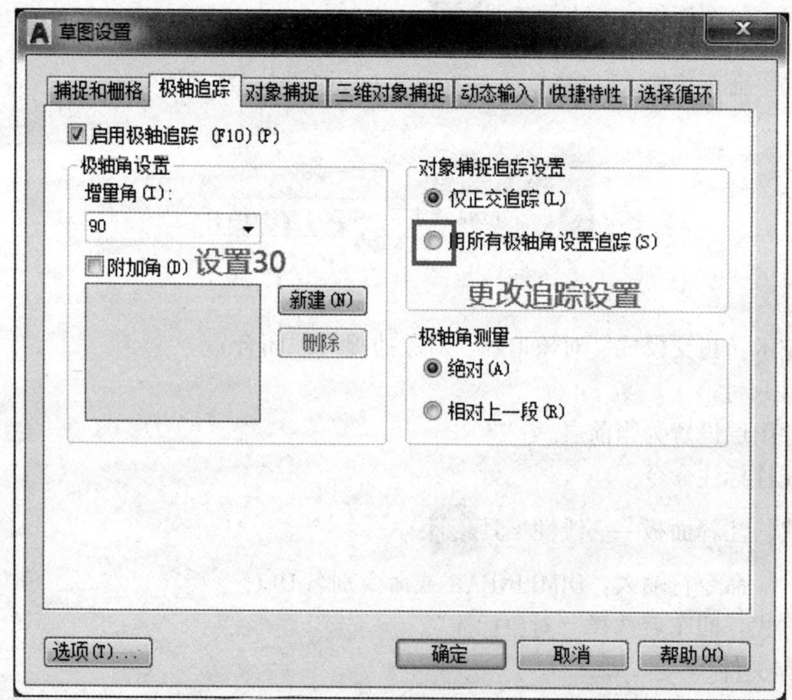

图2-28　设置极轴

③绘制方法：从 A 至 D 绘制三段直线（使用极轴追踪），在 D 点时，先向下（显示垂线），再碰 A 点向右上方（显示 30°极轴线），此时与垂线极轴相交时单击鼠标左键，如图 2-29 所示。

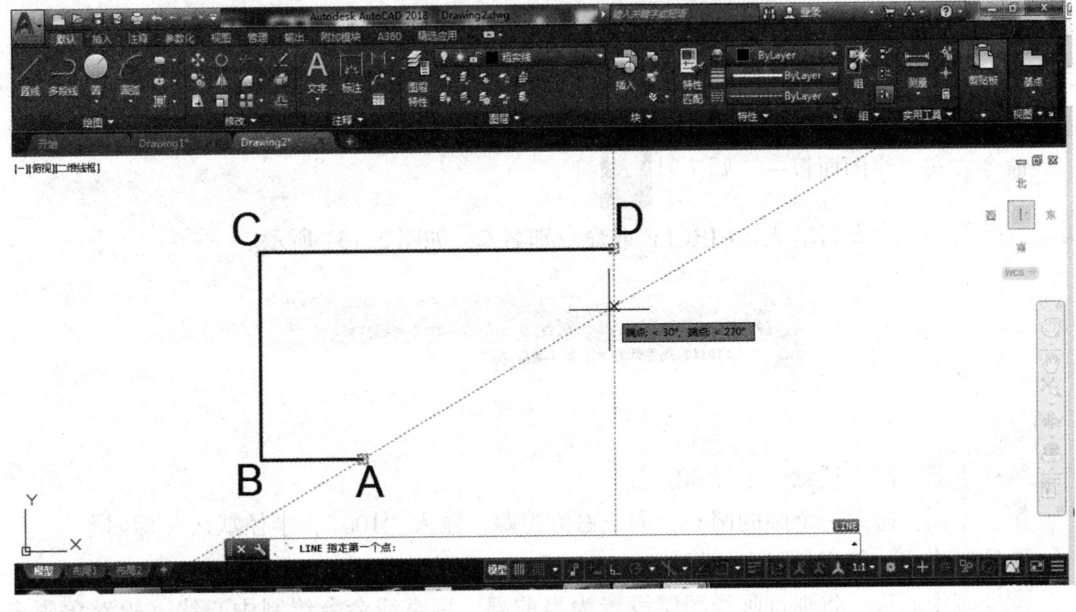

图2-29 绘图方法

(3) 标注尺寸。

①将尺寸标注图层设置为当前层。

②标注线性尺寸。

③标注角度尺寸。

命令方式：注释面板——角度工具（展开选择）;

命令行输入：DIMANGULAR 或命令别名 DAN。

④标注方法：分别选择两直线边。

(4) 保存文件。

练习 3. dwg

●训练重点

圆命令、对象追踪、对象捕捉（象限点）、线型比例因子、直径标注，如图2-30所示。

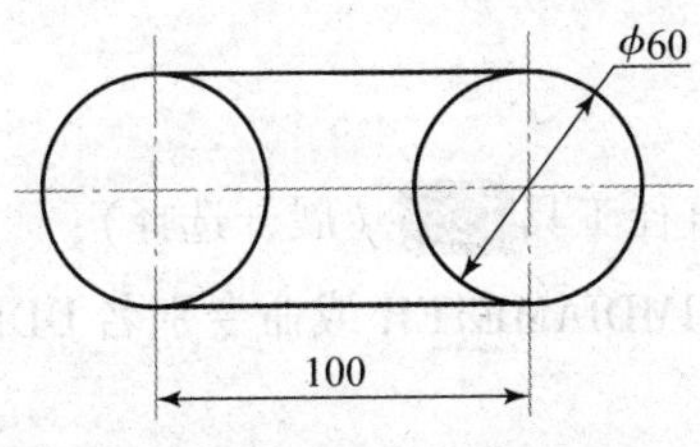

图2-30 练习3图

●训练步骤

(1) 新建文件，选择“机械 A3. dwt”。保存文件，存储在个人文件夹中，并命名为“作业 3. dwg”。打开文件，选择“模块 2 素材\练习 3. dwg”。视图选项卡：垂直平铺。

（2）绘图。

①确认当前图层为“粗实线”。

②绘制圆。

命令方式：绘图面板——圆工具；

命令行输入：CIRCLE 或命令别名 C，如图 2－31 所示。

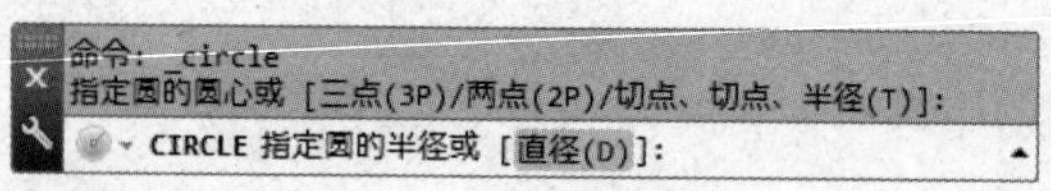

图 2－31　圆命令行

第一个圆：圆心任意，半径 30。

第二个圆：碰第一个圆的圆心，向正右方追踪，输入“100”，半径默认（即回车）。

③绘制直线。使用象限点捕捉。

④绘制中心线。将细点画线图层设置为当前层，用直线命令绘制中心线（追踪象限点目测距离）。

⑤调整线型比例。

使用全局线型比例因子命令。

命令方式：特性面板——线型列表——其他——全局比例因子（默认值为 1）；

命令行输入：LTSCALE 或命令别名 LTS。

线型比例=1

线型比例=0.5

线型比例=2

（3）标注尺寸。

①将尺寸标注图层设置为当前层。

②标注线性尺寸。

③标注直径尺寸。

使用直径标注命令。

命令方式：注释面板——直径工具（展开选择）；

命令行输入：DIMDIAMETER 或命令别名 DDI。

标注方法：选择圆。

（4）保存文件。

练习 4. dwg

●训练重点

对象捕捉（切点），如图 2－32 所示。

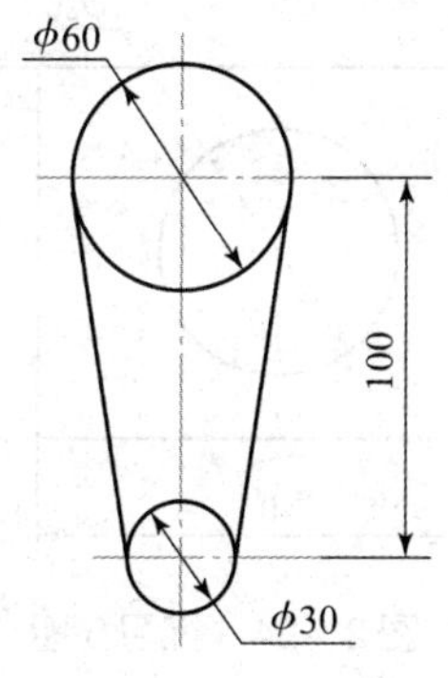

图2－32　练习4图

●训练步骤

（1）新建文件，选择“机械A3. dwt”。保存文件，存储在个人文件夹中，并命名为“作业4. dwg”。打开文件，选择“模块2素材\练习4. dwg”。视图选项卡：垂直平铺。

（2）绘图。

①将粗实线图层设置为当前层。

②绘制圆。

③绘制直线。

使用临时对象捕捉（切点）。

方法：按住“Shift”键和鼠标右键（快捷菜单），如图2－33所示。

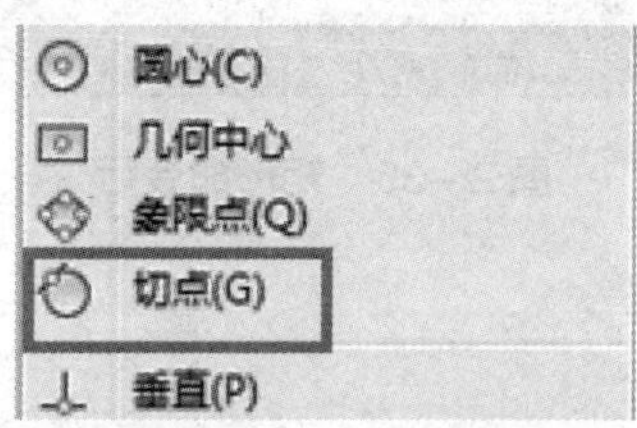

图2－33　切点快捷菜单

④绘制中心线。

将细点画线图层设置为当前层。用直线命令绘制中心线。

⑤调整线型比例。

（3）标注尺寸。

（4）保存文件。

练习5. dwg

●训练重点

矩形命令、对象追踪（双向），如图2－34所示。

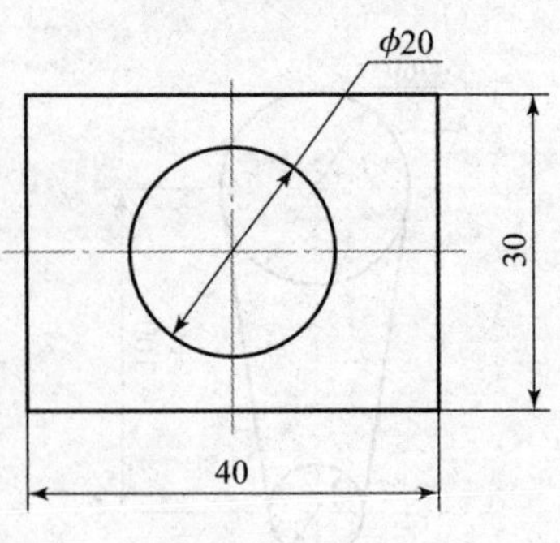

图 2－34　练习 5 图

●**训练步骤**

（1）新建文件，选择“机械 A3. dwt”。保存文件，存储在个人文件夹中，并命名为“作业 5. dwg”。打开文件，选择“模块 2 素材\练习 5. dwg”。视图选项卡：垂直平铺。

（2）绘图。

①绘制矩形。

命令方式：绘图面板——矩形工具 ；

命令行输入：RECTANG 或命令别名 REC，如图 2－35 所示。

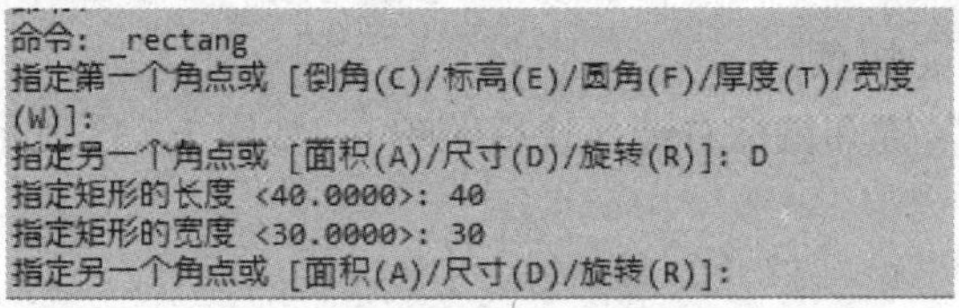

```
命令: _rectang
指定第一个角点或 [倒角(C)/标高(E)/圆角(F)/厚度(T)/宽度(W)]:
指定另一个角点或 [面积(A)/尺寸(D)/旋转(R)]: D
指定矩形的长度 <40.0000>: 40
指定矩形的宽度 <30.0000>: 30
指定另一个角点或 [面积(A)/尺寸(D)/旋转(R)]:
```

图 2－35　矩形命令行

②绘制圆。

双向对象追踪。

碰水平线中点向下追踪，再碰垂直线中点向右追踪，相交时单击。

③绘制中心线并调整线型比例。

（3）标注尺寸。

（4）保存文件。

练习 6. dwg

●**训练重点**

矩形命令、对象捕捉（捕捉自）、对象追踪、辅助作图、删除命令、修剪命令、圆角命令、对齐线性标注，如图 2－36 所示。

●**训练步骤**

（1）新建文件（机械 A3. dwt），保存文件（作业 6. dwg），打开“练习 6. dwg”，窗口垂直平铺。

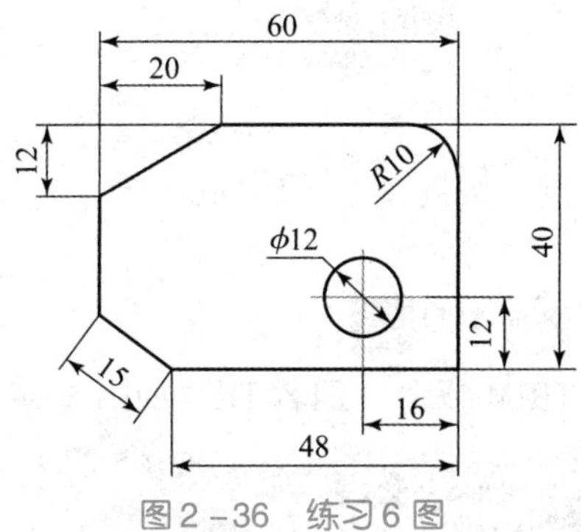

图2－36 练习6图

（2）绘图。

①绘制 60×40 矩形。

方法一：参照练习5。

方法二：使用相对坐标，如图2－37所示。

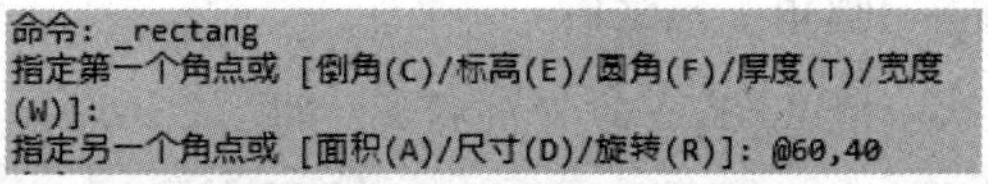

```
命令: _rectang
指定第一个角点或 [倒角(C)/标高(E)/圆角(F)/厚度(T)/宽度(W)]:
指定另一个角点或 [面积(A)/尺寸(D)/旋转(R)]: @60,40
```

图2－37 相对坐标定位

②绘制 ϕ12 圆“对象捕捉”（捕捉自），如图2－38所示。

使用圆命令，按住“Shift”键和鼠标右键（快捷菜单），单击“自（F）”工具，如图2－38所示。选择矩形的右下角点，输入“@－16，12”，回车，输入半径“6”，回车，命令行显示如图2－39所示。

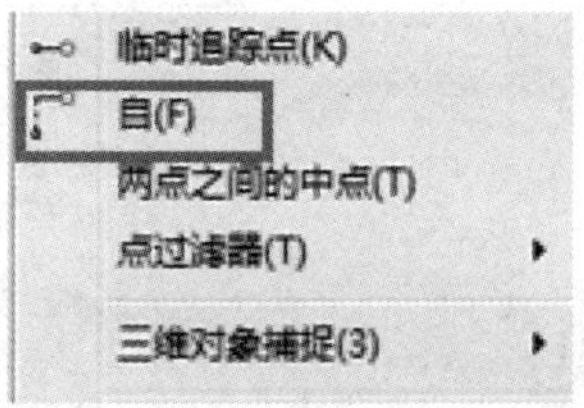

图2－38 捕捉自的应用

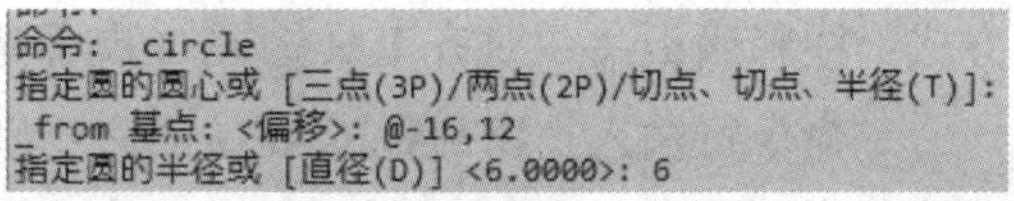

```
命令: _circle
指定圆的圆心或 [三点(3P)/两点(2P)/切点、切点、半径(T)]:
_from 基点: <偏移>: @-16,12
指定圆的半径或 [直径(D)] <6.0000>: 6
```

图2－39 命令行显示

③绘制左上角直线对象追踪。

使用直线命令，碰左上角点向下追踪，输入“12”，回车，再碰左上角点向右追踪，输入“20”，回车。

④绘制左下角直线辅助作图。

使用圆命令，从右下角点向左追踪，输入“48”，半径输入“15”。使用直线命令，从圆心画到圆与左边直线的交点。

⑤删除辅助圆。

方法一：使用删除命令。

命令方式：修改面板——删除工具；

命令行输入：ERASE或命令别名E，如图2－40所示。

```
命令: _erase
ERASE 选择对象:
```

图2－40　删除命令

方法二：选择圆，显示夹点，按键盘上“Delete”键。

⑥修剪左边两个角。

命令方式：修改面板——修剪工具 ；

命令行输入：TRIM或命令别名TR，如图2－41所示。

```
命令: _trim
当前设置:投影=UCS, 边=无
选择剪切边...
选择对象或 <全部选择>:  找到 1 个
选择对象:
选择要修剪的对象, 或按住 Shift 键选择要延伸的对象, 或
[栏选(F)/窗交(C)/投影(P)/边(E)/删除(R)/放弃(U)]:
不与剪切边相交。
```

图2－41　修剪命令行

⑦绘制圆角。

命令方式：修改面板——圆角工具 ；

命令行输入：FILLET或命令别名F，如图2－42所示。

```
命令: _fillet
当前设置: 模式 = 修剪, 半径 = 0.0000
选择第一个对象或 [放弃(U)/多段线(P)/半径(R)/修剪(T)/多个(M)]:
r 指定圆角半径 <0.0000>: 10
选择第一个对象或 [放弃(U)/多段线(P)/半径(R)/修剪(T)/多个(M)]:
选择第二个对象, 或按住 Shift 键选择对象以应用角点或 [半径(R)]:
```

图2－42　圆角命令行

⑧绘制中心线并调整线型比例。

（3）标注尺寸。

标注线性尺寸；标注直径尺寸；标注半径尺寸。

标注倾斜线段的尺寸。

命令方式：注释面板——对齐工具 （展开选择）；

命令行输入：DIMALIGNED或命令别名DAL。

（4）保存文件。

练习7.dwg

●训练重点

相对坐标、修改尺寸样式、修改半径尺寸，如图2－43所示。

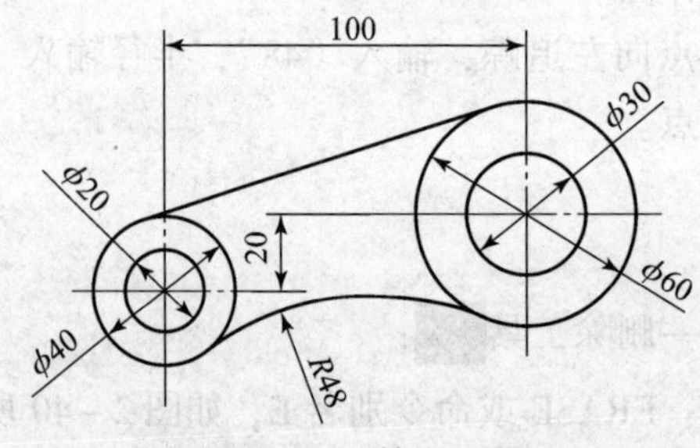

图2－43　练习7图

●训练步骤

（1）新建文件（机械 A3. dwt），保存文件（作业 7. dwg），打开“练习 7. dwg”，窗口垂直平铺。

（2）绘图。

①绘制圆。

先绘制左侧 $\phi20$ 和 $\phi40$ 的圆。

右侧 $\phi30$ 圆的定位：使用相对坐标，如图 2－44 所示。

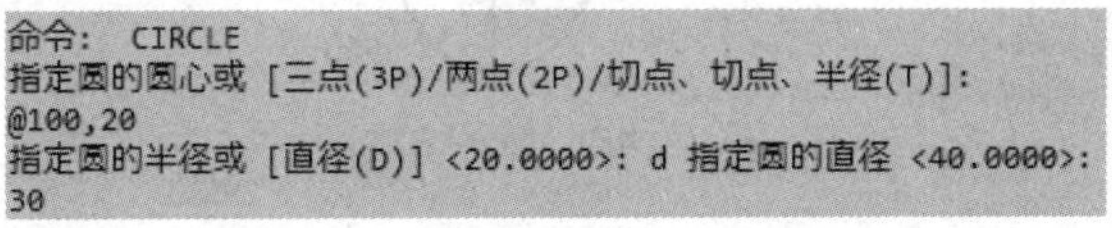

```
命令: CIRCLE
指定圆的圆心或 [三点(3P)/两点(2P)/切点、切点、半径(T)]:
@100,20
指定圆的半径或 [直径(D)] <20.0000>: d 指定圆的直径 <40.0000>:
30
```

图 2－44　相对坐标定位

②绘制公切线。

③绘制圆弧。

使用圆角命令绘制圆弧。

④绘制中心线并调整线型比例。

（3）修改尺寸样式。

选择直径子样式，修改。在“文字”选项卡选择“与尺寸线对齐”。

（4）标注尺寸。

（5）修改半径尺寸。

*R*48 是连接圆弧，标注半径尺寸时不需要从圆心开始，修改方法是：

选择 *R*48 尺寸，右键（菜单），选择“特性”，在对话框“调整”选项栏的“文字移动”中选择“移动文字时添加引线”，如图 2－45 所示。

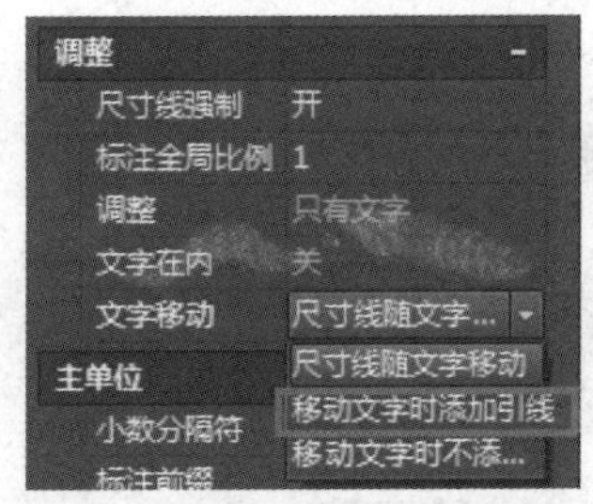

图 2－45　特性对话框调整选项栏

（6）保存文件。

练习 8. dwg

●训练重点

画圆方式（相切、相切、半径），如图 2－46 所示。

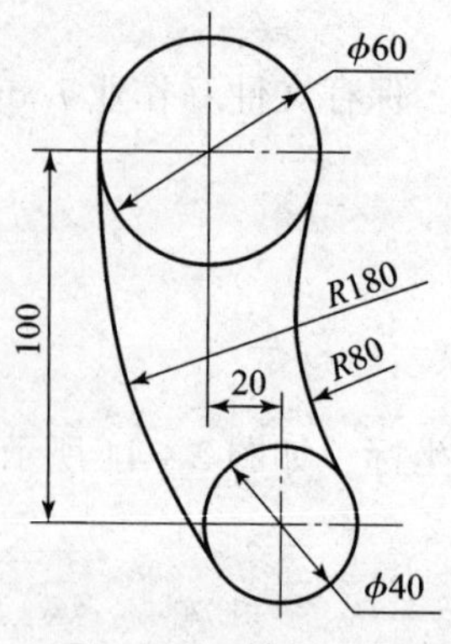

图 2－46　练习 8 图

●训练步骤

（1）新建文件（机械 A3. dwt），保存文件（作业 8. dwg），打开“练习 8. dwg”，窗口垂直平铺。

（2）绘图。

①绘制圆。

绘制 $\phi60$ 的圆。

绘制 $\phi40$ 的圆（使用相对坐标）。

②绘制 $R180$ 圆弧（不能用圆角命令），如图 2－47 所示。

```
命令: _circle
指定圆的圆心或 [三点(3P)/两点(2P)/切点、切点、半径(T)]: T
指定对象与圆的第一个切点:
指定对象与圆的第二个切点:
指定圆的半径 <15.0000>: 180
```

图 2－47　圆的相切、相切、半径方式

③修剪圆弧。

④绘制 $R80$ 圆弧。

使用圆角命令绘制 $R80$ 圆弧。

⑤绘制中心线并调整线型比例。

（3）标注尺寸。

（4）修改半径尺寸。

（5）保存文件。

练习 9. dwg

●训练重点

多线样式、多线命令、倒角命令、控制符、多重引线样式、多重引线命令，如图 2－48 所示。

●训练步骤

（1）新建文件（机械 A3. dwt），保存文件（作业 9. dwg），打开“练习 9. dwg”，窗口垂直平铺。

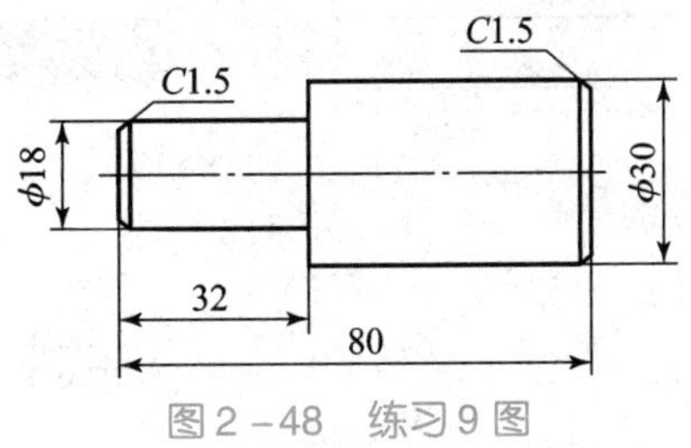

图2-48 练习9图

(2) 使用多线样式。

命令方式：下拉菜单：格式菜单——多线样式；

命令行输入：MLSTYLE，如图2-49和图2-50所示。

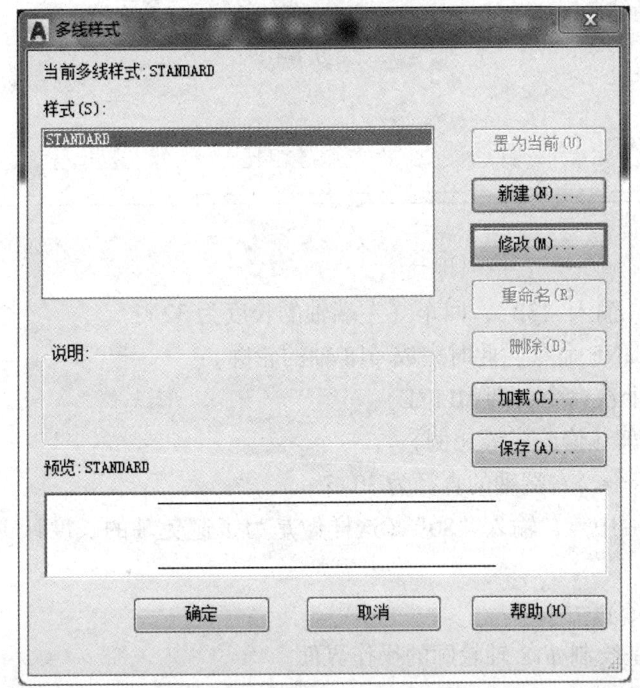

图2-49 多线样式

(3) 绘图。

①绘制轴的轮廓线。使用多线命令。

命令方式：下拉菜单：绘图菜单——多线；

命令行输入：MLINE或命令别名ML。

操作步骤：

输入“MLINE”，回车；

输入“J”，回车（选择对正的方式）；

输入“Z”，回车（选择对正方式为“无”，即中间对正）；

输入“S”，回车（修改多线比例，即多线的宽度尺寸）；

输入“18”，回车（左端轴的直径为18）；

任意位置单击（轴的轮廓起点）；

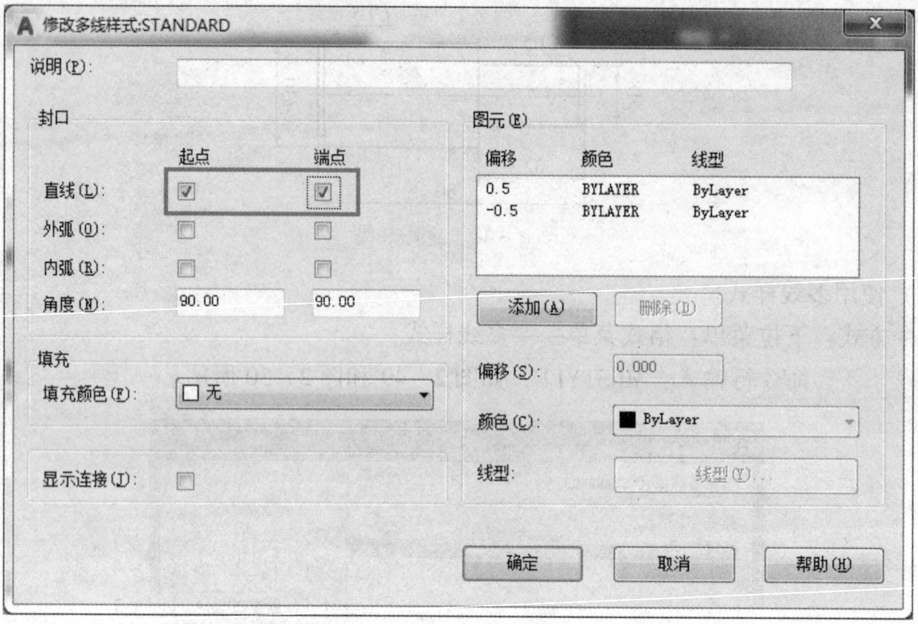

图2-50 修改多线样式

向正右方追踪，输入“32”，回车（左端轴的长度为32）；

回车（结束MLINE命令，此时完成ϕ18轴的轮廓）；

再回车（重复上次命令，即MLINE）；

输入“S”，回车（修改多线比例）；

输入“30”，回车（右端轴的直径为30）；

追踪ϕ18轴左端中点，输入“80”（这样做是为了避免轴的长度计算）；捕捉轴的右端中点；

回车（结束命令）。

图2-51所示是绘制ϕ18轴轮廓的操作界面。

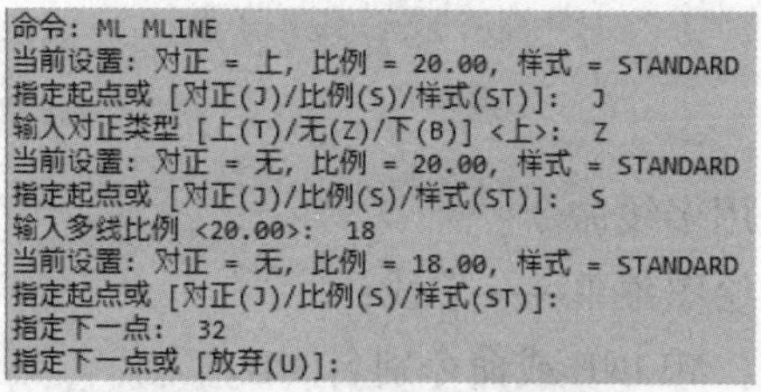

```
命令: ML MLINE
当前设置: 对正 = 上, 比例 = 20.00, 样式 = STANDARD
指定起点或 [对正(J)/比例(S)/样式(ST)]:  J
输入对正类型 [上(T)/无(Z)/下(B)] <上>:  Z
当前设置: 对正 = 无, 比例 = 20.00, 样式 = STANDARD
指定起点或 [对正(J)/比例(S)/样式(ST)]:  S
输入多线比例 <20.00>:  18
当前设置: 对正 = 无, 比例 = 18.00, 样式 = STANDARD
指定起点或 [对正(J)/比例(S)/样式(ST)]:
指定下一点:  32
指定下一点或 [放弃(U)]:
```

图2-51 绘制ϕ18轴的轮廓

②分解对象：用多线绘制的对象是一个整体，为了便于编辑，需要用分解命令将其分解。

命令方式：修改面板——分解工具；

命令行输入：EXPLODE或X，输入命令后，选择多线对象，回车，即完成分解。

③绘制倒角。

命令方式：修改面板——倒角工具 （展开选择）；

命令行输入：CHAMFER 或命令别名 CHA，如图 2－52 所示。

```
命令: _chamfer
("修剪"模式) 当前倒角距离 1 = 0.0000, 距离 2 = 0.0000
选择第一条直线或 [放弃(U)/多段线(P)/距离(D)/角度(A)/修剪(T)/方式(E)/多个(M)]:  D
指定 第一个 倒角距离 <0.0000>: 1.5
指定 第二个 倒角距离 <1.5000>:
选择第一条直线或 [放弃(U)/多段线(P)/距离(D)/角度(A)/修剪(T)/方式(E)/多个(M)]:
选择第二条直线, 或按住 Shift 键选择直线以应用角点或 [距离(D)/角度(A)/方法(M)]:
```

图2－52　倒角命令行

④用直线命令连接倒角内部的轮廓。

⑤绘制中心线并调整线型比例。

（4）标注尺寸。

①ϕ18 的尺寸标注。

使用线性尺寸命令，如图 2－53 所示。

```
命令: _dimlinear
指定第一个尺寸界线原点或 <选择对象>:
选择标注对象:
指定尺寸线位置或
[多行文字(M)/文字(T)/角度(A)/水平(H)/垂直(V)/旋转(R)]: t
输入标注文字 <18>: %%C18
指定尺寸线位置或
[多行文字(M)/文字(T)/角度(A)/水平(H)/垂直(V)/旋转(R)]:
标注文字 = 18
```

图2－53　线性尺寸命令行

说明："%%c" 是 AutoCAD 控制符，表示直径符号 "ϕ"。

②倒角的标注。倒角标注可以使用快速引线命令（QLEADER），或者使用多重引线命令（MLEADER），后者要用多重引线样式命令（MLEADERSTYLE）创建新样式，再使用 MLEADER 命令标注。

使用多重引线样式命令。

命令方式：注释面板（展开）——多重引线样式工具 ；

命令行输入：MLEADERSTYLE 或命令别名 MLS，如图 2－54 所示。

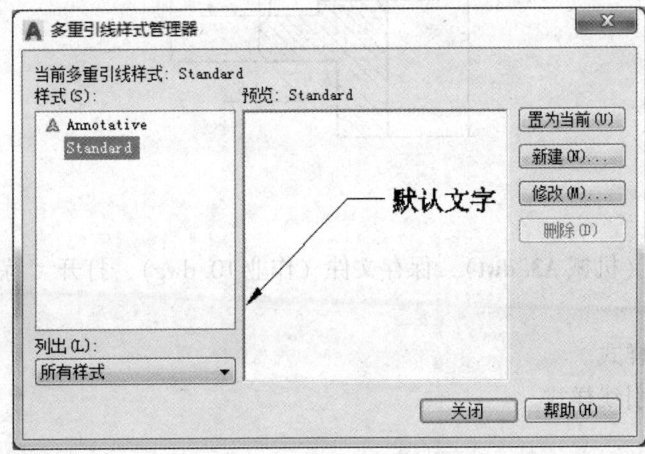

图2－54　多重引线样式

使用创建或修改方法。

引线格式选项卡：箭头符号选择“无”。

引线结构选项卡：最大引线点数设置为“3”；取消“自动包含基线”勾选。

内容选项卡：文字样式选择“数字”；文字高度为“3.5”；引线连接位置左右均选择“最后一行加下划线”。

使用多重引线命令。

命令方式：注释面板——多重引线工具；

命令行输入：MLEADER 或命令别名 MLD，如图 2－55 所示。

```
命令: _mleader
指定引线箭头的位置或 [引线基线优先(L)/内容优先(C)/选项(O)] <选项>:
指定引线基线的位置:
```

图 2－55　多重引线命令行

（5）保存文件。

练习 10. dwg

●训练重点

多线绘图、分解命令、倒角绘制技巧、图案填充、添加直径符号、特性匹配，如图 2－56 所示。

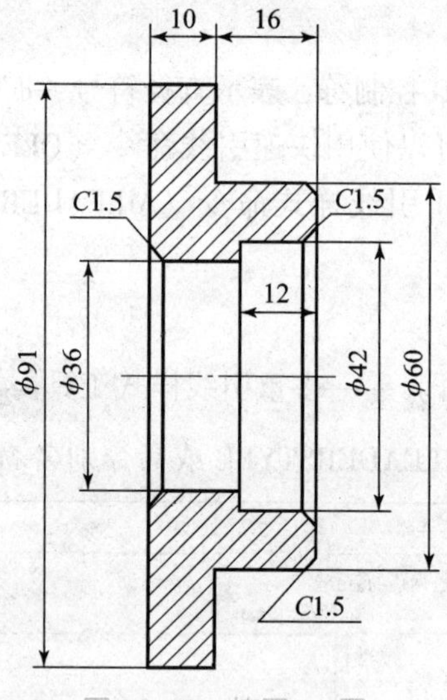

图 2－56　练习 10 图

●训练步骤

（1）新建文件（机械 A3. dwt），保存文件（作业 10. dwg），打开“练习 10. dwg”，窗口垂直平铺。

（2）创建多线样式。

（3）创建多重引线样式。

（4）绘图。

①绘制外轮廓。

用多线命令绘制 ϕ91 和 ϕ60 轴。

分解多线。

修剪中间的线段。

删除中间的线段（中间部分实际上有两段直线重合在一起）。使用倒角命令修改倒角。

②绘制内部孔轮廓。

用多线命令绘制 ϕ42 和 ϕ36 的孔。

选择 ϕ36 的孔，将左侧的夹点向右追踪，输入“1.5”。选择 ϕ42 的孔，将右侧的夹点向左追踪，输入“1.5”。

设置极轴增量角为“45°”。

用直线命令绘制倒角轮廓（45°追踪）。

③绘制剖面线。

创建图层“剖面线”，颜色为“蓝色”，线宽“0.25”（其余默认），并设置为当前层。

使用图案填充命令。

命令方式：绘图面板——图案填充工具；

命令行输入：HATCH 或命令别名 H，如图 2－57 所示。

图 2－57 图案填充工具

选择“ANSI31”，然后在图形的封闭断面的内部单击，可以根据情况调整比例。

(5) 标注尺寸。

①标注直径尺寸。

用线性尺寸命令标注四个直径尺寸（不加符号“ϕ”），修改 ϕ91 尺寸的特性。如图 2－58 所示。

图 2－58 添加标注前缀

使用特性匹配命令。

命令方式：特性面板——特性匹配工具；

命令行输入：MATCHPROP 或命令别名 MA，如图 2－59 所示。

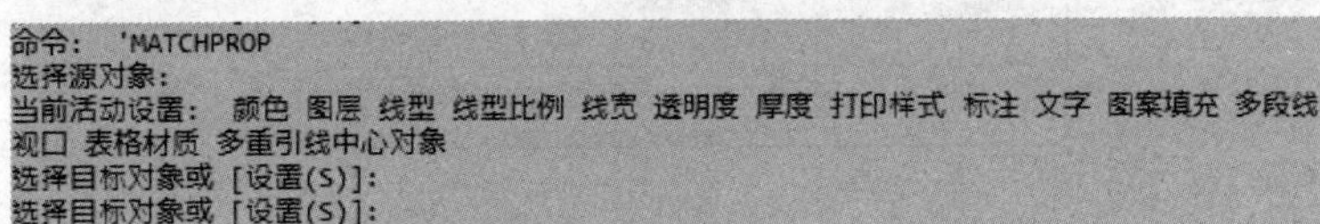

图 2－59 特性匹配命令行

选择源对象（即尺寸 ϕ91），再选择目标对象（即其他几个直径尺寸）。

②标注其他线性尺寸和引线尺寸。

（6）保存文件。

练习 11. dwg

●训练重点

斜线的绘制方法、辅助作图，如图 2－60 所示。

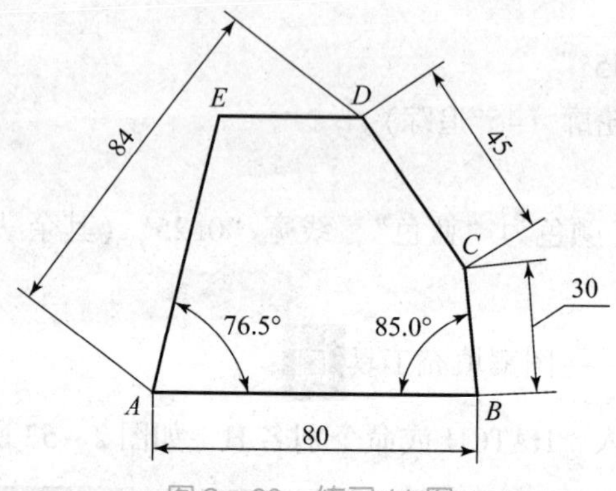

图2－60　练习11图

●训练步骤

（1）新建文件，选择“机械 A3. dwt”。保存文件，存储在个人文件夹中，并命名为“作业 11. dwg”。打开文件，选择“模块 2 素材\练习 11. dwg”。窗口垂直平铺。

（2）图形单位设置。

使用图形单位命令。

命令方式：应用程序按钮（界面的右上角）——图形实用工具——单位；

命令行输入：UNITS 或命令别名 UN，如图 2－61 所示。

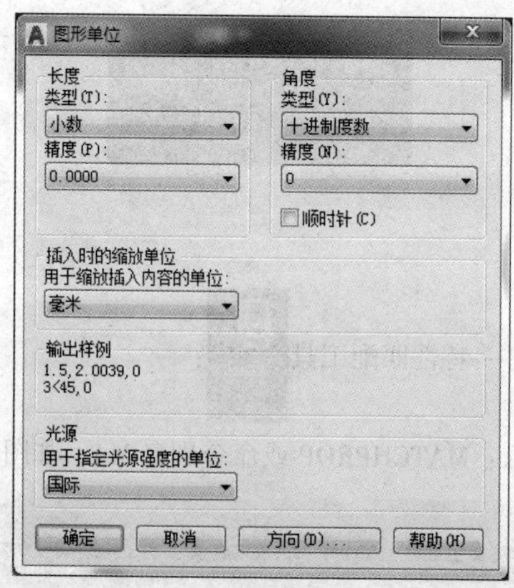

图2－61　“图形单位”对话框

角度精度设置为“0.0”。

(3) 修改标注样式（如图2－62所示）。

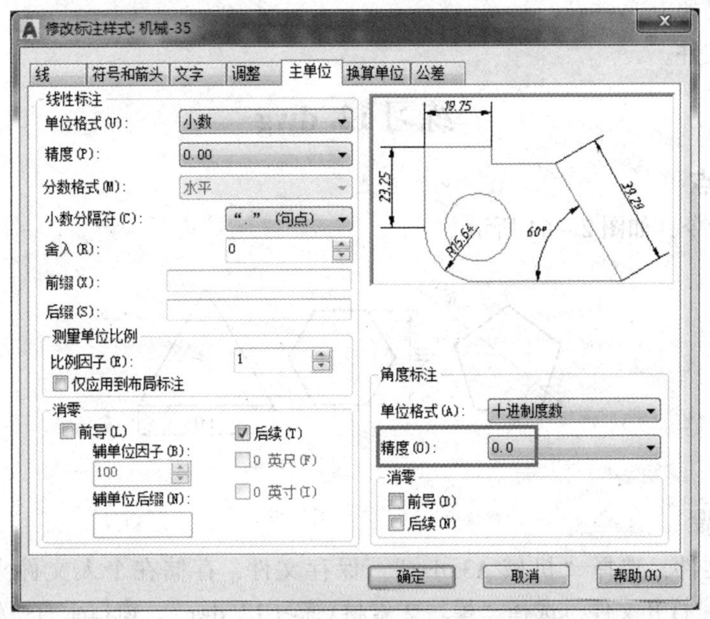

图2－62 设置角度标注精度为“0.0”

(4) 绘图（如图2－63所示）。

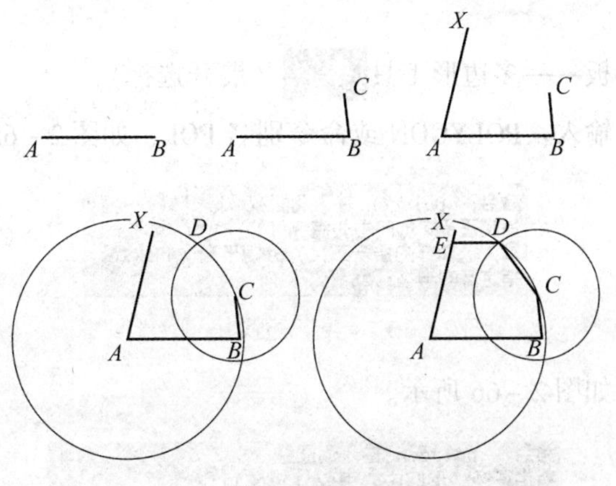

图2－63 绘图步骤

①绘制 *AB* 直线。

②绘制 *BC* 直线。

输入“@30<95”。

③绘制 *AX* 直线。

第一点：捕捉 *A* 点。

第二点：输入“<76.5”，回车后向右上拖放单击。

④求 *D* 点。

以 *A* 点为圆心，84为半径画圆。以 *C* 点为圆心，45为半径画圆。两圆的交点即为 *D* 点。

⑤绘制 *CD*、*DE* 直线。

⑥修剪图形和删除辅助圆。

（5）标注尺寸。

（6）保存文件。

练习 12. dwg

●训练重点

正多边形命令，如图 2－64 所示。

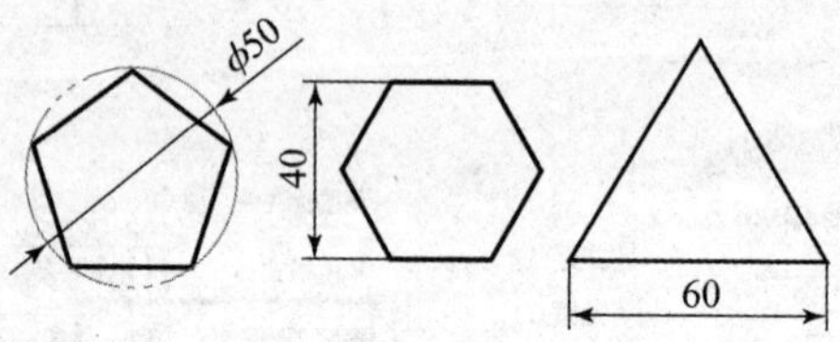

图 2－64　练习 12 图

●训练步骤

（1）新建文件，选择“机械 A3. dwt”。保存文件，存储在个人文件夹中，并命名为“作业 12. dwg”。打开文件，选择“模块 2 素材\练习 12. dwg”。窗口垂直平铺。

（2）绘图。

①绘制正五边形。

使用正多边形命令。

命令方式：绘图面板——多边形工具（展开选择）；

命令行输入：POLYGON 或命令别名 POL，如图 2－65 所示。

```
命令: _polygon 输入侧面数 <4>: 5
指定正多边形的中心点或 [边(E)]:
输入选项 [内接于圆(I)/外切于圆(C)] <I>:
指定圆的半径: 25
```

图 2－65　绘制正五边形命令行

②绘制正六边形，如图 2－66 所示。

```
命令: _polygon 输入侧面数 <5>: 6
指定正多边形的中心点或 [边(E)]:
输入选项 [内接于圆(I)/外切于圆(C)] <I>: c
指定圆的半径: 20
```

图 2－66　绘制正六边形命令行

③绘制正三角形，如图 2－67 所示。

```
命令: _polygon 输入侧面数 <6>: 3
指定正多边形的中心点或 [边(E)]: e 指定边的第一个端点: 指定边的第二个端点: 60
```

图 2－67　绘制正三角形命令行

（3）标注尺寸。

（4）保存文件。

练习 13. dwg

●训练重点

镜像命令，如图 2－68 所示。

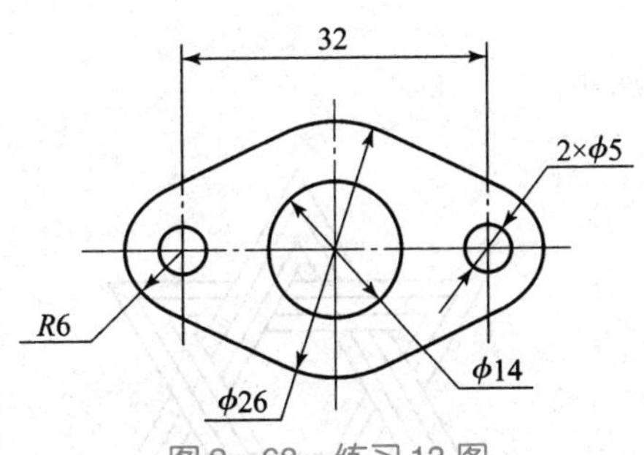

图 2－68 练习 13 图

●训练步骤

（1）新建文件，选择“机械 A3. dwt”。保存文件，存储在个人文件夹中，并命名为“作业 13. dwg”。打开文件，选择“模块 2 素材\练习 13. dwg”，窗口垂直平铺。

（2）绘图。

①绘制一半图形。(如图 2－69 所示)。

绘制 $\phi 26$ 的圆。

绘制 *R*6 的圆（水平追踪 16）。

绘制公切线。修剪多余图线。

绘制 $\phi 5$ 的圆。

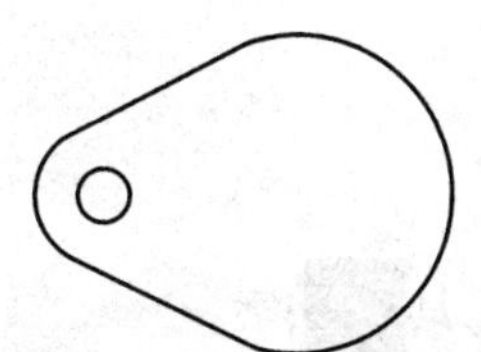

图 2－69 绘制一半图形

②镜像另一半图形。

使用镜像命令。

命令方式：修改面板——镜像工具  ；

命令行输入：MIRROR 或命令别名 MI，如图 2－70 所示。

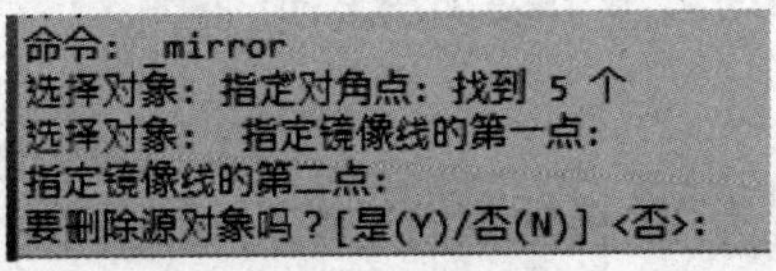

```
命令: _mirror
选择对象: 指定对角点: 找到 5 个
选择对象:  指定镜像线的第一点:
指定镜像线的第二点:
要删除源对象吗？[是(Y)/否(N)] <否>:
```

图 2－70 镜像命令行

修剪多余图线。

③绘制中心线并调整线型比例。

（3）标注尺寸。

（4）保存文件。

练习 14. dwg

●训练重点

偏移命令，如图 2 – 71 所示。

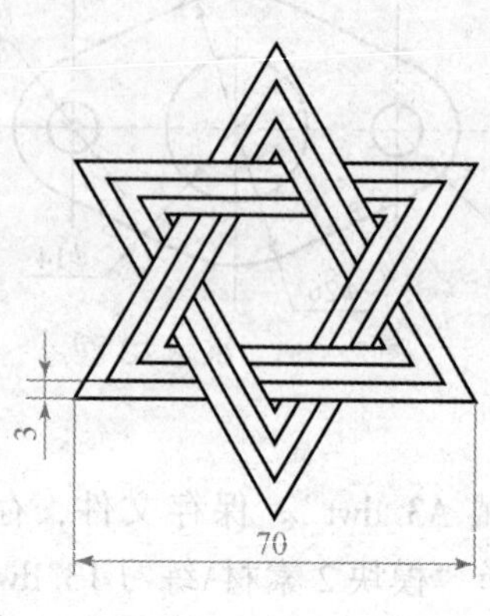

图 2 – 71　练习 14 图

●训练步骤

（1）新建文件，选择“机械 A3. dwt”。保存文件，存储在个人文件夹中，并命名为“作业 14. dwg”。打开文件，选择“模块 2 素材\练习 14. dwg”。窗口垂直平铺。

（2）绘图。

①绘制正三角形。

②绘制间距为 3 的内部三角形。

使用偏移命令。

命令方式：修改面板——偏移工具；

命令行输入：OFFSET 或命令别名 O，如图 2 – 72 所示。

```
命令： OFFSET
当前设置：删除源=否  图层=源  OFFSETGAPTYPE=0
指定偏移距离或 [通过(T)/删除(E)/图层(L)] <通过>： 3
选择要偏移的对象，或 [退出(E)/放弃(U)] <退出>：
指定要偏移的那一侧上的点，或 [退出(E)/多个(M)/放弃(U)] <退出>：
选择要偏移的对象，或 [退出(E)/放弃(U)] <退出>：
指定要偏移的那一侧上的点，或 [退出(E)/多个(M)/放弃(U)] <退出>：
选择要偏移的对象，或 [退出(E)/放弃(U)] <退出>：
指定要偏移的那一侧上的点，或 [退出(E)/多个(M)/放弃(U)] <退出>：
选择要偏移的对象，或 [退出(E)/放弃(U)] <退出>：
```

图 2 – 72　偏移命令行

③镜像图形（对称线位置为 30°极轴双向追踪），如图 2 – 73 所示。

④修剪图形。

（3）标注尺寸。

（4）保存文件。

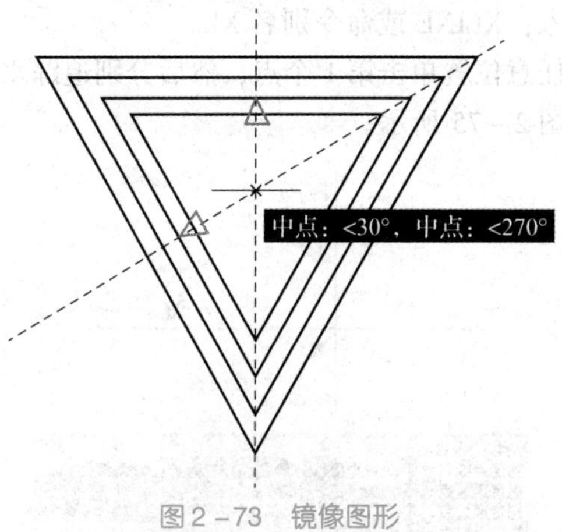

图 2－73 镜像图形

练习 15. dwg

●训练重点

构造线命令、射线命令、偏移应用、圆角设置，如图 2－74 所示。

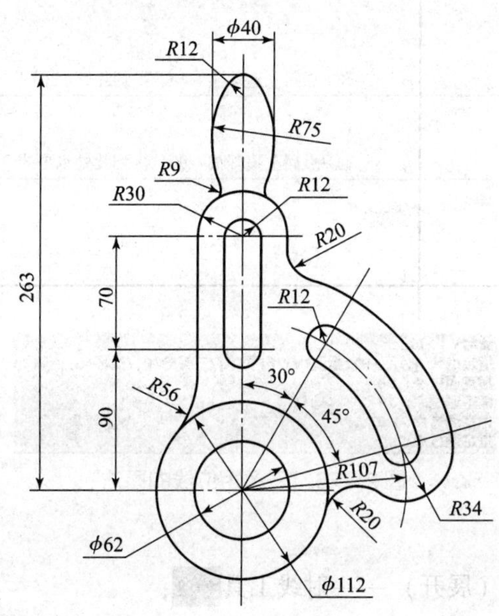

图 2－74 练习 15 图

●训练步骤

（1）新建文件，选择“机械 A3. dwt”。保存文件，存储在个人文件夹中，并命名为“作业 15. dwg”。打开文件，选择“模块 2 素材\练习 15. dwg”。窗口垂直平铺。

（2）绘图。

①绘制定位线。

将细点画线设置为当前层。

使用构造线命令。

命令方式：绘图面板（展开）——构造线工具 ；

命令行输入：XLINE 或命令别名 XL。

先绘制十字中心线，任意位置单击第 1 个点，然后分别追踪水平位置和垂直位置，分别单击第 2 点和第 3 点。如图 2－75 所示。

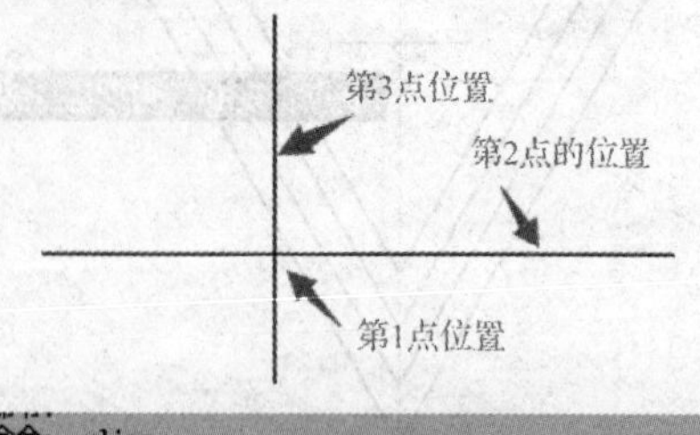

图 2－75　用构造线绘制十字中心线

其他三条定位线的画法，用构造线中的水平（H）绘制，如图 2－76 所示。

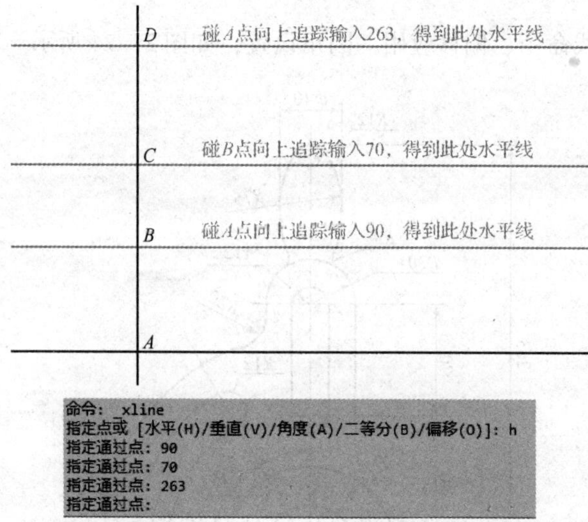

图 2－76　三条定位线的画法

使用射线命令。

命令方式：绘图面板（展开）——射线工具 ；

命令行输入：RAY。

说明：构造线命令和射线命令都是无限长的线，一般用于绘制辅助线，充分利用极轴追踪与对象追踪可以快速绘制图形的定位线。如图 2－77 所示。

绘制 *R*107 定位圆。

②绘制圆。

先绘制上方和右方内部的小圆 *R*12，用修剪命令修剪，如图 2－78 所示。

③偏移轮廓。

分别用 18 和 22 偏移轮廓，如图 2－79 所示。

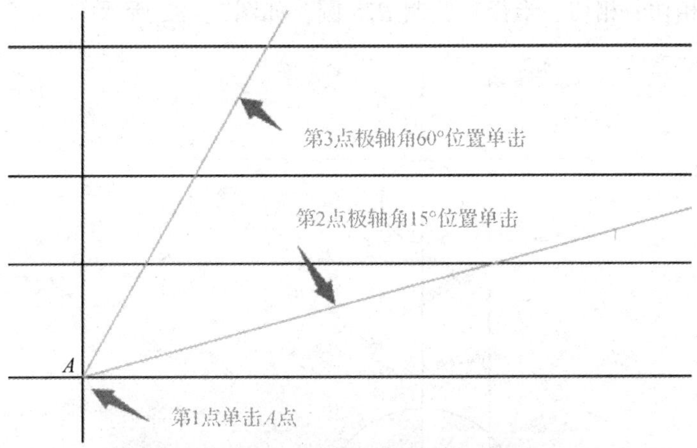

图2－77 用射线命令绘制倾斜定位线

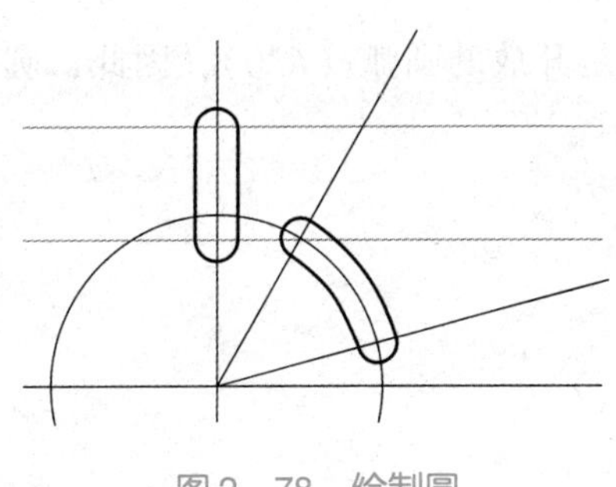

图2－78 绘制圆

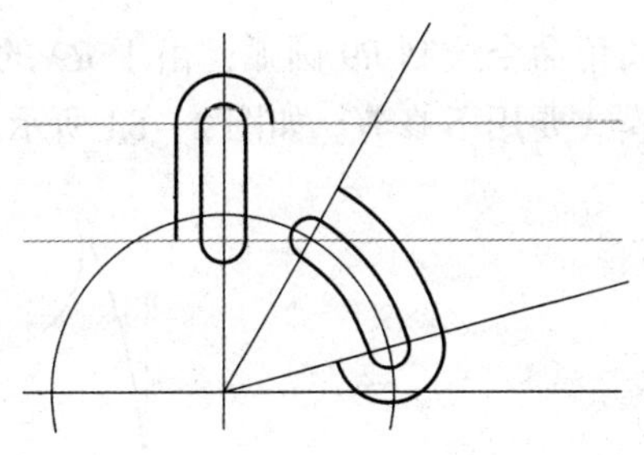

图2－79 偏移轮廓

④绘制手柄。

绘制手柄上端 *R*12 的圆，如图 2－80 所示。

用偏移工具绘制手柄的定位线 20（40 的一半），如图 2－81 所示。

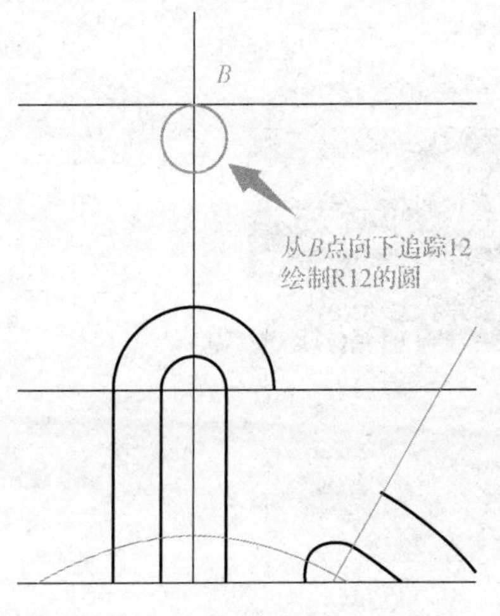

图2－80 手柄上端 *R*12 圆

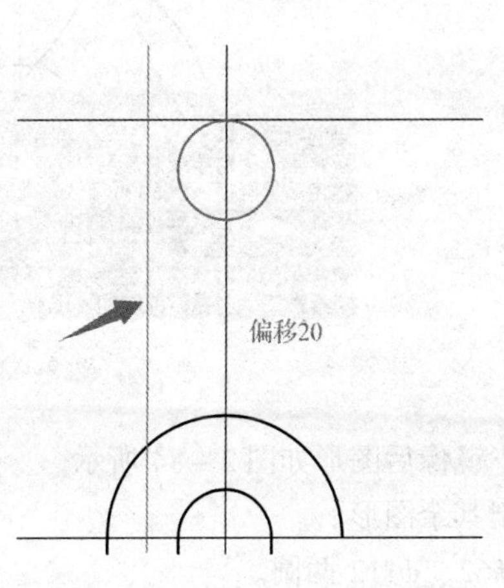

图2－81 绘制手柄定位线

用圆工具（相切、相切、半径）绘制 *R*75 圆，如图 2－82 所示。

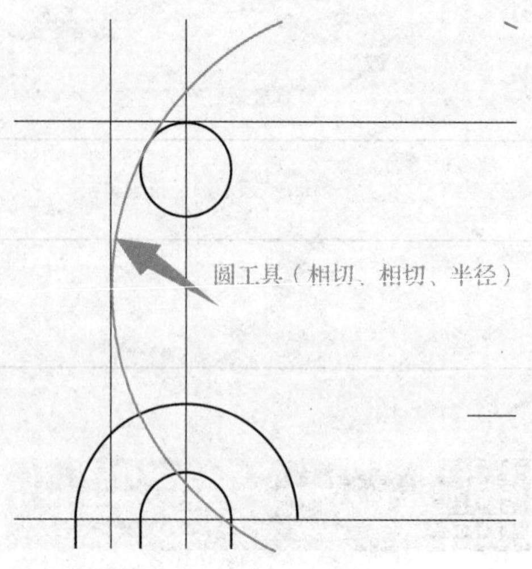

图 2－82　绘制 *R*75 圆

用圆角命令绘制 *R*9 圆弧，由于 *R*9 的连接一端是开放的圆弧（*R*30），因此，圆角命令的修剪模式要用不修剪。如图 2－83 所示。

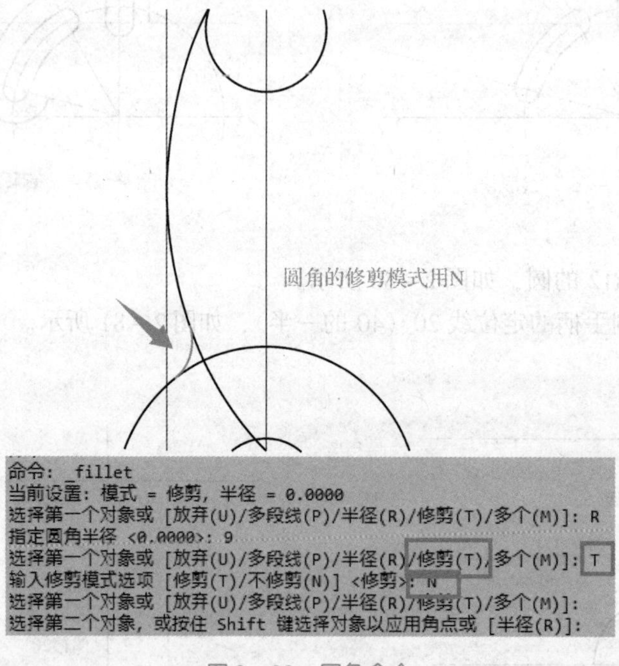

图 2－83　圆角命令

修剪、镜像后图形如图 2－84 所示。

⑤绘制其余图形。

绘制 $\phi62$、$\phi112$ 两圆。

用圆角命令绘制圆角（不要忘了将修剪设为 T）。

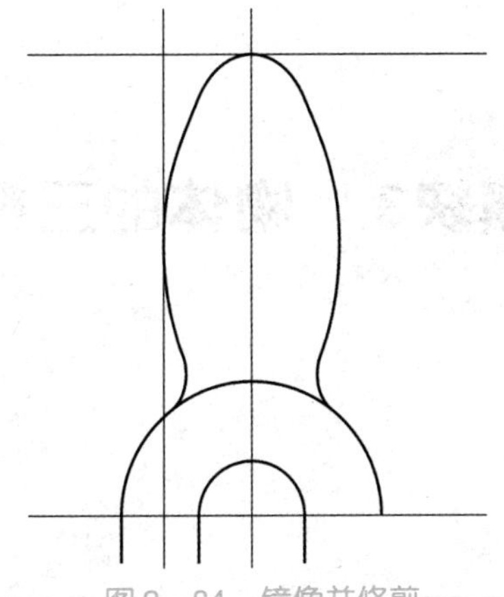

图2-84　镜像并修剪

⑥绘制中心线，删除构造线和射线。

（3）标注尺寸。

（4）保存文件。

模块3 物体的三视图

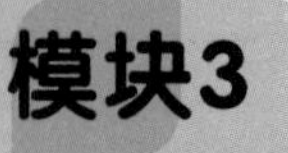

课题1 点的投影作图

一、投影法概述

1. 投影法分类

1）中心投影法

投射线汇交于投射中心的投影称为中心投影法。如图3-1所示。中心投影法所得的投影一般不能反映物体的真实形状和大小，因此在机械图样中的图形不采用中心投影法绘制。工程上常用中心投影法绘制透视图。

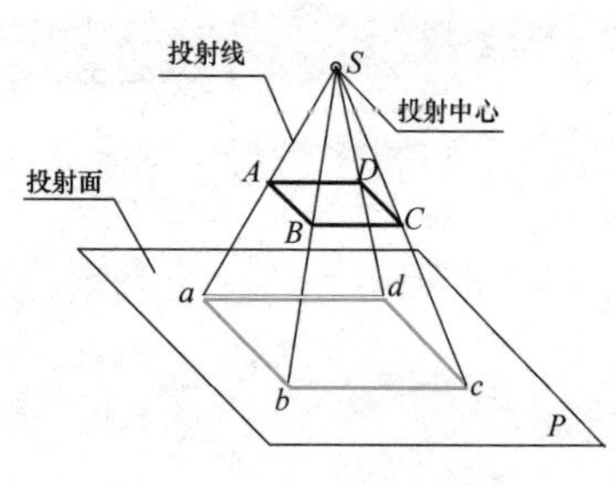

图3-1 中心投影法

2）平行投影法

若将投射中心 S 移至无穷远处，则投射线互相平行，如图3-2所示。这种投射线互相平行的投影法称为平行投影法。平行投影法按投射线是否垂直于投影面又分为两种：

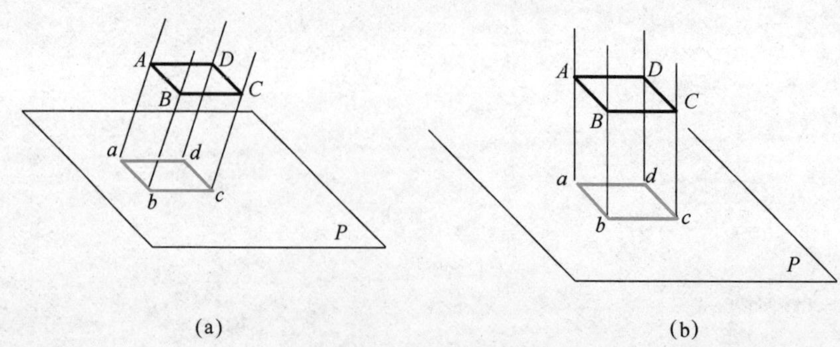

图3-2 平行投影法

(a) 斜投影法；(b) 正投影法

斜投影法——投射线与投影面相倾斜的平行投影法，如图3－2（a）所示。

正投影法——投射线与投影面相垂直的平行投影法，如图3－2（b）所示。

正投影法能准确地表达物体的形状结构，而且度量性好，因此绘制机械图样时主要采用正投影法。

2. 正投影的投影特性

1）显实性

当直线或平面与投影面平行时，直线的投影反映实长，平面的投影反映实形，这种投影特性称为显实性，如图3－3（a）所示。

2）积聚性

当直线或平面与投影面垂直时，直线的投影积聚成点，平面的投影积聚成一直线，这种投影特性称为积聚性，如图3－3（b）所示。

3）类似性

当直线或平面与投影面倾斜时，直线的投影仍为直线，但小于实长，平面的投影是其原图形的类似形，这种投影特性称为类似性，如图3－3（c）所示。

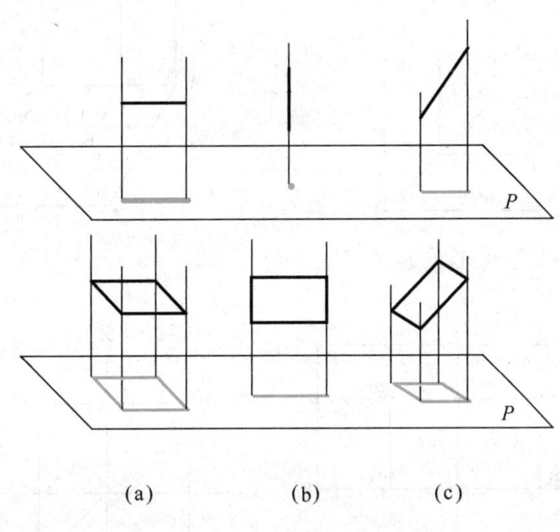

图3－3　正投影的特性

二、点的三面投影作图

1. 三投影面体系的建立

一般情况下，物体的一个投影不能确定其形状。因此，在机械图样中用多面正投影表示物体。工程上常用三投影面体系来表达简单物体的形状，如图3－4所示。设三个互相垂直的投影面：

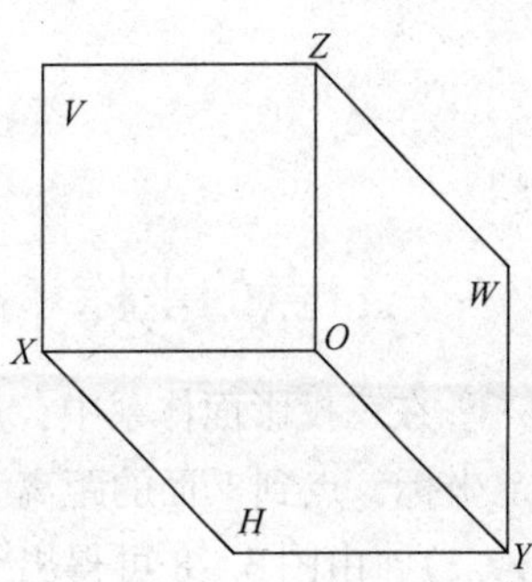

图3－4　三面投影体系

正立投影面，简称正面，用V表示；

水平投影面，简称水平面，用H表示；

侧立投影面，简称侧面，用W表示。

每两个投影面的交线称为投影轴，如OX、OY、OZ分别简称为X轴、Y轴和Z轴。三轴交点O称为原点。

2. 点的三面投影形成与投影规律

如图3-5所示，在三投影面体系中有一点A，过点A分别向H、V、W投影面投射，得到的三面投影分别为a、a'、a''。

空间点用大写字母如A、B等表示，水平投影用相应小写字母表示，如a、b等，正面投影用相应小写字母加一撇表示，如a'、b'等，侧面投影用相应小写字母加两撇表示，如a''、b''等。

投影面展开时，如图3-6所示，将H面和W面按箭头所指的方向展开，使其与V面处于同一平面内，投影面展开后得到如图3-7（a）所示的投影图，去掉投影面的边框线和辅助字母标记，增加45°辅助线，最后得到点的三面投影图，如图3-7（b）所示。由投影图可看出点的三面投影有以下规律：

点A的V面投影和H面投影的连线垂直于OX轴，即$a'a \perp OX$；

点A的V面投影和W面投影的连线垂直于OZ轴，即$a'a'' \perp OZ$；

点A的H面投影到OX轴的距离等于其W面投影到OZ轴的距离，即$aa_x = a''a_z$。

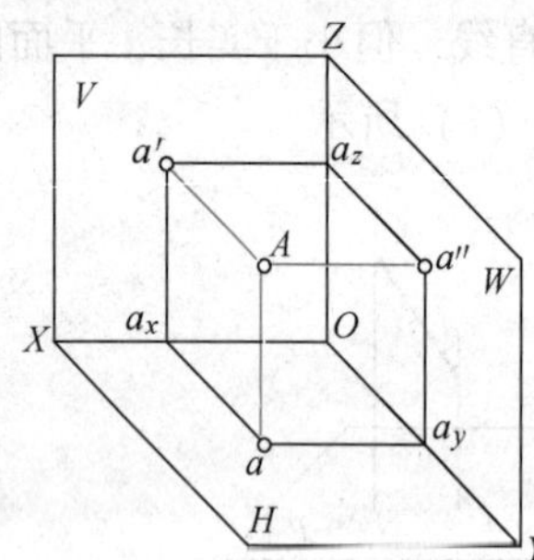

图3-5　点的三面投影形成

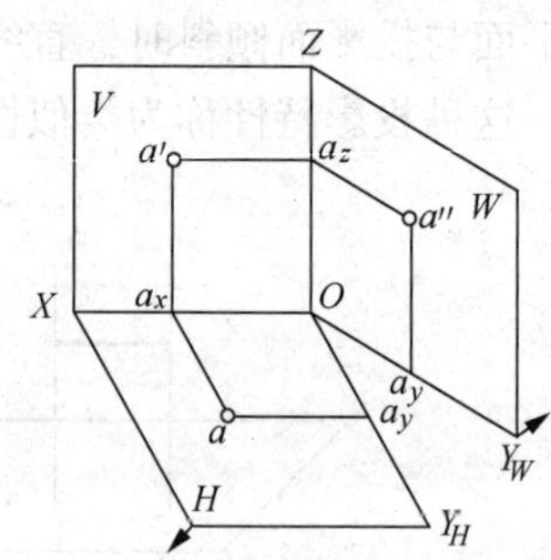

图3-6　三投影面的展开过程

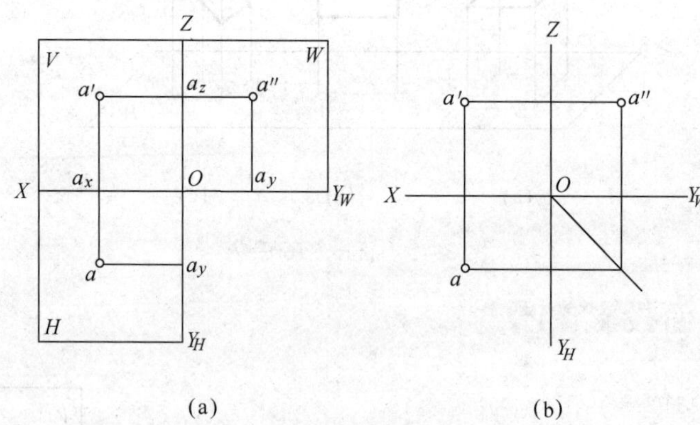

图3-7　点的三面投影图

三、点的坐标

在三投影面体系中，点的位置可由点到三个投影面的距离来确定。点到W面的距离为X坐标，点到V面的距离为Y坐标，点到H面的距离为Z坐标，点的坐标书写形式为$A(x, y, z)$，由图3-8可得出点$A(x, y, z)$的投影与其坐标的关系：

$Aa'' = a'a_z = aa_y = a_xO = X$坐标；

$Aa' = a''a_z = aa_x = a_yO = Y$ 坐标；

$Aa = a''a_y = a'a_x = a_zO = Z$ 坐标。

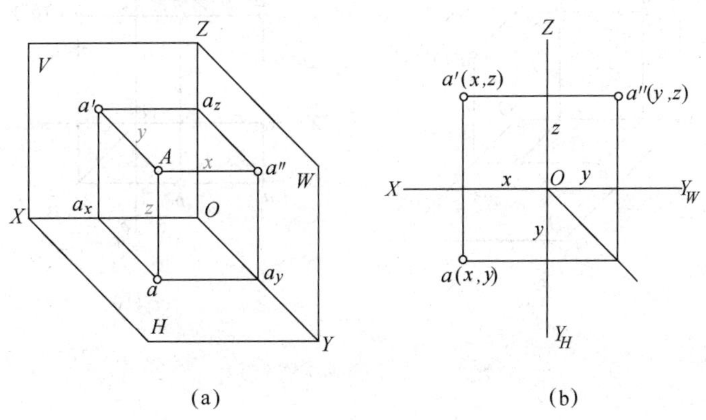

图3－8　点的投影与直角坐标的关系

四、空间两点的相对位置

1. 两点的相对位置

两点的相对位置是指空间两个点的上下、左右、前后关系。空间两点中，X 坐标值大者为左，反之为右；Y 坐标值大者为前，反之为后；Z 坐标值大者为上，反之为下。在投影图中，由于投影面展开时 V 面保持不变，因此保持了上下和左右的直观性。在 H 面和 W 面投影中可以通过 Y 坐标值的大小来判断前后的空间位置，如图 3－9 所示。

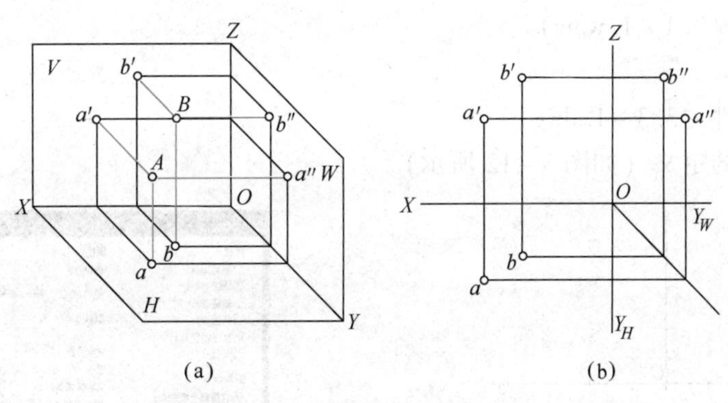

图3－9　两点的相对位置

2. 重影点

在图 3－10（a）中，点 A 位于点 B 的正左方，A、B 两点在同一条 W 面的投射线上，故它们的侧面投影重合于一点 a''（b''），则称点 A、B 为对 W 面的重影点。重影点必定有两个坐标相等，通过另一个不等的坐标来判断可见性，其中坐标值大者总是可见的，即位于上方、左方、前方的点为可见。

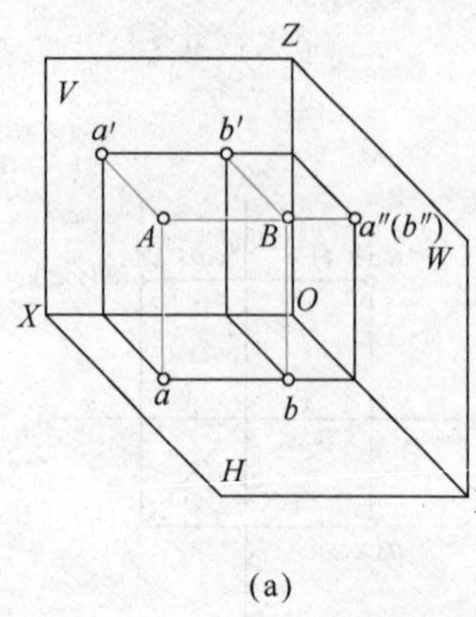

(a)

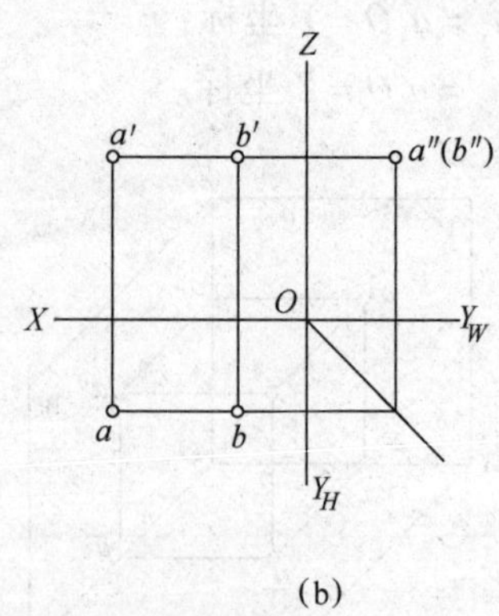

(b)

图3－10　重影点的投影

一、手工练习

完成习题集3.1～3.2点的投影。

二、CAD制图

用AutoCAD完成习题集3.3点的投影练习。

例题一：打开文件“3.3－1.dwg”，如图3－11所示。已知A点的两面投影，求其第三投影（可参考视频3.1－1.wmv）。

操作流程：

（1）打开文件“3.3－1.dwg”。

（2）属性块的定义（如图3－12所示）。

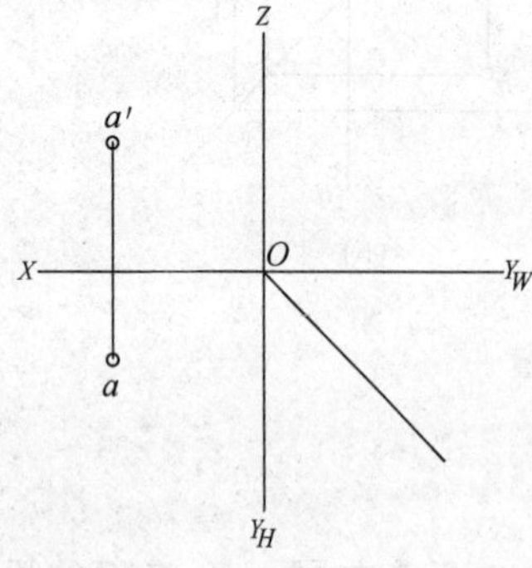

图3－11　点A的两面投影

图3－12　属性块的定义

①确认当前图层为0层。

②定义属性命令。

命令方式：块面板——定义属性工具；

命令行（命令名 ATTDEF 或命令别名 att）。

（3）绘制点的标记圆。

在上述属性块的附近绘制半径为 0.5 的圆。

（4）创建图块（如图 3－13 所示）。

创建块命令：。

命令方式：块面板——创建块工具；

命令行（命令名 BLOCK 或命令别名 b）。

图 3－13 块定义

注：基点选择圆心，对象选择属性和小圆。

（5）绘制第三投影联系线。

（6）插入块（如图 3－14 所示）。

插入块命令：。

命令方式：命令方式：块面板——插入块工具；

命令行（命令名 INSERT 或命令别名 i）。

注：属性值 a''中的双撇用双引号输入。

例题二：打开文件“3.3－2.dwg”，如图 3－15 所示。已知点的坐标 A（20，8，12），求作 A 点的三面投影图（可参考视频 3.1－2.wmv）。

操作流程：

（1）打开文件“3.3－2.dwg”。

说明：该文件中含有点的标记图块。

（2）用偏移命令绘制联系线。如图 3－16（a）所示。

（3）修剪后，插入点的标记。如图 3－16（b）所示。

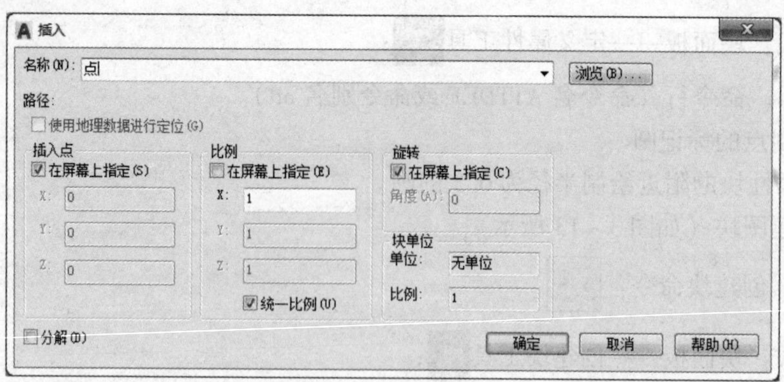

图3－14　插入块

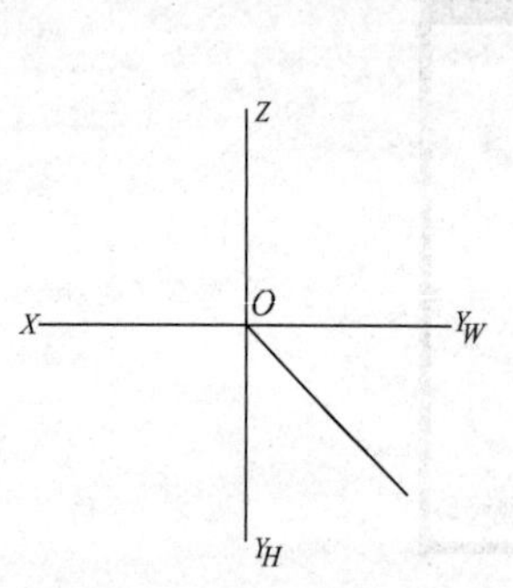

图3－15　点A三面投影坐标系

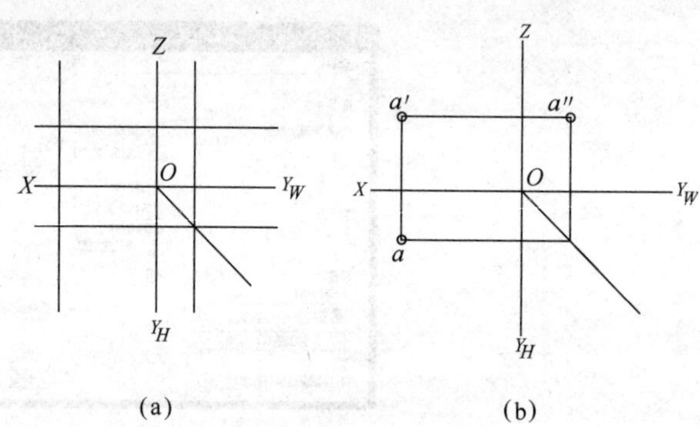

图3－16　点A三面投影流程图

课题2　直线的投影作图

一、直线的投影特性

直线的投影一般仍为直线，直线的三面投影，可由直线上两点的同面投影连线来确定，如图3－17所示。

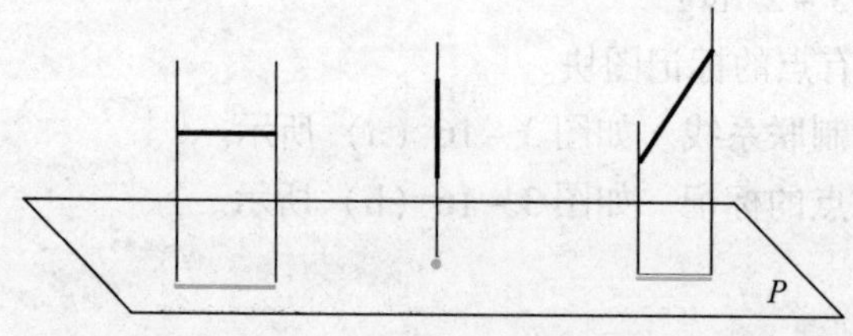

图3－17　直线的投影特性

直线对一个投影面的位置有三种情况，各有不同的投影特性。

1）显实性

当直线平行于投影面时，直线的投影反映实长，这种投影特性称为显实性。

2）积聚性

当直线垂直于投影面时，直线的投影积聚成点，这种投影特性称为积聚性。

3）类似性

当直线倾斜于投影面时，直线的投影小于实长，这种投影特性称为类似性。

二、各种位置直线投影图

空间直线在三投影面体系中，对投影面的相对位置有三类：

一般位置直线——对三投影面都倾斜的直线，如图 3－18 所示。

投影面平行线——平行于一个投影面，而与另外两个投影面倾斜的直线，如表 3－1 所示。

投影面垂直线——垂直于一个投影面，而与另外两个投影面平行的直线，如表 3－1 所示。

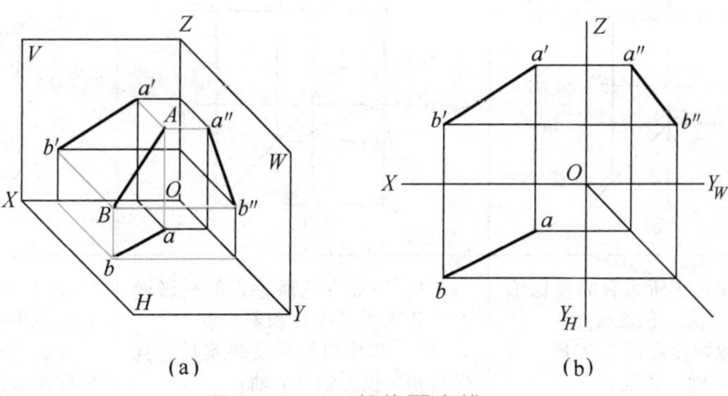

图 3－18　一般位置直线

表 3－1　空间直线在三投影面的相对位置

名称	水平线	正平线	侧平线
直观图	Z, V, a′, b′, A, a″, b″, W, X, O, B, a, b, H, Y	Z, V, d′, c′, D, d″, W, X, O, C, c″, c, d, H, Y	Z, V, e′, E, e″, f′, W, X, O, F, f″, e, H, f, Y
投影图	a′, b′, Z, a″, b″, X, O, Y_W, β, a, γ, b, Y_H	d′, Z, d″, α, γ, c′, c″, X, O, Y_W, c, d, Y_H	Z, e′, e″, β, α, f′, f″, X, O, Y_W, e, f, Y_H

续表

名称	水平线	正平线	侧平线
投影特性	(1) 水平投影反映实长，且反映倾角 β 与 γ。 (2) 其他两投影平行相应投影轴（高平齐）	(1) 正面投影反映实长，且反映倾角 α 与 γ。 (2) 其他两投影平行相应投影轴（宽相等）	(1) 侧面投影反映实长，且反映倾角 α 与 β。 (2) 其他两投影平行相应投影轴（长对正）

名称	铅垂线	正垂线	侧垂线
直观图	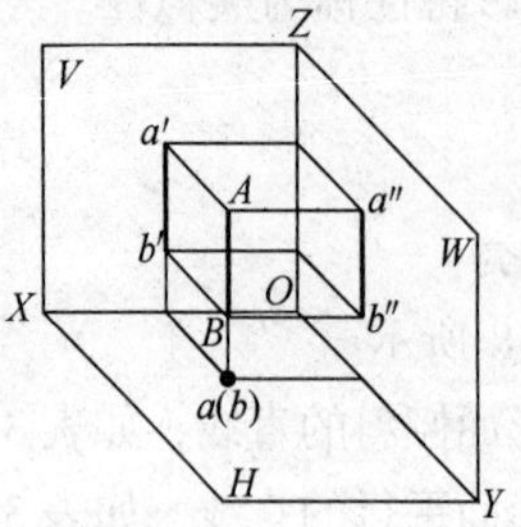	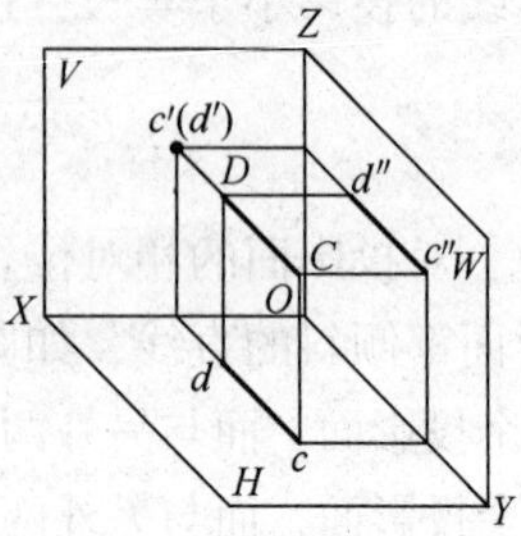	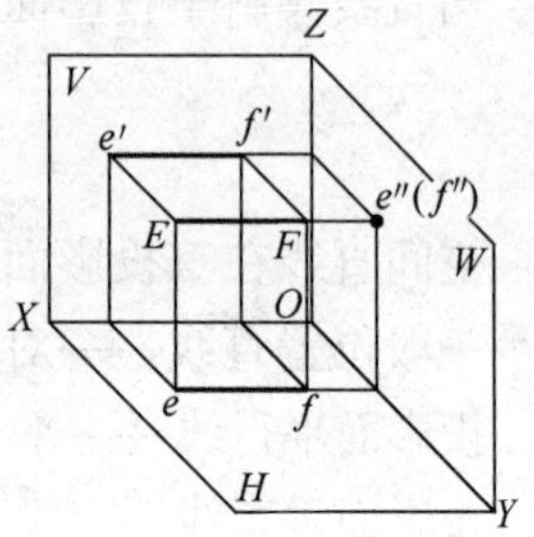
投影图	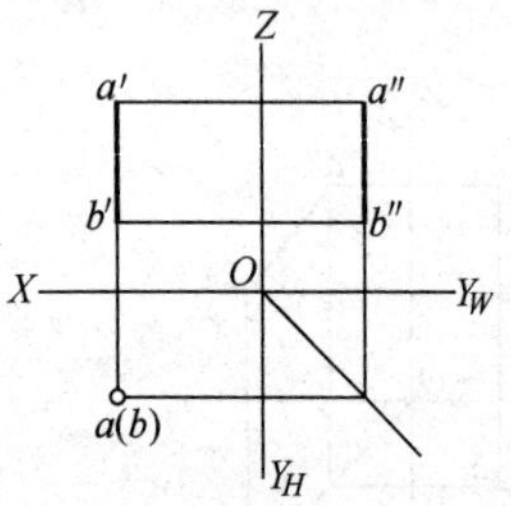	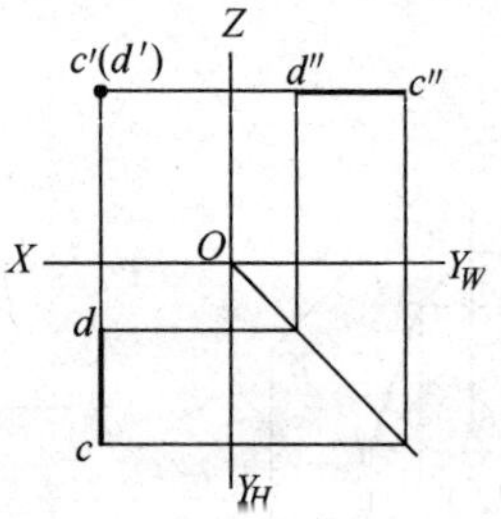	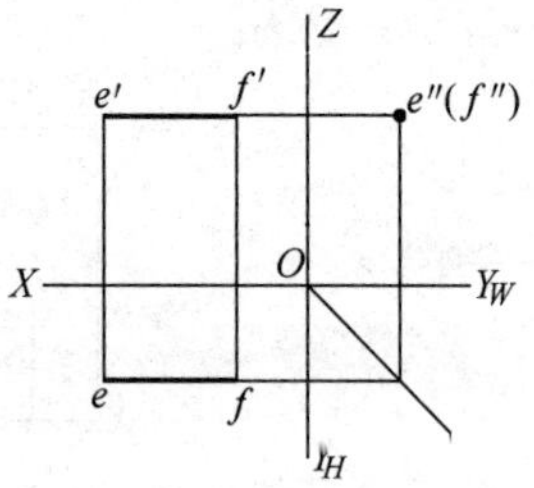
投影特性	(1) 直线在它所垂直的投影面上（水平投影面）积聚成点。 (2) 其他两投影反映实长，且平行相应投影轴（Z 轴）	(1) 直线在它所垂直的投影面上（正面投影面）积聚成点。 (2) 其他两投影反映实长，且平行相应投影轴（Y 轴）	(1) 直线在它所垂直的投影面上（侧平投影面）积聚成点。 (2) 其他两投影反映实长，且平行相应投影轴（X 轴）

基本技能

一、手工练习

完成习题集 3.4~3.5 直线的投影。

二、CAD 练习

用 AutoCAD 完成习题集 3.6 直线的投影练习。

例题一：打开“3.6-1.dwg”，已知直线 AB 的两端点的坐标 A（25，18，5）、B（10，5，20），求作直线 AB 的三面投影图（可参考视频 3.6-1.wmv）。

操作流程：

（1）打开“3.6-1.dwg”。

（2）用偏移命令绘制 A、B 两点的三面投影，修剪图形。

（3）用粗实线连接同名投影。

(4) 用插入块命令，完成 A、B 两点的标记。

例题二：打开“3.6－2.dwg”，已知直线的两面投影，求第三投影（可参考视频 3.6－2.wmv）。

操作流程：

(1) 打开“3.6－2.dwg”。

(2) 使用直线命令求直线两端点的第三投影。

(3) 用粗实线连接同名投影。

(4) 用插入块命令，完成 A、B 两点的标记。

课题3　平面的投影作图

一、平面的投影特性

平面的投影一般仍为平面，特殊情况下为直线。

平面对一个投影面的位置有三种情况，各有不同的投影特性，如图 3－19 所示。

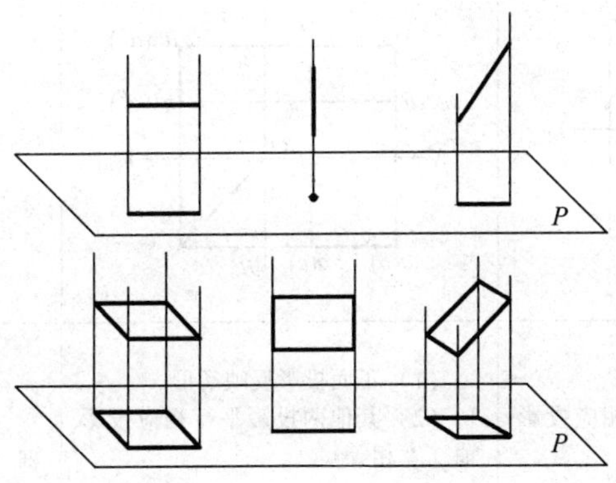

图 3－19　平面的投影特性

1) 显实性

当平面平行于投影面时，平面的投影反映实形，这种投影特性称为显实性。

2) 积聚性

当平面垂直于投影面时，平面的投影积聚成直线段，这种投影特性称为积聚性。

3) 类似性

当平面倾斜于投影面时，平面的投影仍为平面，但其大小小于实形，这种投影特性称为类似性。

二、各种位置平面投影图

空间平面在三投影面体系中，对投影面的相对位置有三类：

（1）一般位置平面——对三投影面都倾斜的平面，如图 3－20 所示。

（2）投影面平行面——平行于一个投影面，与另外两个投影面垂直的平面，见表 3－2。

（3）投影面垂直面——垂直于一个投影面，与另外两个投影面倾斜的平面，见表 3－2。

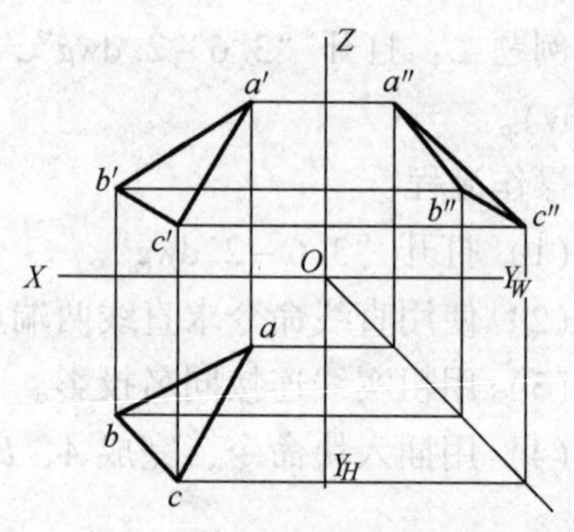

图 3－20　一般位置平面

表 3－2　空间平面在三投影面体系中的相对位置

名称	水平面	正平面	侧平面
直观图			
投影图			
投影特性	（1）水平投影反映实形。 （2）其他两投影平行相应投影轴（高平齐）	（1）正面投影反映实形。 （2）其他两投影平行相应投影轴（宽相等）	（1）侧面投影反映实形。 （2）其他两投影平行相应投影轴（长对正）
名称	铅垂面	正垂面	侧垂面
直观图			

续表

名称	水平面	正平面	侧平面
投影图	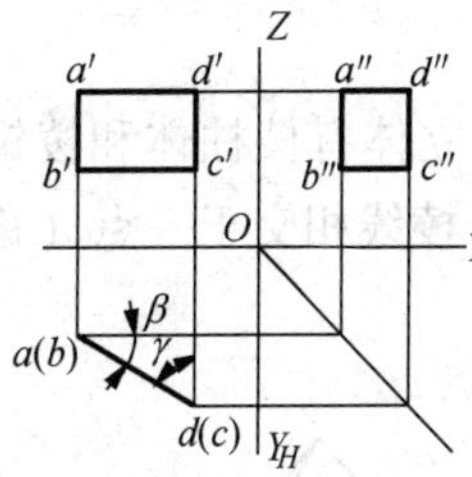	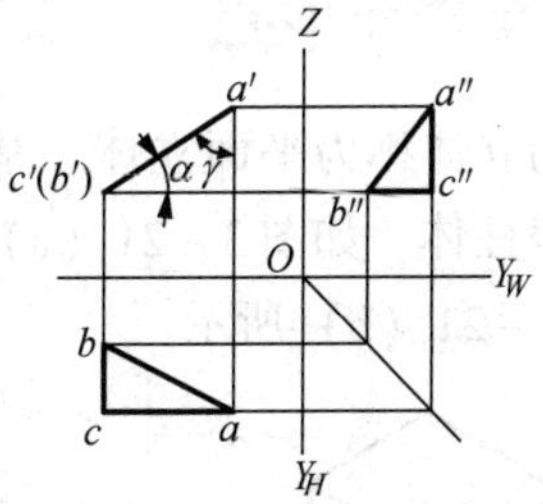	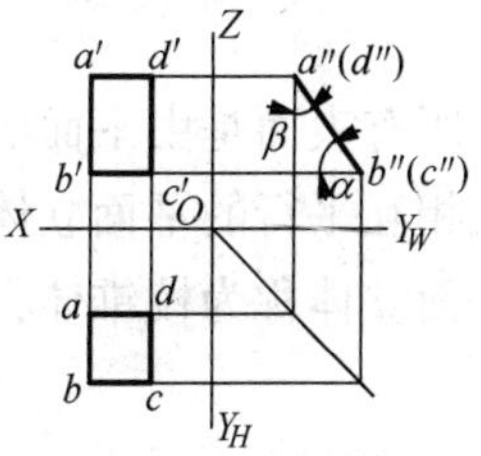
投影特性	(1) 平面在它所垂直的投影面上（水平投影面）积聚成直线。且反映倾角 β 与 γ。 (2) 其他两投影有类似性	(1) 平面在它所垂直的投影面上（正面投影面）积聚成直线。且反映倾角 α 与 γ。 (2) 其他两投影有类似性	(1) 平面在它所垂直的投影面上（侧面投影面）积聚成直线。且反映倾角 α 与 β。 (2) 其他两投影有类似性

一、手工练习

完成习题集 3.7 ~ 3.8 平面的投影。

二、CAD 练习

用 AutoCAD 完成习题集 3.9 平面的投影练习。

例题：打开“3.9 - 1. dwg”，已知平面的两面投影，求第三投影（可参考视频 3.9 - 1. wmv）。

操作流程：

(1) 打开“3.9 - 1. dwg”。

(2) 使用直线命令求平面端点的第三投影。

(3) 用粗实线连接同名投影。

(4) 用插入块命令，完成点的标记。

课题 4　基本几何体的三视图及表面取点

任何复杂立体都是由简单基本形体构成的，因此分析基本几何体的三视图以及表面上点

的投影十分必要。基本几何体又可分为平面立体和曲面立体两类，下面介绍它们的三视图和表面取点。

一、平面立体三视图及表面取点

所有表面是由平面所组成的立体称为平面立体。基本平面立体有棱柱体和棱锥体两种，棱线相互平行的平面立体称为棱柱体，如图 3－21（a）所示。棱线相交于一点（称为锥顶）的平面立体称为棱锥体，如图 3－21（b）所示。

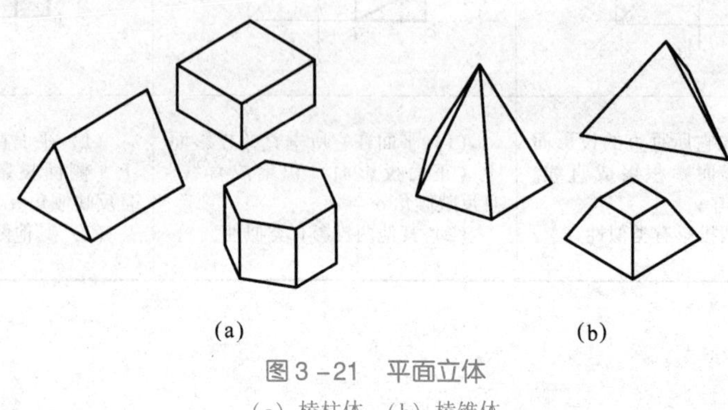

(a)　　(b)

图 3－21　平面立体

（a）棱柱体；（b）棱锥体

1. 棱柱体三视图及表面取点

以六棱柱为例，如图 3－22 所示。

1）六棱柱三视图

六棱柱放置成如图 3－22（a）所示位置，所有表面均处于特殊位置，因此表面投影只呈现显实性和积聚性。通常先绘制反映棱柱体特征（六边形）的那个视图（即俯视图），然后根据投影规律绘制其他两个视图。如图 3－22（b）所示。

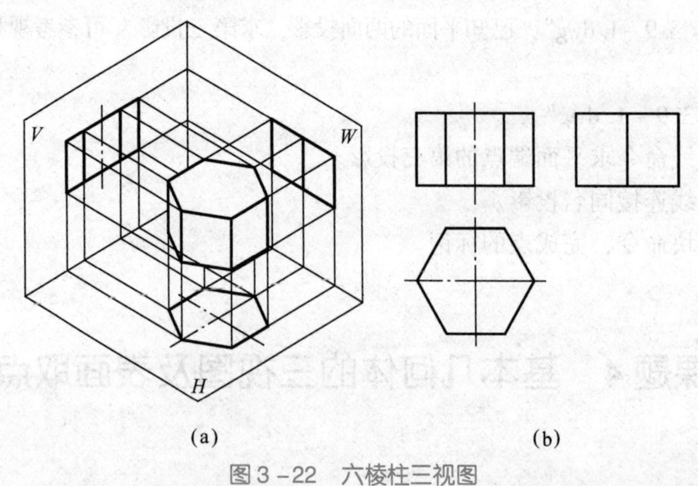

(a)　　(b)

图 3－22　六棱柱三视图

2）六棱柱表面取点

如图 3－23（a）所示，已知六棱柱表面上 A 点和 B 点的一面投影，求这两点的另外两面投影。由 a' 可见性可知 A 点在前方侧面上，由于侧面在俯视图上有积聚性，再根据“长

对正”投影规律，便可求出 A 点的水平投影，最后根据 A 点的两面投影，求出点 A 的左视图投影。B 点在俯视图中不可见，因此在六棱柱下方的表面，根据投影规律，求出 B 点的主视图和俯视图投影，如图 3－23（b）所示。

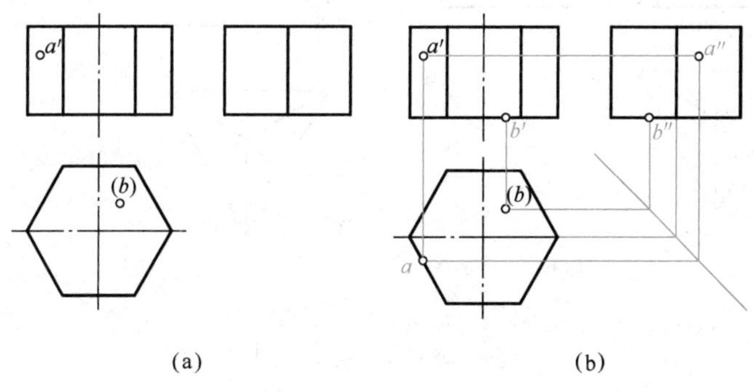

图 3－23　六棱柱表面取点

2. 棱锥体三视图及表面取点

以三棱锥为例，如图 3－24 所示。

1）三棱锥三视图

三棱锥放置成如图 3－24（a）所示位置，底面平行于 H 面，后侧面垂直于 W 面，另外两个侧面是一般位置平面。通常先绘制棱锥底面显实性的投影（即俯视图），然后根据投影关系求出该面的其他两积聚性的投影。最后根据锥顶的俯视图，求出锥顶的另两面投影。如图 3－24（b）所示。

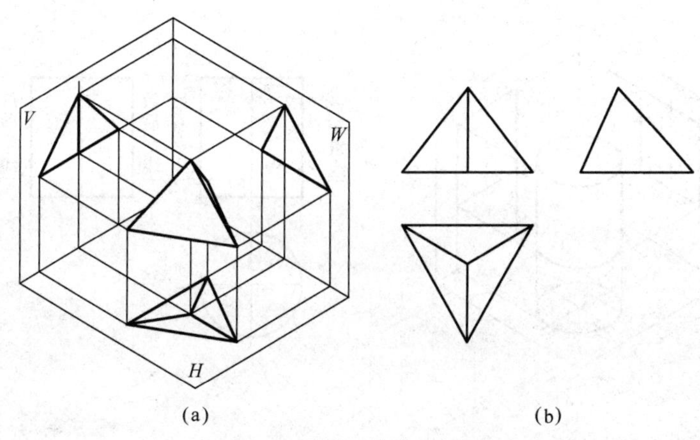

图 3－24　三棱锥三视图

2）三棱锥表面取点

如图 3－25（a）所示，已知三棱锥表面上 A 点的 H 投影 a，求 A 点的另外两面投影。由 a 的可见性可知 A 点左侧面上，因为左侧面是一般位置平面，因此，要用辅助线法作图。在图 3－25（b）中，在俯视图中过 s 连接 a 并延长交底面边于 m，SM 是侧面上的两点，因此 SM 是侧面上的直线，又因 A 点在侧面上，其投影又在 sm 上，因此 A 点在直线 SM 上，利用点在直线上的投影特性，先求出 SM 在主视图上的投影，再根据投影规律求出 A 点主视图投影，进而求出左视图投影。如图 3－25（b）所示。

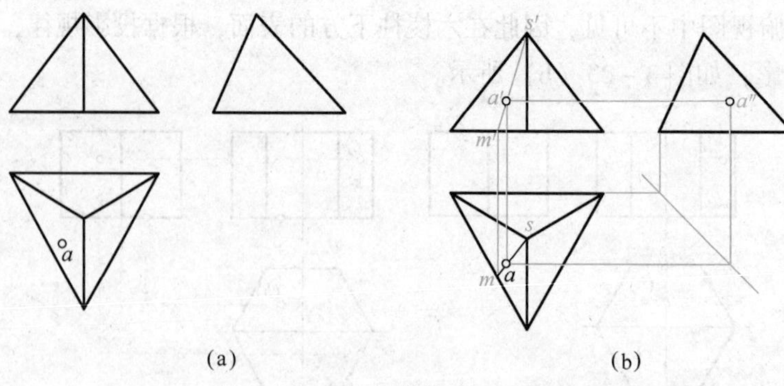

图3-25　三棱锥表面取点

二、曲面立体三视图及表面取点

常见的基本曲面立体有圆柱、圆锥和圆球。

1. 圆柱体三视图及表面取点

1）圆柱体的三视图

正放圆柱体的三视图，总有一个视图是圆形，表示圆柱面的积聚性；另外两个视图是相等的矩形，其中垂直的两条轮廓线为圆柱面上特殊素线的投影，如图3-26（a）所示。通常先画出圆的视图（俯视图），再根据投影关系和圆柱的高，绘制出其他两视图，如图3-26（b）所示。

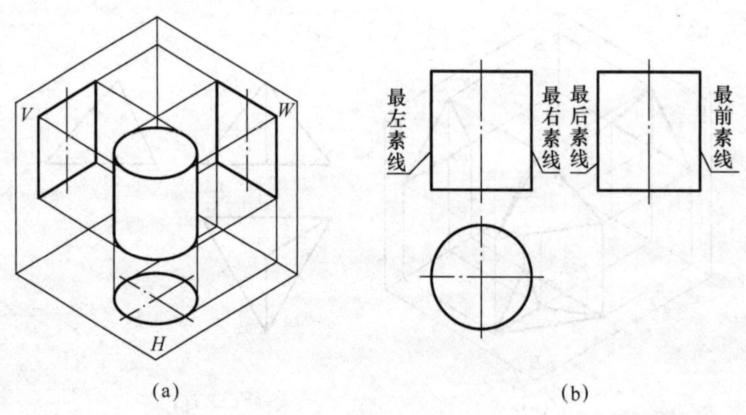

图3-26　圆柱体三视图

2）圆柱表面取点

如图3-27（a）所示，已知A点的V面投影（a'）和B点的W面投影b''，求A、B两点的其余两投影。因A点在V面上不可见，所以A点在后半圆柱面上，利用圆柱面在俯视图中的积聚性，可以求出A点的H面投影a，再根据两面投影求出W面投影a''。B点在左视图的轮廓线上（圆柱的最前素线上），根据特殊素线的对应，按投影规律直接确定，并判断可见性，如图3-27（b）所示。

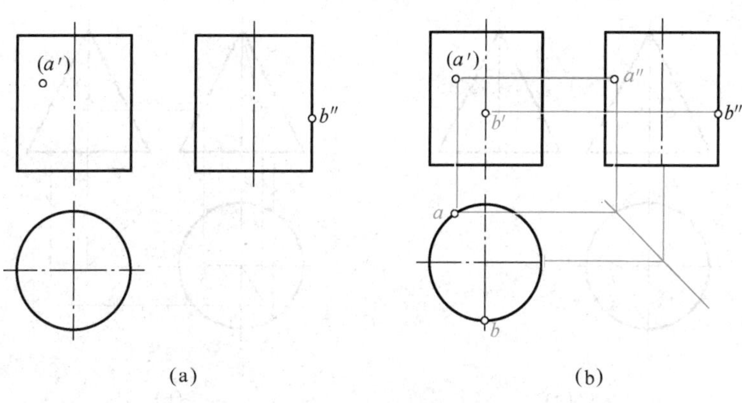

图 3－27 圆柱表面取点

2. 圆锥体三视图及表面取点

1）圆锥体三视图

正放圆锥体的三视图，总有一个视图是圆形，另外两个视图是两个相等的三角形，其中通过锥顶的两条轮廓线为圆锥表面特殊素线的投影，原理与圆柱体类似，如图 3－28（a）所示。通常先画出圆的视图（俯视图），再根据投影关系和圆锥的高，绘制出其他两视图，如图 3－28（b）所示。

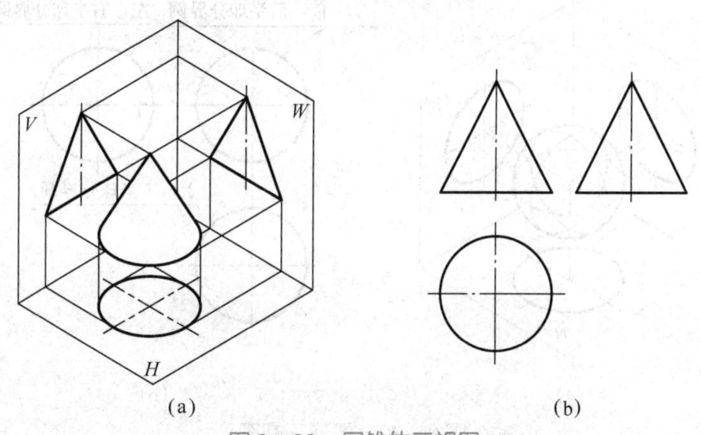

图 3－28 圆锥体三视图

2）圆锥表面取点

如图 3－29（a）所示，已知 A 点的 V 面投影 a' 和 B 的水平投影 b，求 A、B 两点的其余两投影。因 A 点在 V 面上可见，所以 A 点在前半圆锥面上，圆锥表面取点通常使用辅助素线法或辅助纬圆法（也称辅助平面法），如图 3－29（b）所示，过锥顶与 a' 作连线并延长与底圆交于 m'，因 $s'm'$ 是圆锥面上的一条素线且通过 a'，所以 A 点在 SM 素线上，求出 SM 的水平投影，再根据投影规律，则可求出 A 点的 H 面投影 a，根据 A 点的两面投影求出第三投影，如图 3－29（b）所示。B 点的 H 面投影 b 位于中心线上属于特殊素线上的点，根据特殊素线的对应，按投影规律直接确定，并判断可见性，如图 3－29（b）所示。

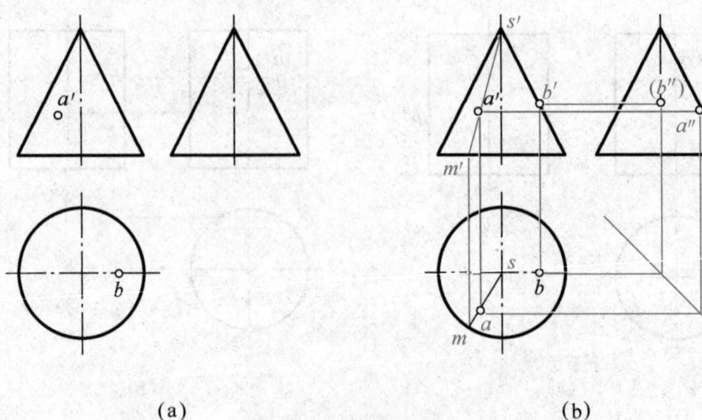

图3－29　圆锥表面取点

3. 圆球三视图及表面取点

1）圆球的三视图

圆球的三个视图均为圆，且大小相同。如图3－30所示，V面投影的轮廓圆是前、后半球可见与不可见的分界线；H面投影的轮廓圆是上、下半球可见与不可见的分界线；W面投影的轮廓圆是左、右半球可见与不可见的分界线。

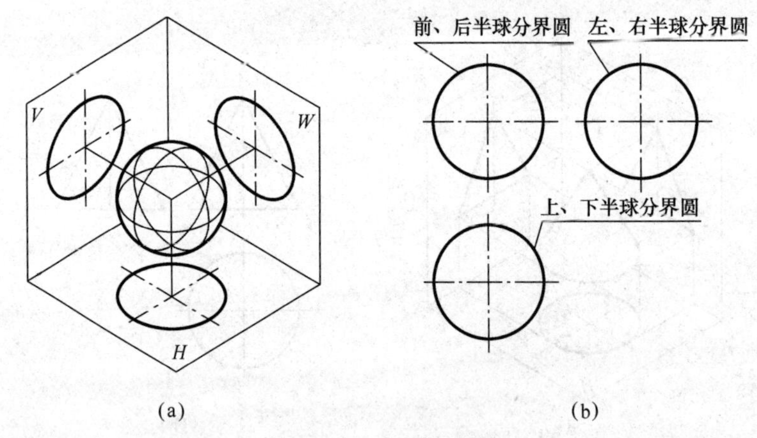

图3－30　圆球三视图

2）圆球表面取点

圆球表面取点通常采用辅助纬圆法（或称辅助平面法），如图3－31（a）所示，A点的V面投影在V面的垂直中心线上，即在左、右半球的分界圆上，先根据"高平齐"求出左视图，再由A点的两面投影求出A点H面投影。B点在球体表面的一般位置，过b'作一水平线，分别交于圆上m'、n'，将$m'n'$连线理解为球面上的一轮廓圆，按投影规律在H面上画出该轮廓圆，根据点的"长对正"规律，求出B的水平投影b，最后根据两面投影求出第三投影，并判断点的可见性，如图3－31（b）所示。

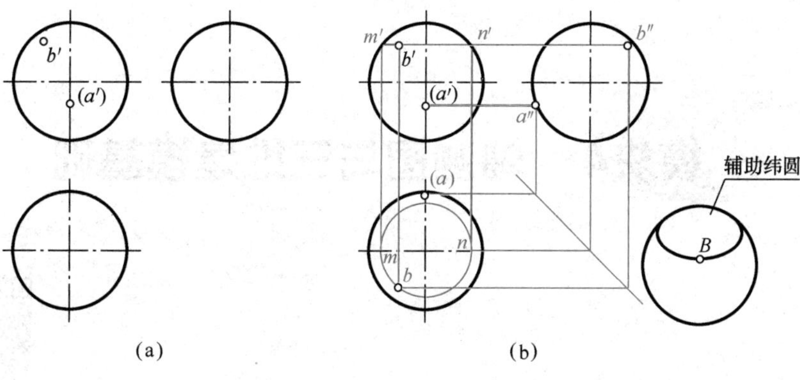

图3－31 圆球表面取点

一、手工练习

完成习题集3.10～3.11基本体及表面取点练习。

二、CAD制图

用AutoCAD完成习题集3.12基本体及表面取点练习。

例题一：打开“3.12－1.dwg”，已知平面立体的两面投影，求第三投影，并求其表面上点的其他投影（可参考视频3.12－1.wmv）。

例题二：打开“3.12－2.dwg”，已知曲面立体的两面投影，求第三投影，并求其表面上点的其他投影。

模块4 轴测图与三维建模基础

课题1 绘制正等轴测图

一、正等轴测图的形成

轴测图是用平行投影的原理绘制的图形，如图4－1（a）所示，将表示空间物体的三个坐标轴旋转至与轴测投影面倾角相同，此时将物体向轴测投影面作正投影，得到的投影图称为正等轴测图，简称正等测。

二、正等测的轴间角、轴向伸缩系数

正等测的三个轴间角均相等，即：

$$\angle X_1O_1Y_1 = \angle Y_1O_1Z_1 = X_1O_1Z_1 = 120°$$

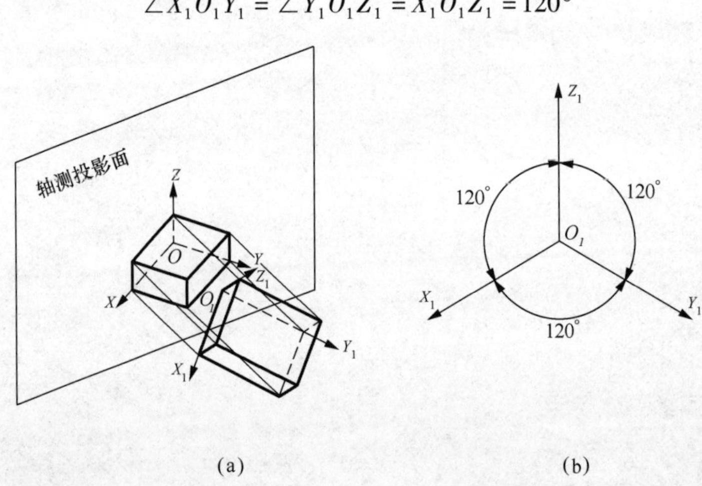

图4－1 正等测的形成

如图 4-1（b）所示，作图时，通常将 O_1Z_1 轴画成铅垂线，使 O_1X_1、O_1Y_1 轴与水平方向成 30°角。

正等测的轴向伸缩系数也相等，即：

$$p_1 = q_1 = r_1 = 0.82$$

为了作图方便，通常将轴向伸缩系数简化为 1，即将来在正等测的沿轴方向上采用 1∶1 的比例绘制。

三、正等测的投影特性

1. 平行性

空间平行的直线，轴测投影后仍平行；空间平行于坐标轴的直线，轴测投影后平行于相应的轴测轴。

2. 沿轴可测量性

在正等测图中沿着 OX 轴或 OY 轴或 OZ 轴的方向可 1∶1 地量取尺寸。

一、平面体正等测的绘制

1. 长方体

如图 4-2 所示。

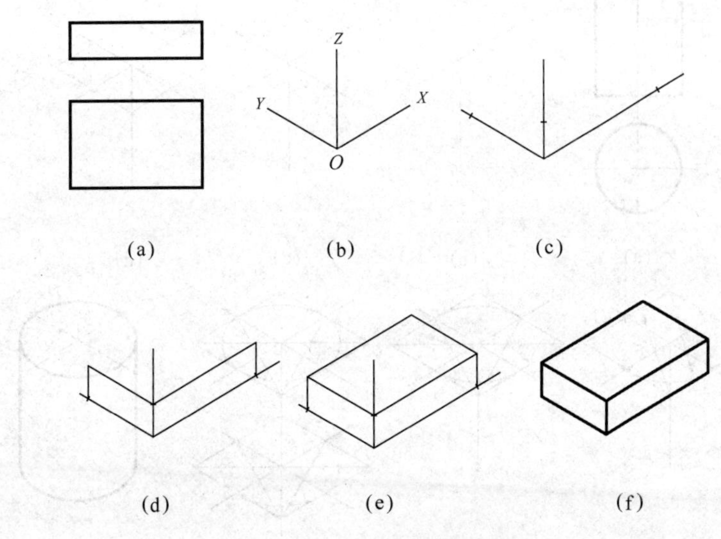

图 4-2 长方体正等测画法

（a）已知长方体两视图；（b）绘制轴测轴；（c）在对应的轴上分别量取长、宽、高的尺寸；（d）过度量点作相应平行线；（e）完成底稿图；（f）用粗实线加深

2. 六棱柱

如图4－3所示。

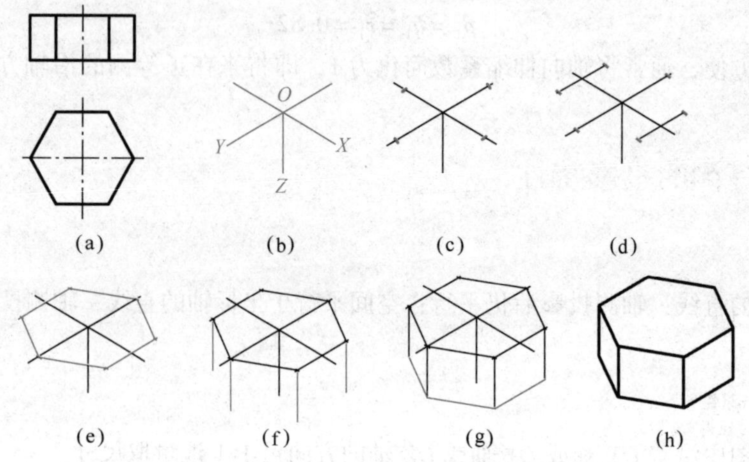

图4－3　六棱柱正等测画法

（a）已知六棱柱两视图；（b）绘制轴测轴；（c）按 OX、OY 方向取尺寸；（d）绘制前后两条边；（e）连接六个顶点；（f）绘制四条高度边；（g）完成底稿图；（h）用粗实线加深

二、曲面体正等测的绘制

1. 轴线垂直于 *H* 面的圆柱体

方法一：菱形法如图4－4所示。

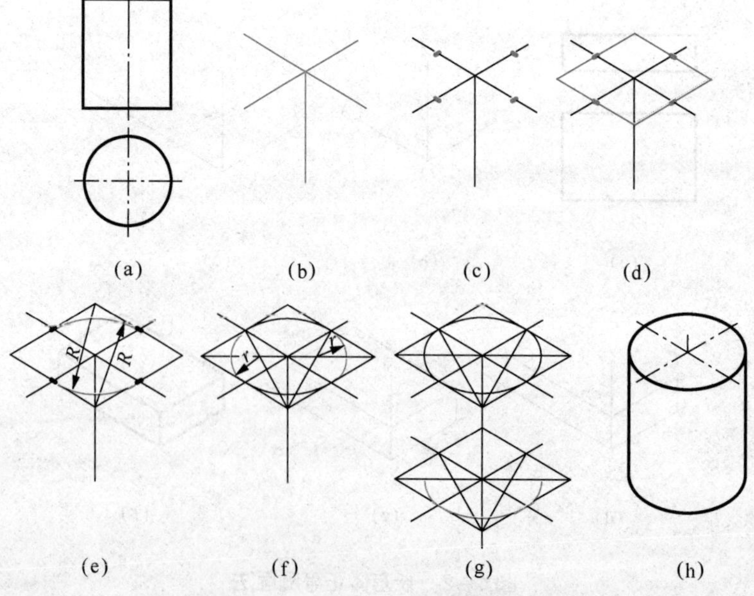

图4－4　圆柱体正等测画法（一）

（a）已知圆柱两视图；（b）绘制轴测轴；（c）以半径为尺寸取四点；（d）过点作平行四边形；（e）绘制大圆弧；（f）确定小圆圆心绘制小圆弧；（g）按圆柱的高平移圆心，用同样方法绘制圆弧；（h）用粗实线加深

2. 轴线垂直于 W 面的圆柱体

方法二：快速定心法如图 4－5 所示。

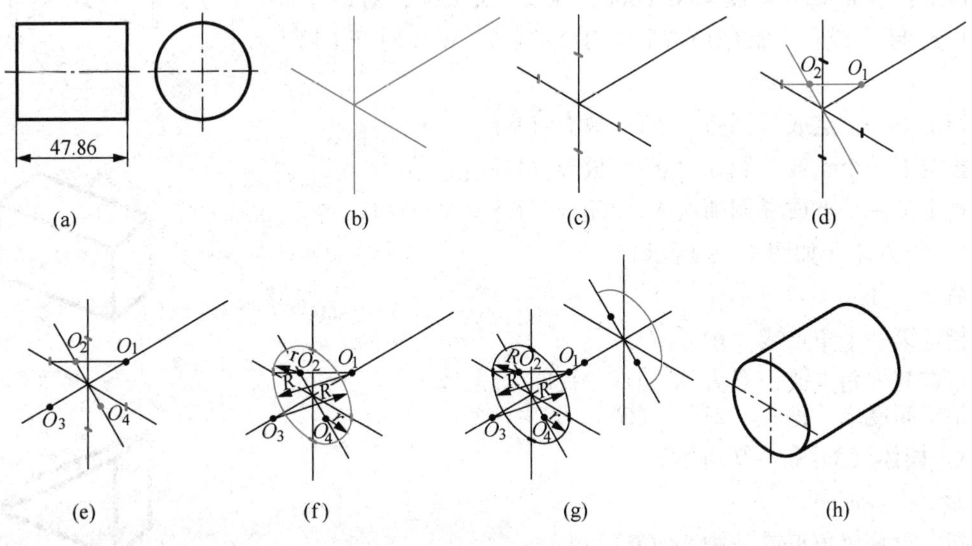

图 4－5　圆柱体正等测画法（二）

（a）已知圆柱两视图；（b）绘制轴测轴；（c）以半径为尺寸取四点；（d）过某点作另一轴的垂线及 Z 轴垂线；（e）对称找出另外两个圆心；（f）绘制四段圆弧；（g）根据圆柱高平移圆心，用同样方法绘制圆弧；（h）用粗实线加深

课题 2　AutoCAD 三维建模方法

一、基本体工具建模

1. AutoCAD 2018 基本体建模工具

在状态栏右侧的工作空间标签中，选择“三维建模”工作空间。在建模面板中，可以使用以下几种基本体建模工具创建三维实体。如图 4－6 所示，分别是长方体、圆柱体、圆锥体、球体、棱锥体、楔体、圆环体、多段体。

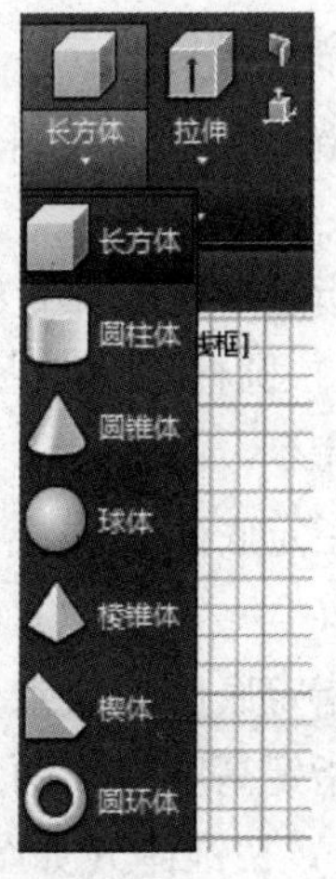

图 4－6　“三维建模”基本体建模工具

2. 基本体建模流程

1) 多段体 (如图 4-7 所示)

命令:_Polysolid 高度=80.0000, 宽度=5.0000, 对正=居中

指定起点或[对象(O)/高度(H)/宽度(W)/对正(J)]〈对象〉:

指定下一个点或 [圆弧 (A) /放弃 (U)]:

指定下一个点或 [圆弧 (A) /放弃 (U)]:

指定下一个点或 [圆弧 (A) /闭合 (C) /放弃 (U)]:

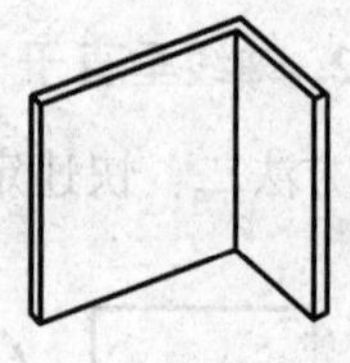

图 4-7 多段体建模

2) 长方体 (如图 4-8 所示)

命令:_box

指定第一个角点或 [中心 (C)]:

指定其他角点或 [立方体 (C) /长度 (L)]:

指定高度或 [两点 (2P)]〈55〉:

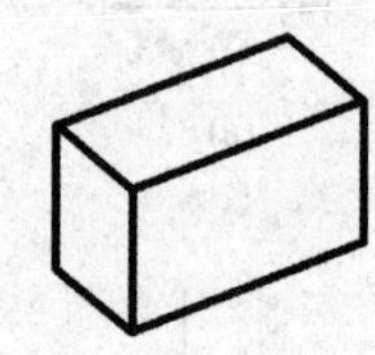

图 4-8 长方体建模

3) 楔体 (如图 4-9 所示)

命令:_wedge

指定第一个角点或 [中心 (C)]:

指定其他角点或 [立方体 (C) /长度 (L)]:

指定高度或 [两点 (2P)]〈32〉:

图 4-9 楔体建模

4) 圆锥体 (如图 4-10 所示)

命令:_cone

指定底面的中心点或 [三点 (3P) /两点 (2P) /相切、相切、半径 (T) /椭圆 (E)]:

指定底面半径或 [直径 (D)]:20

指定高度或 [两点 (2P) /轴端点 (A) /顶面半径 (T)]:30

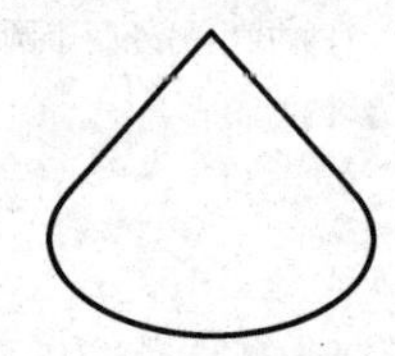

图 4-10 圆锥体建模

5) 球体 (如图 4-11 所示)

命令:_sphere

指定中心点或 [三点 (3P) /两点 (2P) /相切、相切、半径 (T)]:

指定半径或 [直径 (D)]〈20.0000〉:

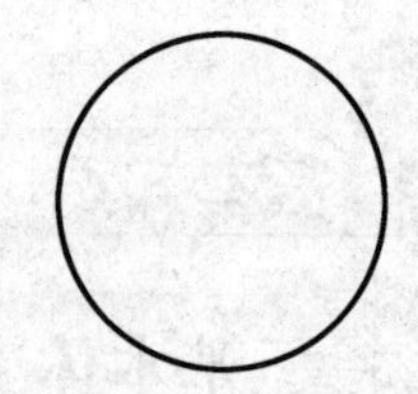

图 4-11 球体建模

6) 圆柱体 (如图 4-12 所示)

命令:_cylinder

指定底面的中心点或 [三点 (3P) /两点 (2P) /相切、相切、半径 (T) /椭圆 (E)]:

指定底面半径或 [直径 (D)]〈20.0000〉:30

指定高度或 [两点 (2P) /轴端点 (A)]〈30.0000〉:50

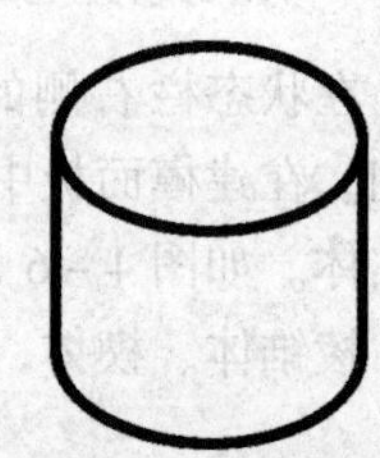

图 4-12 圆柱体建模

7) 棱锥体 (如图 4-13 所示)

命令:PYRAMID

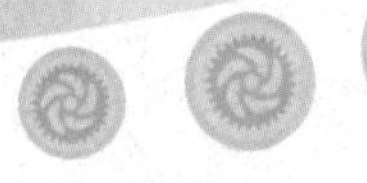

4 个侧面　外切

指定底面的中心点或［边（E）/侧面（S）］：

指定底面半径或［内接（I）］〈30.0000〉：

指定高度或［两点（2P）/轴端点（A）/顶面半径（T）］〈50.0000〉：

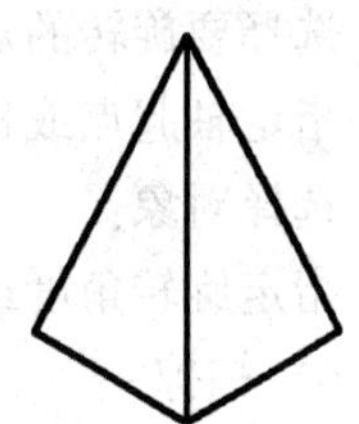

图 4－13　棱锥体建模

8）圆环体（如图 4－14 所示）

命令：_torus

指定中心点或［三点（3P）/两点（2P）/相切、相切、半径（T）］：

指定半径或［直径（D）］〈30.0000〉：

指定圆管半径或［两点（2P）/直径（D）］：10

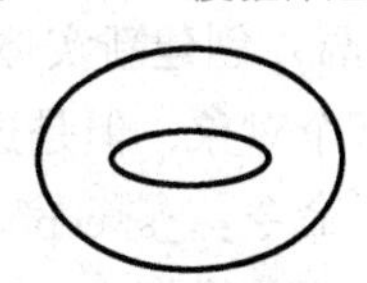

图 4－14　圆环体建模

二、利用二维图形辅助建模

1. AutoCAD 2018 利用二维图形辅助建模工具

分别是拉伸、按住并拖动、旋转、扫掠、放样。

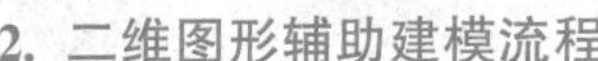

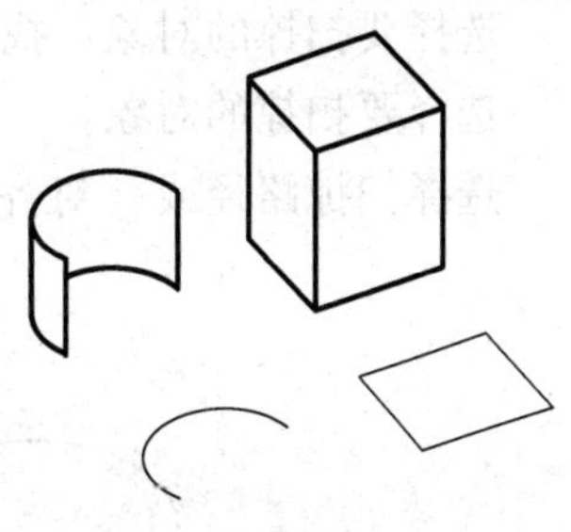

图 4－15　拉伸工具（一）

2. 二维图形辅助建模流程

1）拉伸

闭合多段线拉伸为实体，开放线段拉伸为曲面。如图4－15所示。

命令：_extrude

当前线框密度：ISOLINES＝4

选择要拉伸的对象：找到 1 个

选择要拉伸的对象：

指定拉伸的高度或［方向（D）/路径（P）/倾斜角（T）］〈36.3633〉：20

2）按住并拖动

此工具要求二维图形一定是封闭的，但不一定是多段线。如图 4－16 所示。

命令：_presspull

单击有限区域以进行按住或拖动操作。

已提取 1 个环。

已创建 1 个面域。

40（输入面域的高度）：

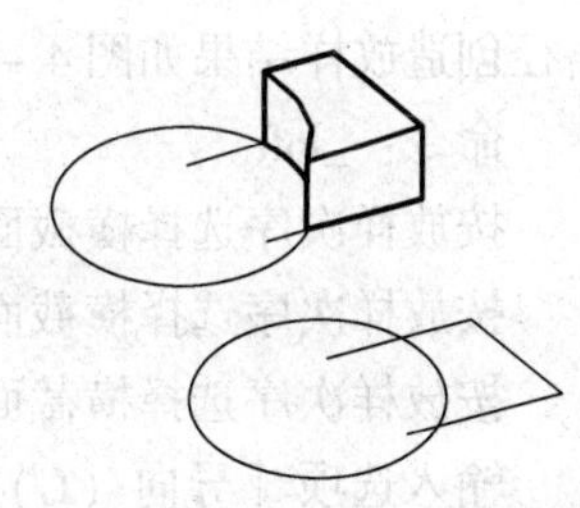

图 4－16　拉伸工具（二）

3）旋转

闭合多段线旋转为实体，开放线段旋转为曲面。如图 4－17 所示。

命令：REVOLVE

当前线框密度：ISOLINES＝4

选择要旋转的对象：找到 1 个

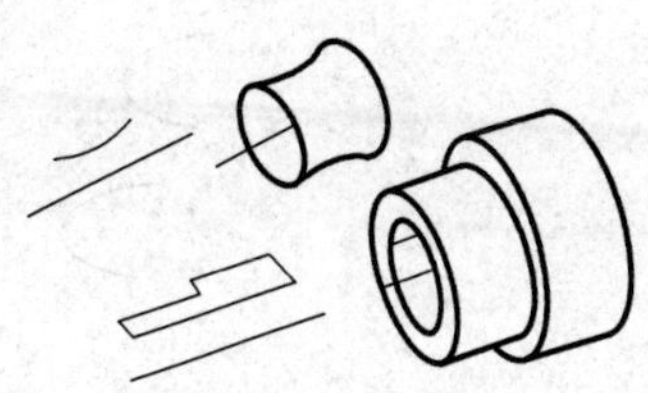

图 4－17　旋转工具

选择要旋转的对象：

指定轴起点或根据以下选项之一定义轴［对象（O）/X/Y/Z］〈对象〉：

选择对象：

指定旋转角度或［起点角度（ST）］〈360〉：

4）扫掠

使用扫掠工具，可以通过沿开放或闭合的二维或三维路径扫掠开放或闭合的平面曲线（轮廓）创建新实体或曲面。扫掠沿指定的路径以指定轮廓的形状绘制实体或曲面。可以扫掠多个对象，但是这些对象必须位于同一平面中，如图4－18所示。

命令：_sweep

当前线框密度：ISOLINES＝4

选择要扫掠的对象：找到1个

选择要扫掠的对象：

选择扫掠路径或［对齐（A）/基点（B）/比例（S）/扭曲（T）］：

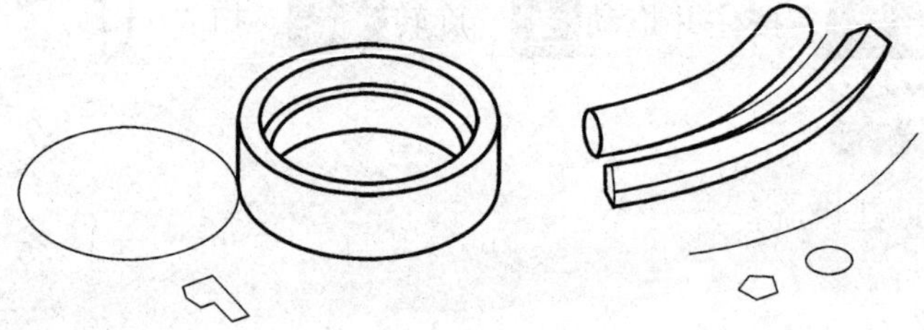

图4－18 扫掠工具

5）放样

使用放样工具，可以通过指定一系列横截面来创建新的实体或曲面。横截面用于定义结果实体或曲面的截面轮廓（形状）。横截面（通常为曲线或直线）可以是开放的线段，也可以是闭合的多段线，如图4－19所示。放样用于在横截面之间的空间内绘制实体或曲面。使用放样工具时必须指定至少两个横截面，其放样设置，如图4－20所示，用四条导向曲线和路径创造放样结果如图4－21和图4－22所示。

命令：_loft

按放样次序选择横截面：找到1个

按放样次序选择横截面：找到1个，总计2个

按放样次序选择横截面：

输入选项［导向（G）/路径（P）/仅横截面（C）］〈仅横截面〉：C

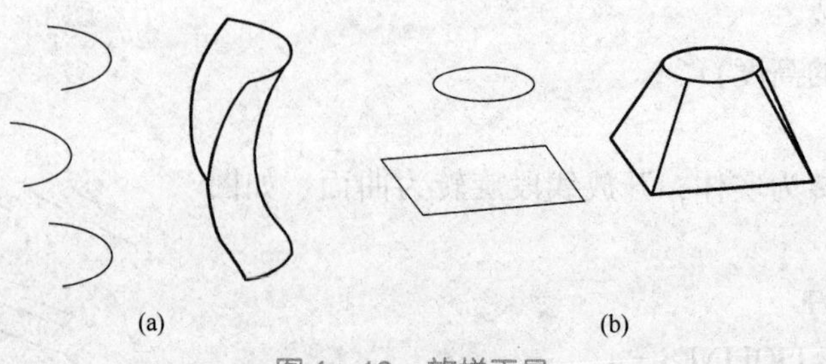

图4－19 放样工具

（a）截面为开放线段；（b）截面为闭合多段线

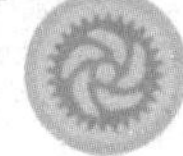

每条导向曲线必须满足以下条件才能正常工作：与每个横截面相交，始于第一个横截面，止于最后一个横截面。

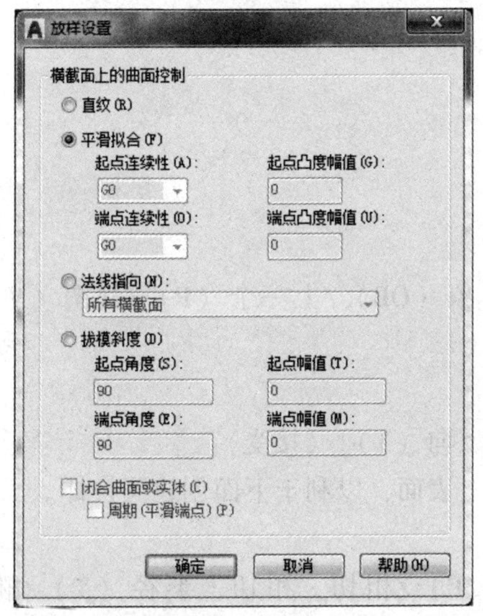

图4－20　放样设置

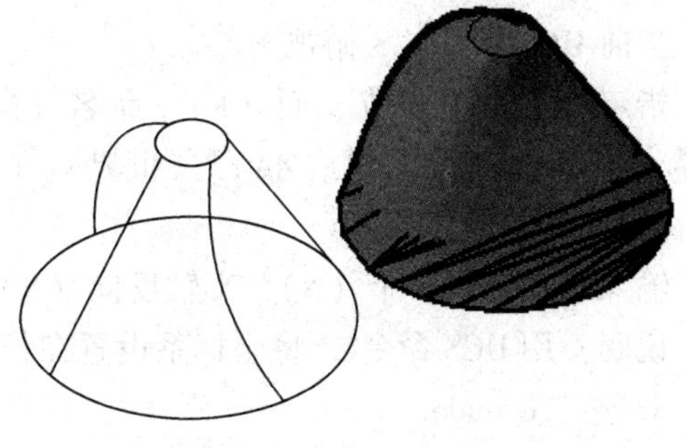

图4－21　用四条导向曲线创建的放样

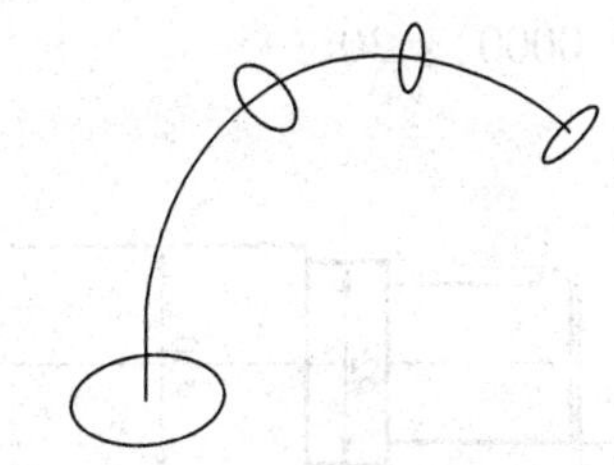
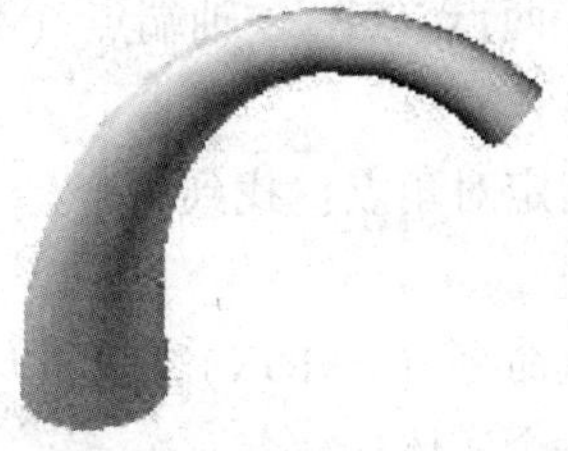

图4－22　用路径创建的放样（路径曲线必须与横截面的所有平面相交）

例题一：已知零件的两视图，创建其三维实体，如图4－23所示。

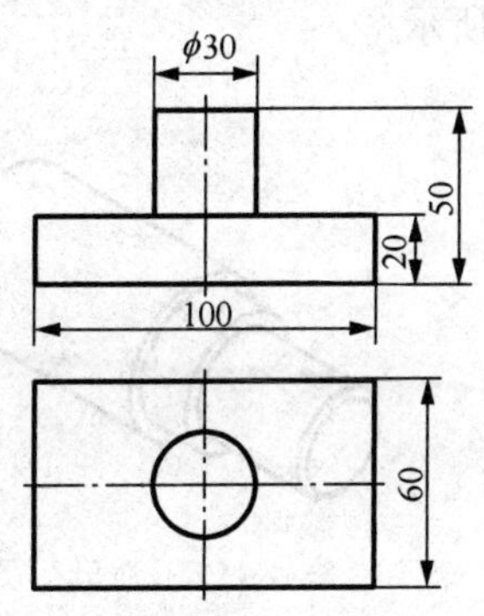

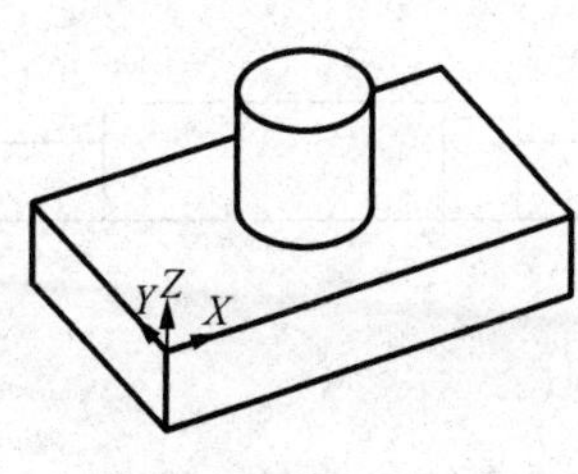

图4－23　创建三维实体

命令：_box

指定第一个角点或［中心（C）］：

指定其他角点或［立方体（C）/长度（L）］：l

指定长度：100

指定宽度：60

指定高度或［两点（2P）］〈70.7362〉：20

命令：ucs

当前 UCS 名称：＊俯视＊

指定 UCS 的原点或［面（F）/命名（NA）/对象（OB）/上一个（P）/视图（V）/世界（W）/X/Y/Z/Z 轴（ZA）］〈世界〉：f

选择实体对象的面：

输入选项［下一个（N）/X 轴反向（X）/Y 轴反向（Y）］〈接受〉：

说明：用 UCS 命令将坐标系设置在长方体的上表面，以利于下面创建圆柱体。

命令：_cylinder

指定底面的中心点或［三点（3P）/两点（2P）/相切、相切、半径（T）/椭圆（E）］：

指定底面半径或［直径（D）］〈30.0000〉：15

指定高度或［两点（2P）/轴端点（A）］〈20.0000〉：30

命令：_union

选择对象：指定对角点：找到 2 个

选择对象：

说明：用并集命令（UNION）可以将几个实体合并成一个实体。

例题二：旋转工具的应用，根据下列视图与尺寸，创建轴的三维实体，如图 4－24 所示。

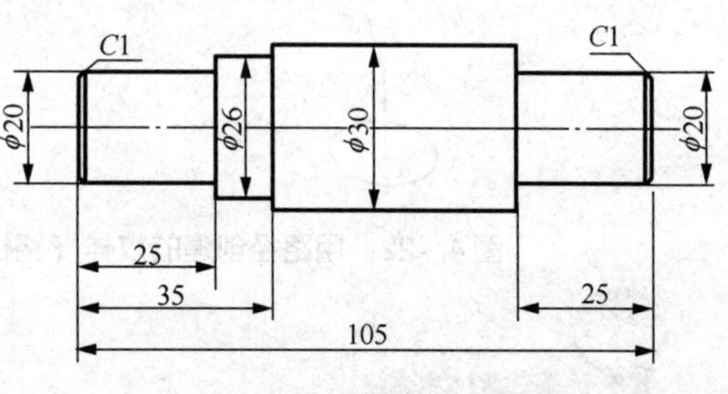

图 4－24　创建三维实体

用矩形工具绘制如图 4－25 所示。

用旋转工具创建三维实体，如图 4－26 所示。最后使用并集工具。

例题三：按住并拖放工具的应用，如图 4－27 所示。

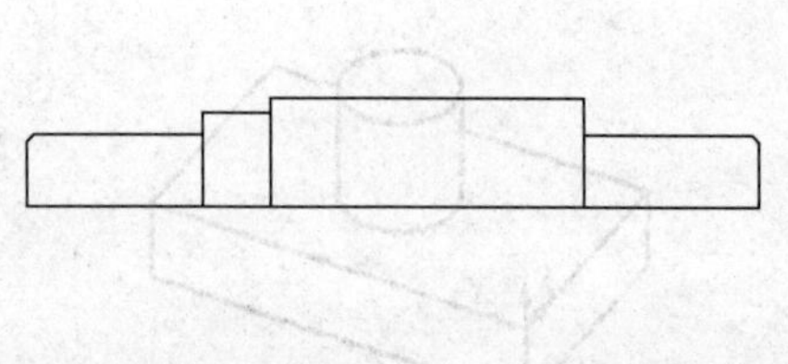

图 4－25　矩形工具绘制

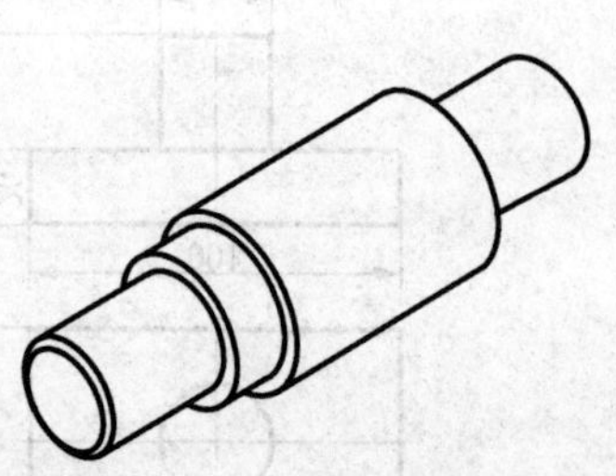

图 4－26　旋转工具创建

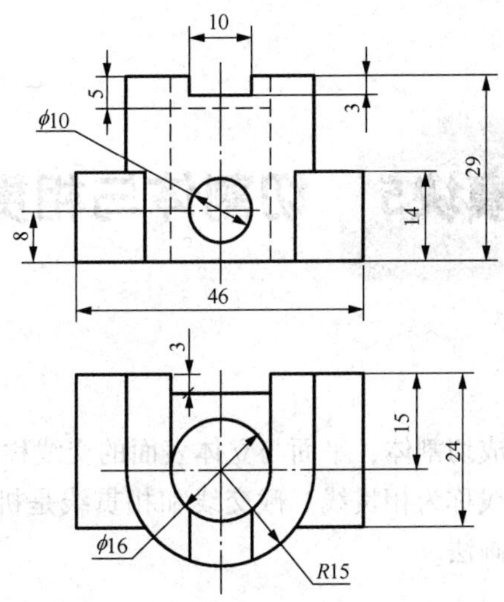

图 4－27　拖放工具的应用（一）

（1）绘制俯视图，按 Shift + 鼠标滚轮拖放至三维视图。

（2）单击“按住并拖动”工具，单击俯视图上的一个区域，输入高度尺寸 14，如图 4－28（a）所示。

（3）同样的操作方法拖放出其他区域的高度，并集所有对象，如图 4－28（b）、图 4－28（c）、图 4－28（d）所示。

（4）用 UCS 定位坐标系，如图 4－28（e）所示。

（5）绘制圆柱体，并用差集工具创建孔，如图 4－28（f）所示。

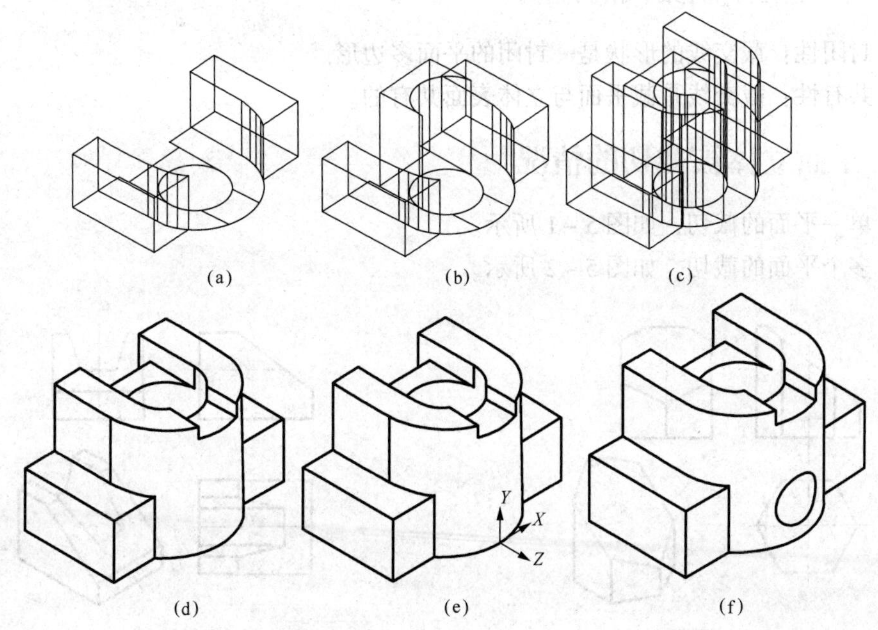

图 4－28　拖放工具的应用（二）

（a）拖放高度 14；（b）拖放高度 24；（c）拖放高度 29；
（d）拖放高度 26；（e）设置用户坐标系；（f）创建圆柱体及差集出孔

模块5　切割体与相贯体

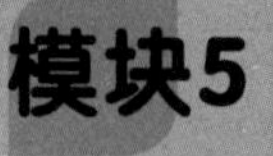

用平面去切割立体而形成切割体，平面与立体表面的交线称为截交线。两立体相交而形成相贯体，两立体表面的交线称为相贯线。截交线和相贯线是机械零件表面上常见的轮廓，本模块将介绍它们的性质和画法。

课题1　平面体被切割

一、平面立体截交线的性质

（1）封闭性：截交线的形状是一封闭的平面多边形。

（2）共有性：截交线是截平面与立体表面共有的。

二、平面立体被截切的情况

（1）单一平面的截切，如图5－1所示。

（2）多个平面的截切，如图5－2所示。

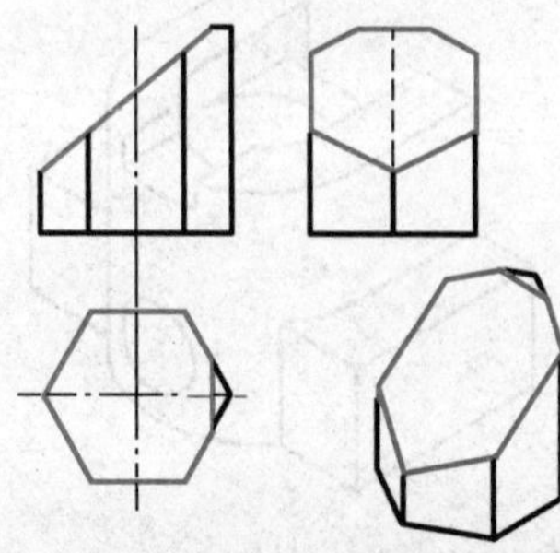

图5－1　单一平面的截切

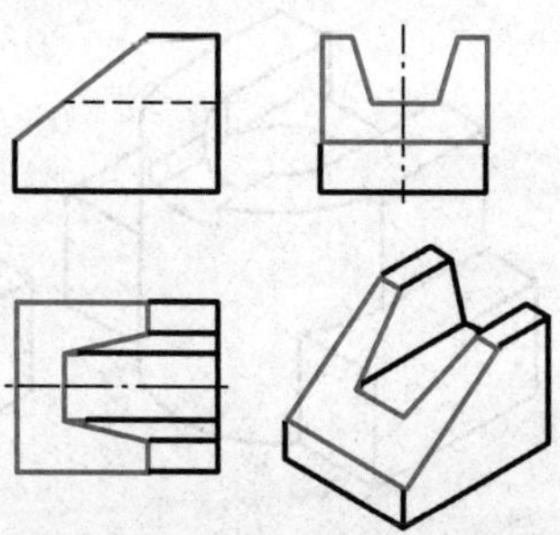

图5－2　多个平面的截切

一、手工练习

完成习题集5.1、5.2平面体切割练习。

二、CAD制图

用AutoCAD完成习题集5.3平面体切割练习。

方法一：按投影关系绘制（可参考视频5.3－1.wmv）。

（1）打开文件“5.3－1.dwg”，如图5－3（a）所示。

（2）分析正垂面的两视图，根据投影关系绘制截平面的左视图，如图5－3（b）所示。

（3）分析侧平面的两视图，补画截交线的左视图，如图5－3（c）所示。

（4）分析可见性，补齐图线，如图5－3（d）所示。

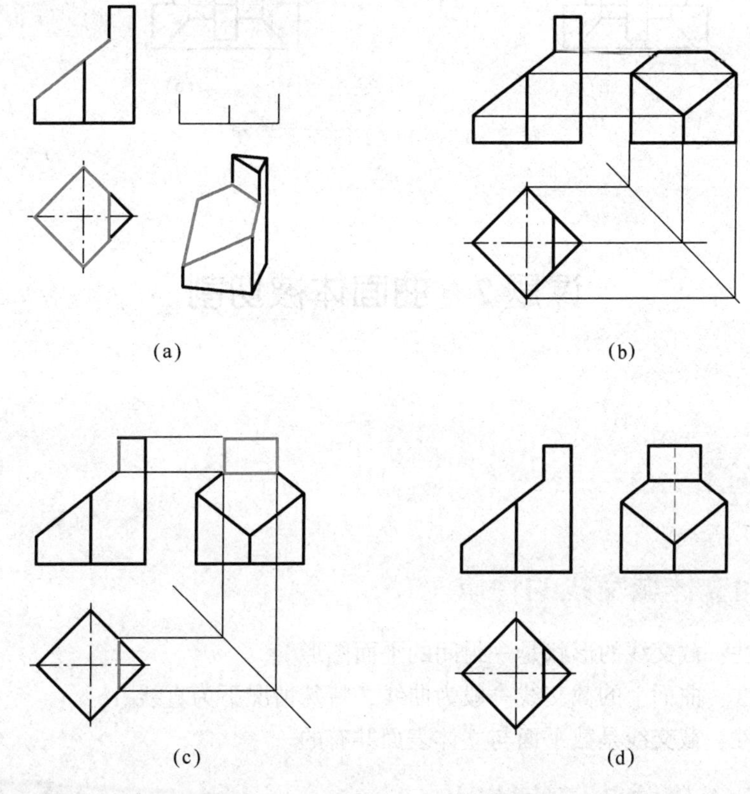

图5－3　仿照手工绘图绘制左视图

方法二：创建模型生成视图（可参考视频5.3－2.wmv）。

（1）打开文件“5.3－2.dwg”，如图5－4（a）所示。

（2）创建三维实体，如图5－4（b）所示。

（3）用平面摄影命令生成视图，如图5－4（c）所示。

（4）调整视图的方向与位置，如图5－4（d）所示。

（5）整理图线，如图5－4（e）所示。

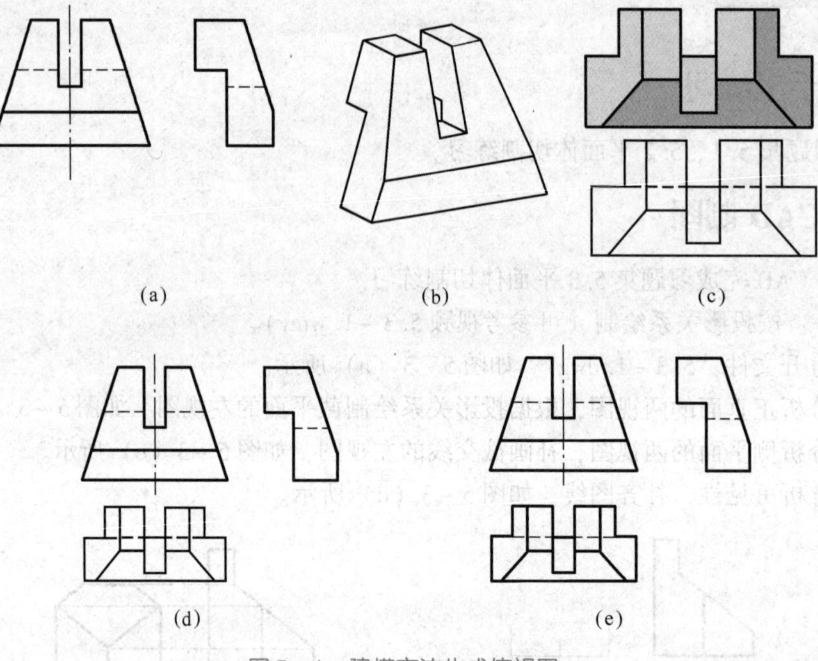

图5－4　建模方法生成俯视图

课题2　曲面体被切割

一、曲面立体截交线的性质

（1）封闭性：截交线的形状是一封闭的平面图形。

（2）多样性：曲面上的截交线一般为曲线，特殊情况下为直线。

（3）共有性：截交线是截平面与立体表面共有的。

二、曲面立体被截切的情况

（1）单一平面的截切。

（2）多个平面的截切。

三、曲面体的截交线形状

1. 圆柱体

圆柱体被截切有三种情况，如表 5－1 所示。

表 5－1 圆柱的截交线

截平面位置	平行于轴线	垂直于轴线	倾斜于轴线
立体图			
投影图			
截交线形状	两对平行直线	圆	椭圆

2. 圆球

圆球的截交线为圆，当截平面平行于投影面时，在它所平行的投影面上反映实形，其他两投影则积聚为直线，如图 5－5 所示。

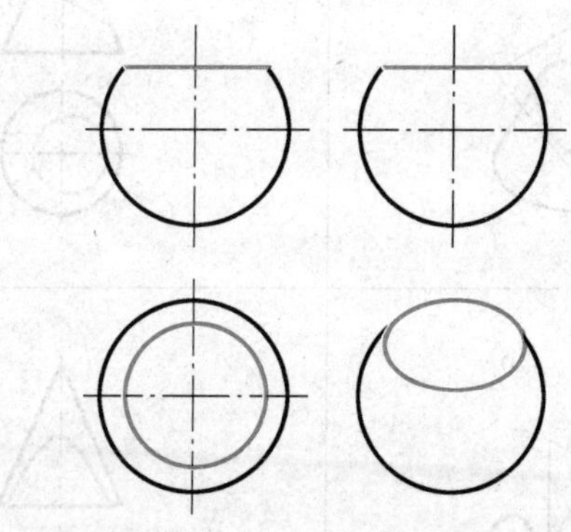

图 5－5 圆球的截交线

3. 圆锥体

圆锥体被截切有 5 种情况，如表 5－2 所示。

表5－2　圆锥的截交线

截平面位置	立体图	投影图	截交线形状
与轴线垂直			圆
过圆锥顶点			两相交直线
平行于素线			抛物线
与轴线倾斜			椭圆
与轴线平行			双曲线

一、手工练习

完成习题集 5.4、5.5 曲面体切割练习。

二、CAD 制图

用 AutoCAD 完成习题集 5.6 曲面体切割练习。

方法一：按投影关系绘制（可参考视频 5.6－1. wmv）。

(1) 打开文件“5.6－1. dwg”，如图 5－6（a）所示。

(2) 绘制圆柱体的左视图，如图 5－6（b）所示。

(3) 分析侧平面的两视图，补画截交线的左视图，如图 5－6（c）所示。

(4) 分析可见性，加深图线，如图 5－6（d）所示。

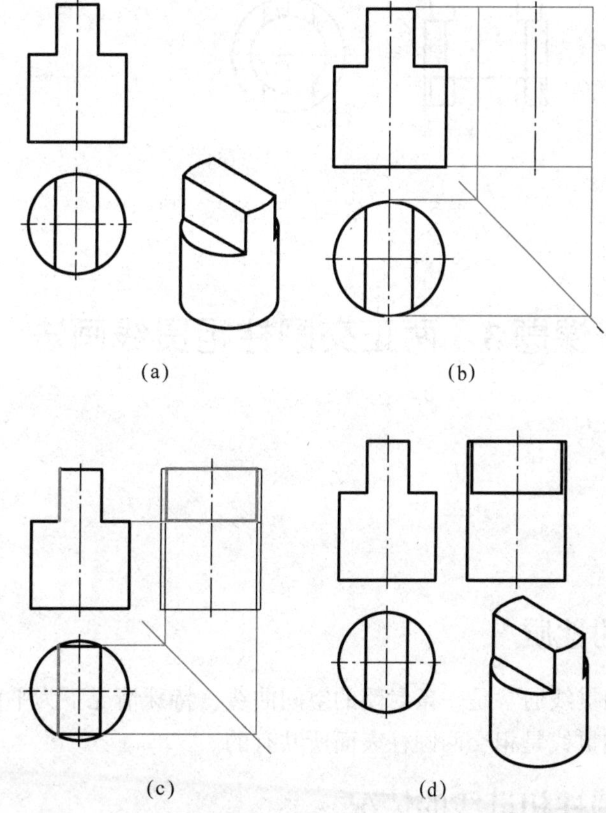

图 5－6　仿照手工绘图绘制左视图

方法二：创建模型生成视图（可参考视频 5.6－2. wmv）。

(1) 打开文件“5.6－2. dwg”，如图 5－7（a）所示。

（2）创建三维实体，如图5－7（b）所示。

（3）用平面摄影命令生成视图，如图5－7（c）所示。

（4）调整视图的方向与位置，并整理图线，如图5－7（d）所示。

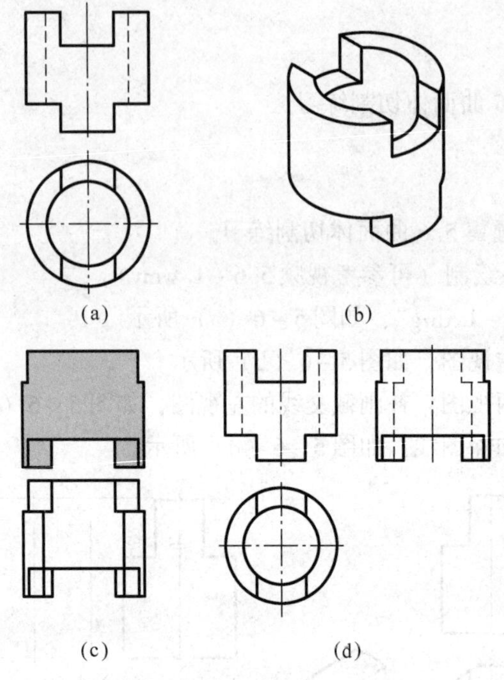

图5－7　建模方法生成左视图

课题3　两正交圆柱相贯线画法

一、相贯线的性质

（1）封闭性：相贯线通常是一条封闭的空间曲线，特殊情况下为平面曲线。

（2）共有性：相贯线是相交两圆柱表面所共有的。

二、两正交圆柱相贯线的情况

两圆柱的轴线垂直相交称为正交，两圆柱正交时，有两种情况，一种是两不等径圆柱正交，如图5－8（a）、图5－8（c）所示；另一种是两等径圆柱正交，如图5－8（b）所示。

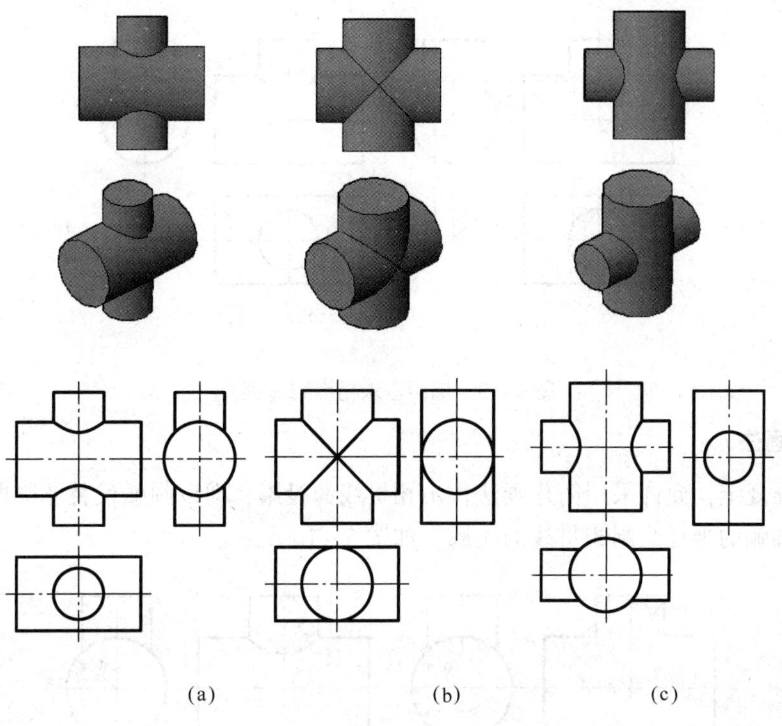

图5-8　两正交圆柱的相贯线

一、手工画法

完成习题集5.7相贯线画法练习。

1. 投影画法

描点法：先求特殊点，即小圆柱的最前素线与大圆柱面的交点，如图5-9（b）所示。再求一般点，利用圆柱面的积聚性及点的投影规律求一般点，如图5-9（c）所示。最后光滑连接各点，如图5-10（d）所示。

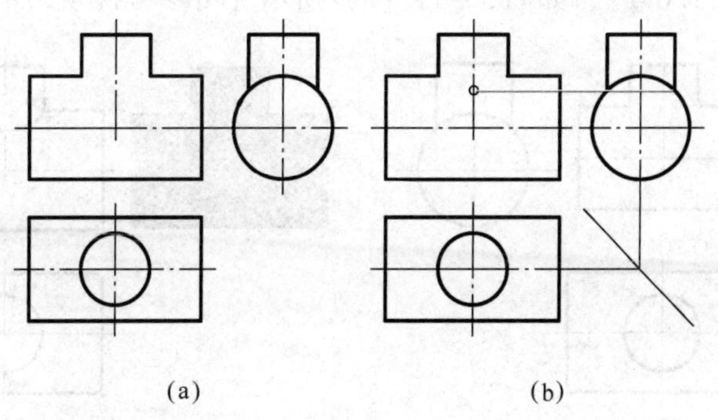

图5-9　描点法求相贯线

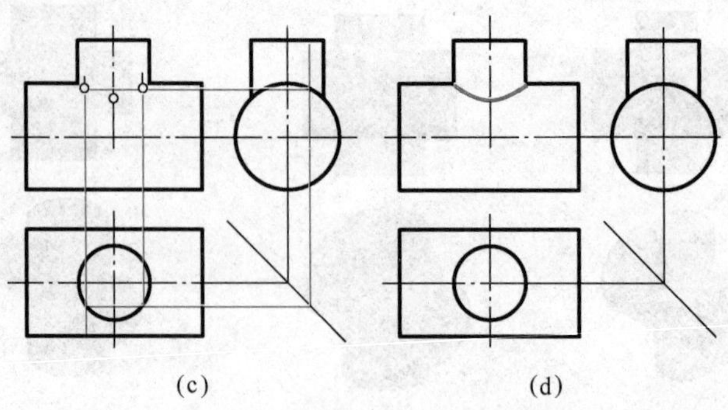

(c) (d)

图5－9　描点法求相贯线（续）

2. 简化画法

国家标准规定，允许采用简化画法作出相贯线的投影，即以圆弧代替非圆曲线，用两正交圆柱中大圆弧的半径绘制相贯线的轮廓，如图5－10所示。

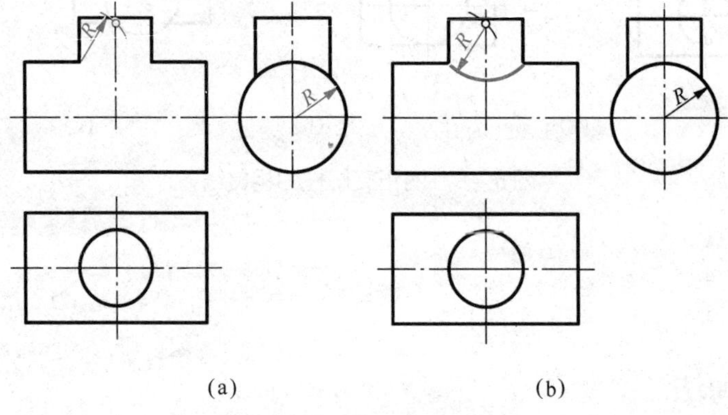

(a) (b)

图5－10　相贯线的简化画法

(a) 以大圆柱的半径画圆弧（找圆心）；(b) 再以大圆柱的半径画出相贯线

二、CAD画法

用AutoCAD完成习题集5.8相贯线画法练习。

打开文件“5.8－1.dwg”，如图5－11（a）所示（可参考视频5.8－1.wmv）。

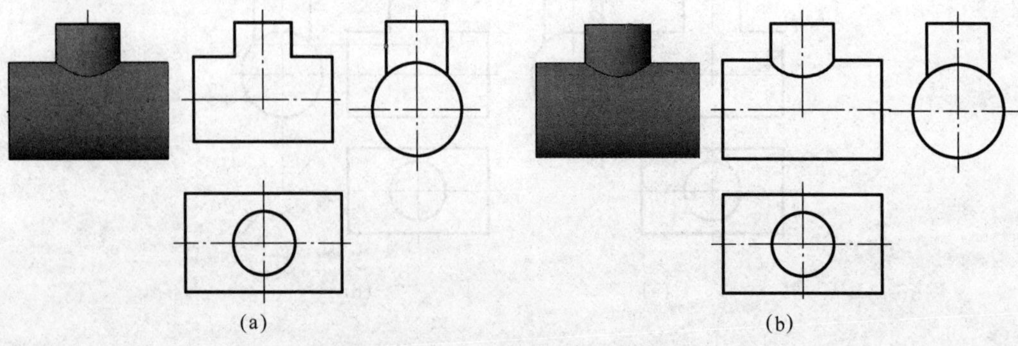

(a) (b)

图5－11　建模方法生成左视图

（1）创建正交两圆柱的三维实体，如图 5 - 11（a）所示。

（2）用平面摄影命令生成视图。

（3）整理图线。如图 5 - 11（b）所示。

课题 4 圆柱与圆锥正交相贯线画法

如图 5 - 12 所示，圆柱与圆锥正交时，相贯线在左视图中积聚在圆柱面的圆的轮廓上，而相贯线在主视图中因前后对称只表现出前方可见的部分，在俯视图中在上半圆柱面的相贯线是可见的，而在下半圆柱面上的相贯线是不可见的。手工作图中，通常应用辅助平面法求相贯线上点的投影。

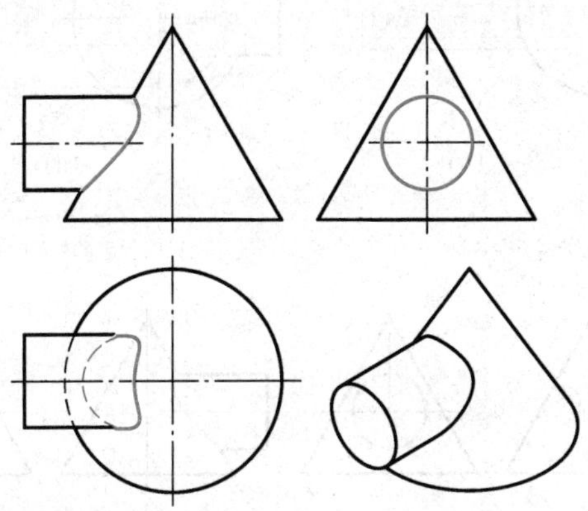

图 5 - 12 圆柱与圆锥的相贯线

一、手工作图

完成习题集 5.9 相贯线画法练习。

圆柱与圆锥相贯线的画法步骤，如图 5 - 13 所示。

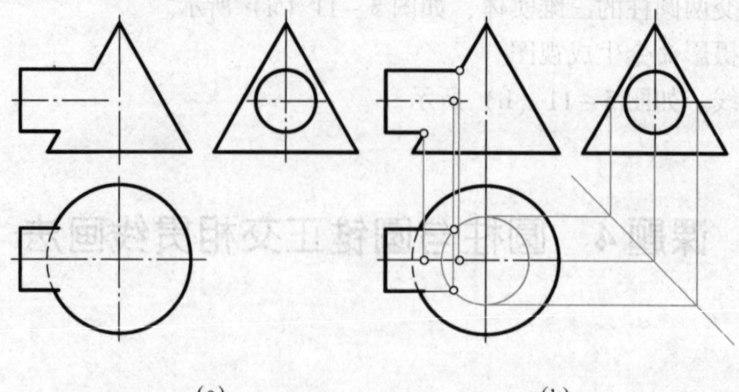

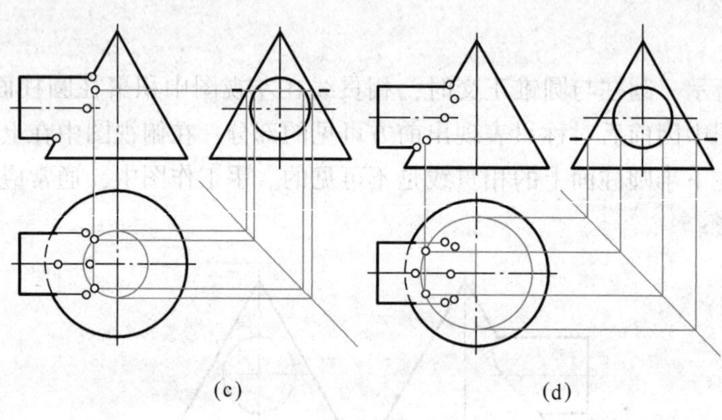

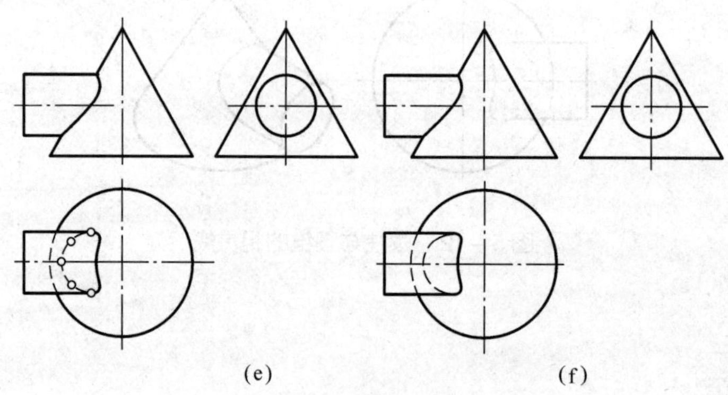

图5-13 辅助平面法求相贯线

（a）补画主视图、俯视图上的相贯线投影；（b）求相贯线上四个特殊点；
（c）通过上半圆柱垂直圆锥的轴线剖切；（d）通过下半圆柱垂直圆锥的轴线剖切；
（e）光滑连接各点（注意可见性）；（f）去除点的投影，检查加深图线

二、CAD 作图

用 AutoCAD 完成习题集 5. 10 相贯线画法练习。

打开文件“5. 10 - 1. dwg”（可参考视频 5. 10 - 1. wmv）。

（1）创建三维实体。

（2）用平面摄影命令生成主视图，如图5－14（a）所示。
（3）用平面摄影命令生成俯视图，如图5－14（b）所示。
（4）整理图线。

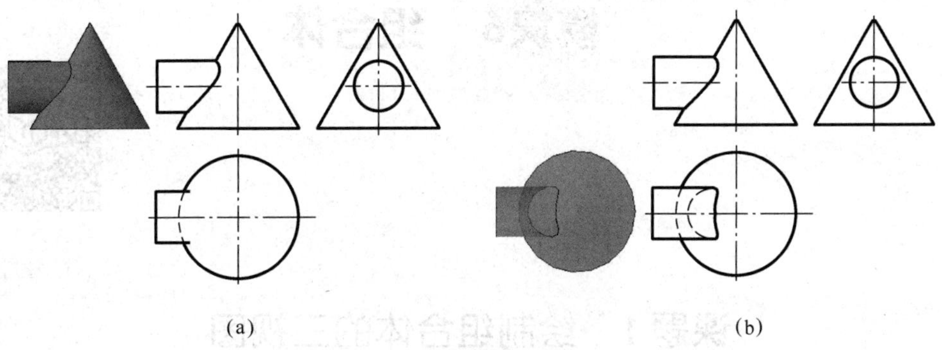

(a)　(b)

图5－14　建模方法求相贯线

模块6 组合体

课题1 绘制组合体的三视图

一、组合体的概念与分类

1. 组合体的概念

零件的结构形状是多种多样的，但不难看出，包括复杂零件的结构也是由一些基本形体组合而成的，因此，为了研究方便，引入组合体的概念，组合体就是由两种或两种以上的基本形体组合而成的立体。

2. 组合体的分类

按组合体的组合形式，组合体可分为叠加体、切割体和综合体三类，如图6-1所示。

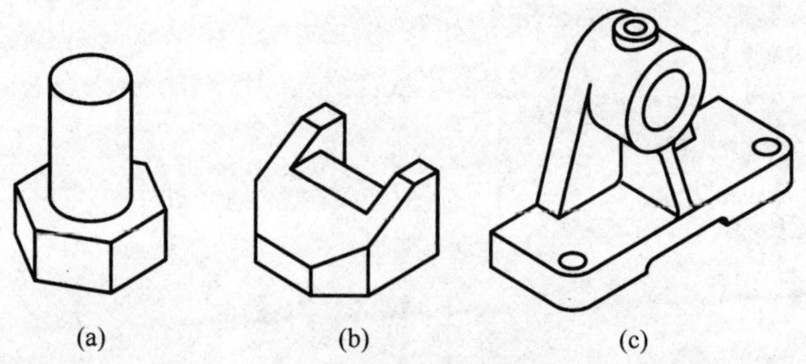

图6-1 组合体的类型

（a）叠加体；（b）切割体；（c）综合体

二、组合体中基本体之间的表面连接关系

两基本体组合在一起时，两者之间的表面有如下的关系：

（1）平齐：如图6-2所示，长方体与圆柱体组合在一起，长方体的前平面与圆柱体的平

面是重合的，我们称为平齐关系，在绘制主视图时，矩形与圆之间没有图线将它们分割开来。

（2）不平齐：如图6－3所示，长方体与圆头板组合在一起，长方体的前平面与圆头板的前平面是相错关系，我们称为不平齐关系，在绘制主视图时，它们之间有图线将它们分割开来。

（3）相交：如图6－4（a）所示，长方体与圆柱体之间是相交关系，从主视图中可以看出两图形之间有相交后的轮廓投影。

（4）相切：如图6－4（b）所示，棱锥与圆柱体之间是相切关系，从主视图中可以看出两图形之间相切处没有轮廓投影。

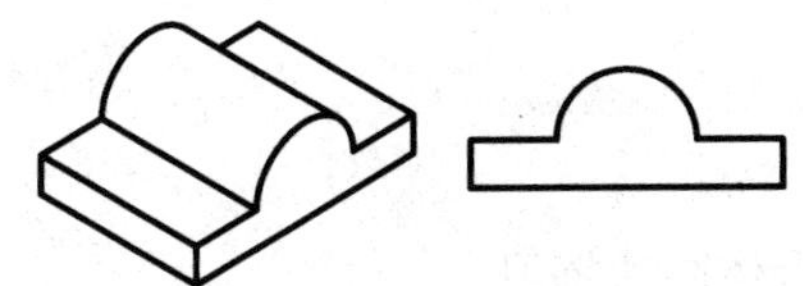

图6－2　表面平齐关系

图6－3　表面不平齐关系

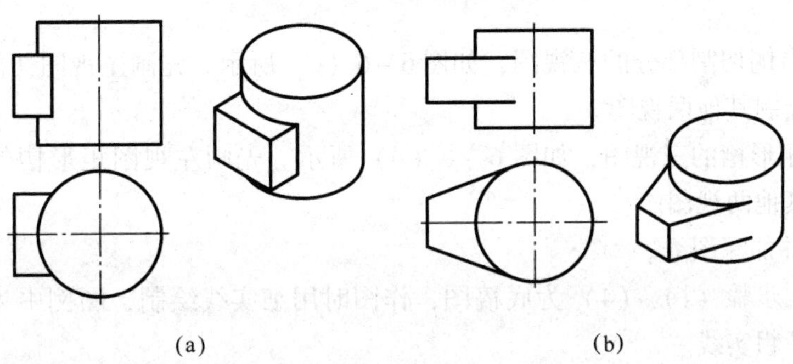

图6－4　表面相交和相切关系

表面关系分析，如图6－5所示，两形体的左端面是平齐关系，因此，左视图中圆与矩形之间没有图线隔开；在主视图中，长方体的前平面与圆柱体是相交关系，因此，在主视图中两图形之间会有相交线。

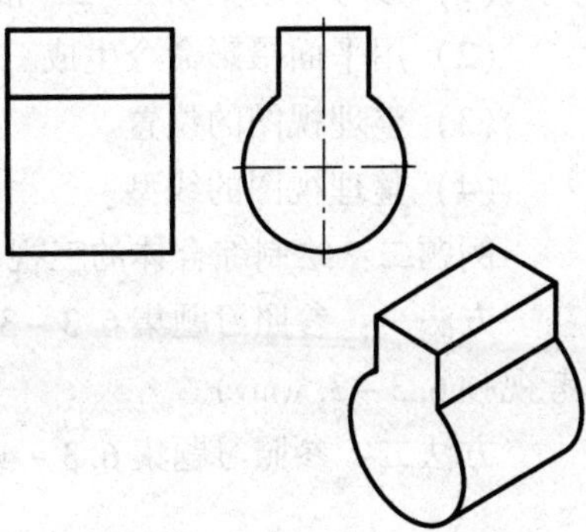

图6－5　表面平齐与相交

三、组合体三视图画法要点

1. 切割型组合体三视图画法

切割型组合体三视图画法主要采用形体分析法和面形分析法。通常在整体上采用形体分析法，即分析该组合体

是由哪几部分切割所形成的，分解成若干基本切割部分，按切割的主次依次画出每一部分的三视图；局部采用面形分析法，即每个切割面的三面投影分析。

2. 综合型组合体三视图画法

将综合型组合体分解成叠加部分和切割部分，通常先按叠加组合的关系，按主次关系依次绘制出三视图，再按切割体的分解画法，依次画出切割部分的三视图。

一、手工练习

完成习题集 6. 1 ~ 6. 2 组合体画法练习。

二、AutoCAD 制图

用 AutoCAD 完成习题集 6. 3 组合体画法练习。

例题一：绘制切割体三视图。

方法一：用 AutoCAD 仿照手工绘图的方法，绘制其三视图（可参考视频 6. 3 – 1. wmv）。

（1）参照习题集 6. 3 – 1，画出基本体的三视图，如图 6 – 6（a）所示。再画出左侧切割部分的三视图，如图 6 – 6（b）所示。先画主视图切割面的投影，再根据投影关系绘制其他两视图。

（2）画出右侧切割部分的三视图，如图 6 – 6（c）所示。先画主视图切割面的投影，再根据投影关系绘制其他两视图。

（3）画出矩形槽的三视图，如图 6 – 6（d）所示。先画左视图矩形槽的投影，再根据投影关系绘制其他两视图。

（4）检查并加深图线。

说明：步骤（1）~（4）为底稿图，作图时用细实线绘制，图例中为了强调投影关系，轮廓线用了粗实线。

方法二：创建三维实体生成三视图（可参考视频 6. 3 – 2. wmv）。

（1）参考习题集 6. 3 – 2，根据立体图及尺寸，创建其三维实体。

（2）用平面摄影命令生成三个视图。

（3）整理视图的位置。

（4）整理视图的线型。

例题二：绘制综合体的三视图。

方法一：参照习题集 6. 3 – 3，用 AutoCAD 仿照手工绘图的方法，绘制其三视图（可参考视频 6. 3 – 3. wmv）。

方法二：参照习题集 6. 3 – 4，创建三维实体生成三视图（可参考视频 6. 3 – 4. wmv）。

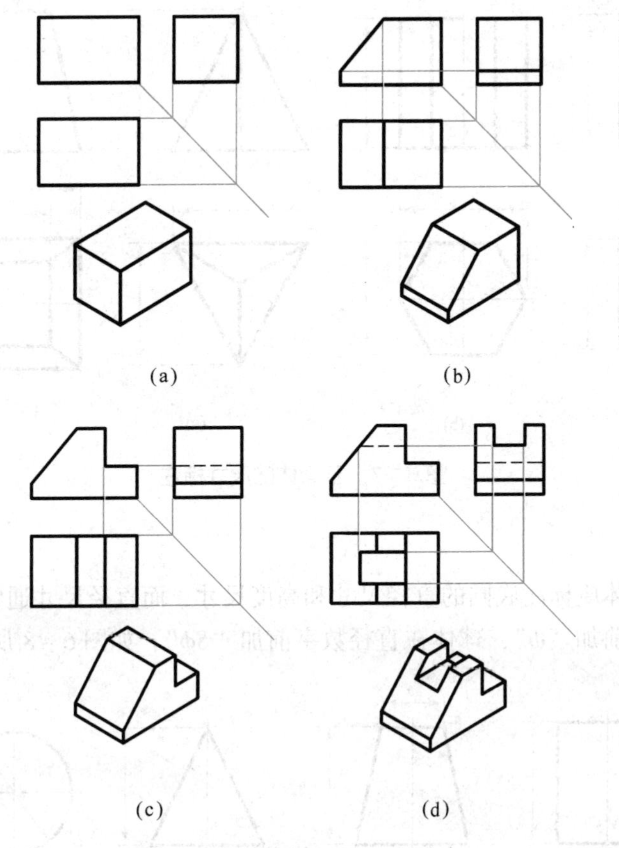

图 6－6　切割体 AutoCAD 画法之一

课题 2　标注组合体的尺寸

一、尺寸标注的基本要求

（1）正确：符合国家标准的规定，主要依据 GB/T 4458.4—2003、GB/T 16675.2—2012。

（2）完整：标注尺寸既不遗漏，也不多余。

（3）清晰：尺寸注写布局整齐、清晰，便于看图。

二、基本体的尺寸标注

1. 平面体

棱柱体和棱锥体一般应注出底面尺寸和高度尺寸，如图 6－7 所示。

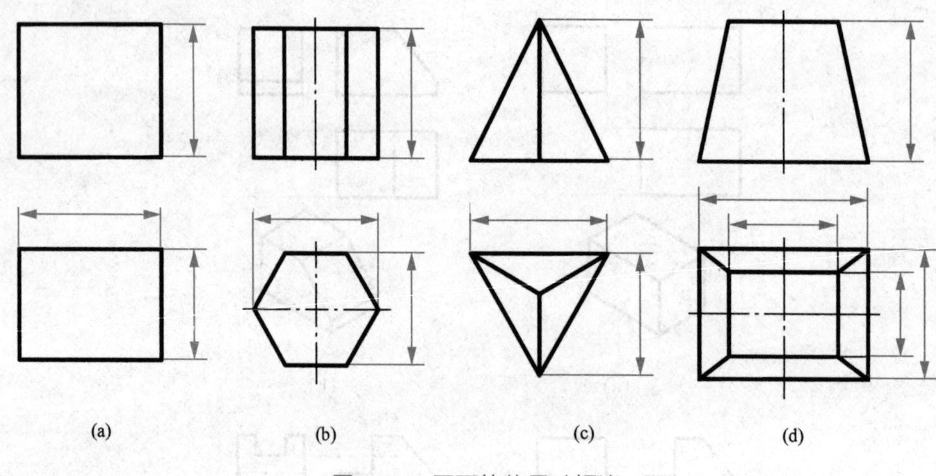

图6-7　平面体的尺寸标注

2. 曲面体

圆柱体和圆锥体应标注底圆的直径尺寸和高度尺寸，而直径尺寸通常在不反映圆的视图上标注，并在数字前加“ϕ”，球体在直径数字前加“$S\phi$”，如图6-8所示。

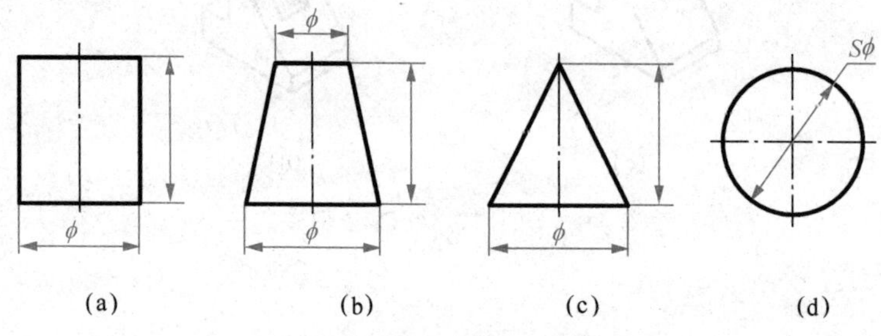

图6-8　曲面体的尺寸标注

三、组合体的尺寸标注

1. 尺寸种类

1）定形尺寸

用以确定组合体各组成部分形状大小的尺寸称为定形尺寸，如图6-9（a）所示。

2）定位尺寸

用以确定组合体各组成部分之间的相对位置的尺寸称为定位尺寸，如图6-9（b）所示。

3）总体尺寸

用以确定组合体外形的总长、总宽、总高的尺寸称为总体尺寸，如图6-9（c）所示。

2. 尺寸基准

在标注各部分之间的定位尺寸时，首先要确定标注定位尺寸的起点，即尺寸基准。每一组合体应有长、宽、高三个方向的尺寸基准。组合体的尺寸基准一般选择组合体的安放位置平面、对称平面、主要平面和轴线等。在图6-9（b）中，高度基准为底板底平面，宽度基

准为组合体的后平面，长度基准为对称平面。

3. 尺寸清晰

为了便于看图，标注尺寸应排列适当、整齐、清晰。为此，标注尺寸时应注意以下几点：

1）突出特征

将定形尺寸标注在形体特征明显的视图上，如图6－9（a）所示，立板尺寸布置在主视图上，底板尺寸布置在俯视图上。

2）相对集中

同一形体的尺寸应尽量集中标注，如图6－9（d）所示。

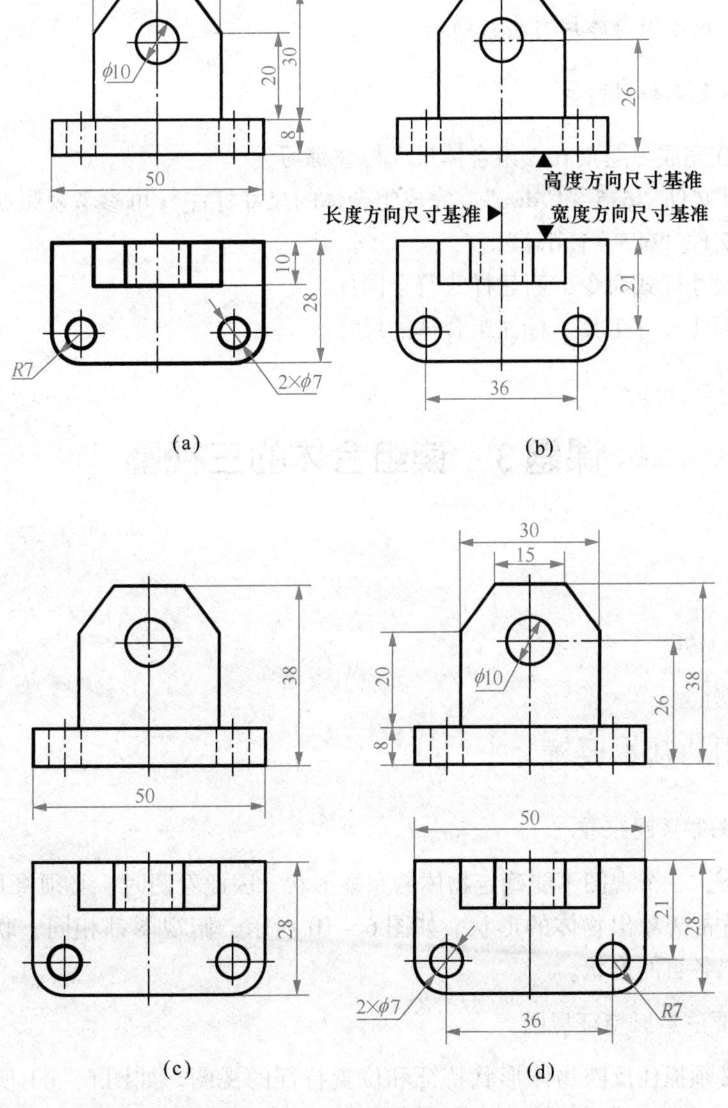

图6－9　组合体的尺寸标注

3）排列整齐

尺寸排列要整齐、清楚。尺寸尽量标注在两个相关视图之间和视图外面，如图6－9（b）所示，同一方向的尺寸线，最好画在一条线上，不要错开。

4）布局清晰

应根据尺寸的大小，依次排列，大尺寸在外，小尺寸在内，尽量避免尺寸线与尺寸线、尺寸界限、轮廓线相交，如图6－9（d）所示。

一、手工练习

完成习题集6.4组合体尺寸标注练习。

二、AutoCAD制图

用AutoCAD完成习题集6.5组合体尺寸标注练习。

例题：打开文件“6.5－1.dwg”，完成组合体的尺寸标注（可参考视频6.5－1.wmv）。

（1）打开文件“6.5－1.dwg”。

（2）使用尺寸样式命令，新建样式符合国标规定。

（3）使用标注尺寸工具，标注组合体的尺寸。

课题3　读组合体的三视图

一、读图的基本要领

1. 几个视图联系起来看

一般情况下，一个视图不能确定物体的完整形状。因此看图时，必须将几个视图联系起来进行分析，才能想象出物体的形状。如图6－10所示，俯视图都相同，联系不同的主视图，便可想象出各自的形状。

2. 读图时要注意抓特征视图

看图时，必须抓住反映物体形状特征和位置特征的视图。如图6－11所示的物体三视图，俯视图反映出物体的形状特征，主视图反映出物体的位置特征，而左视图则表达不了叠

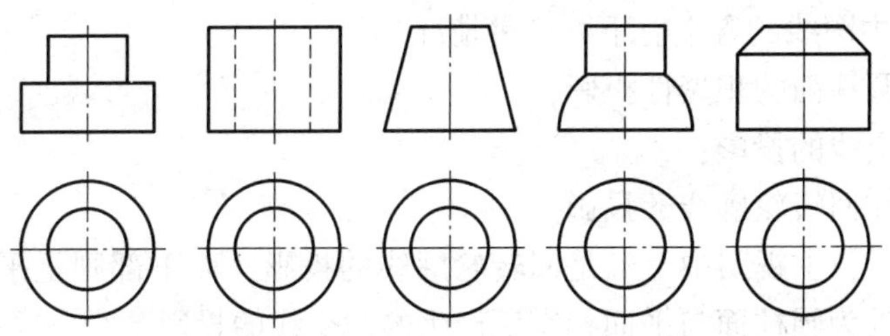

图6-10　一个视图一般不能确定物体的完整形状

加和切割部分的位置关系。

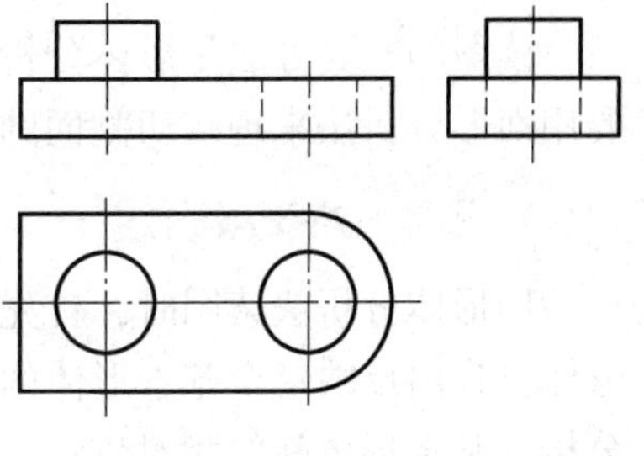

图6-11　三视图

3. 必要时，要弄清视图中线框和图线的含义

简单的组合体三视图，一般根据基本体的投影关系便可想象出物体的形状，而复杂的组合体特别是多次截切的组合体，一时不能看懂其结构和形状，此时可深入理解图中线框和图线的含义，从而分析立体的结构形状。

（1）封闭线框的含义通常有以下三种情况。

①表示一个平面或曲面。

如图6-12所示，左视图下部的矩形表示平面（俯视图可见与不可见的平面）。

②表示一个组合面。

如图6-12所示，主视图中的线框是由三个面组合而成的，因为它们之间是相切关系，所以在主视图中反映出一个封闭线框。左视图也同样如此。

③表示一个空洞。

如图6-12所示，俯视图中的三个圆表示三个通透的孔。

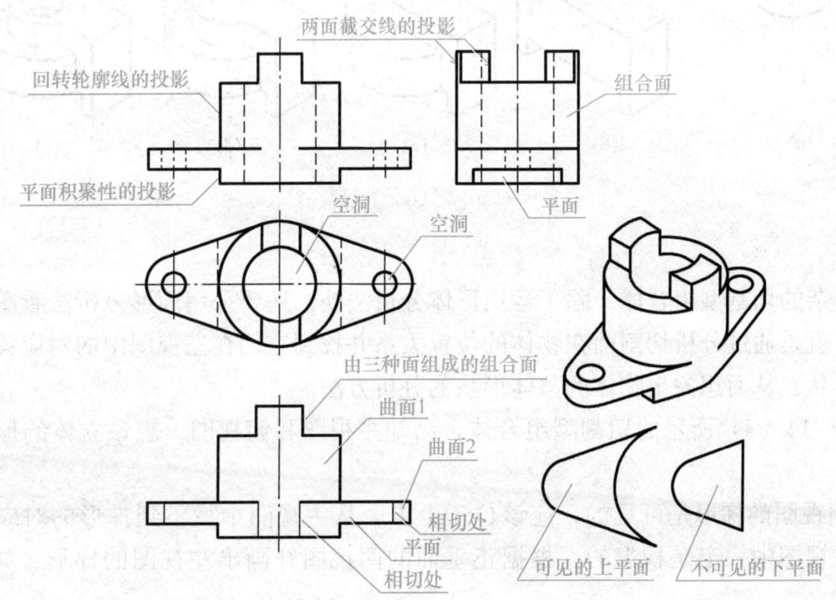

图6-12　线框和图线的含义

(2) 图6－12中图线的含义有下列三种情况。

①表示平面或圆柱面的积聚性投影;

②表示两面相交线的投影;

③表示曲面立体回转轮廓线的投影。

如图6－12所示,主视图中上部是回转轮廓线的投影,而下部则是平面积聚性的投影。左视图中箭头所指处为圆柱面与平面相交所产生的截交线的投影。

二、读图的基本方法

读图的主要方法是形体分析法,对于复杂切割型组合体,在运用形体分析法的同时,还要用面形分析法来理解切割面的空间关系。

1. 形体分析法

用形体分析法读图时,首先用"分线框、对投影"的方法,分析构成组合体的各基本形体,找出反映每个基本形体的形状特征视图,对照其他视图想象出各基本形体的形状。再分析各基本形体间的相对位置、组合形式和表面连接关系,综合想象出组合体的形状。

如图6－13(a)所示,根据主、俯视图,求作左视图。图6－13(b)~图6－13(e)是应用形体分析法读图的步骤。

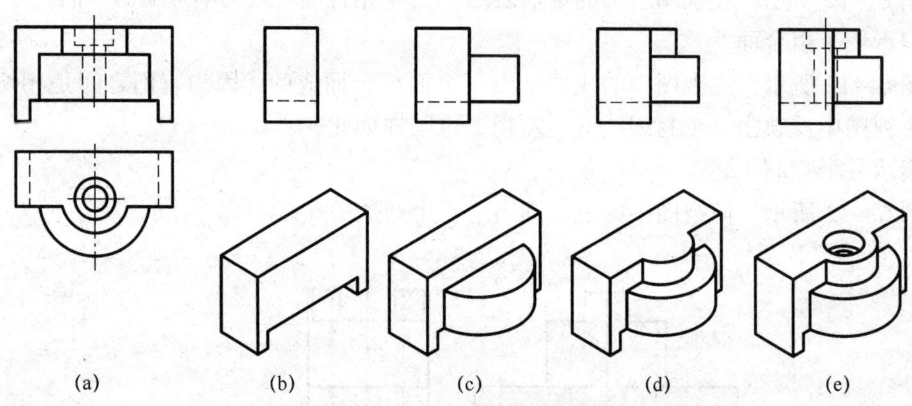

图6－13 形体分析法看图

2. 面形分析法

对于复杂的切割型组合体,除了运用形体分析法外,还要采用面形分析法看图,所谓面形分析法,就是通过分析切割面在物体的位置关系并找到它们在三视图中的对应关系,以确定各面的形状,从而想象出物体的整体形状的分析方法。

如图6－14(a)所示的切割型组合体,已知主视图和俯视图,想象立体的形状,补画左视图。

(1) 俯视图的梯形是可见的,应该位于上方,从主视图中找不到梯形的对应,因此该梯形面在主视图中一定是积聚的,根据正垂面的两视图补画出左视图的梯形,如图6－14(b)所示。

(2) 主视图外形基本是三角形,根据俯视图的对应关系,判断出该面是铅垂面,按投影关系,两三角形应该位于梯形的两边,如图6－14(b)所示。

(3) 根据主视图右下角的切割，在三角形面上求出左视图中的截交线投影，如图 6－14（c）所示。

(4) 分析可见性，想象立体的整体形状，完成左视图，如图 6－14（d）所示。

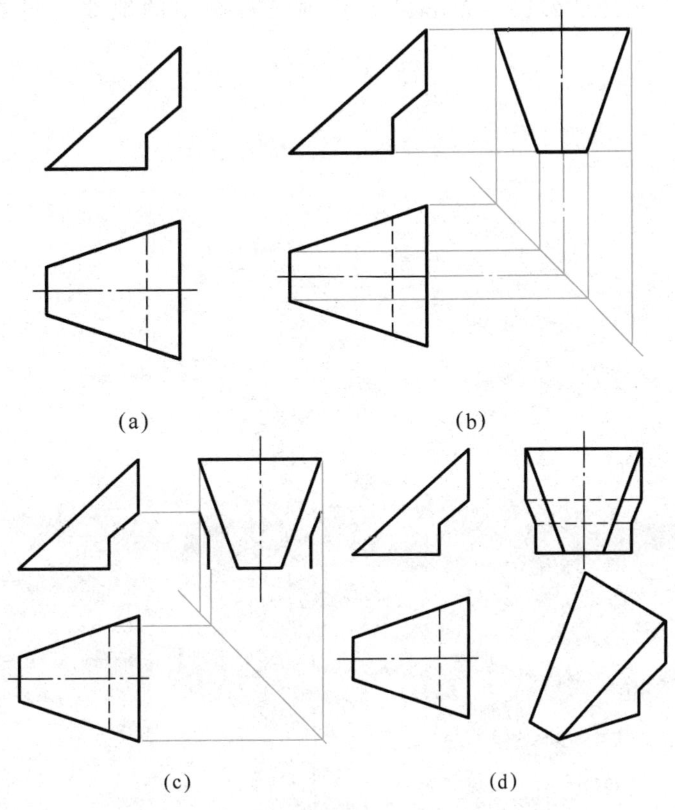

图 6－14 用面形分析法看图

一、手工练习

完成习题集 6.6～6.8 组合体视图的识读练习。

二、AutoCAD 制图

用 AutoCAD 完成习题集 6.9、6.10 组合体视图的识读练习。

方法一：仿照手工绘图的过程，看懂视图，完成补视图、补缺线。

例题一：打开文件"6.9－1.dwg"，根据已知两视图，补画第三视图（可参考视频 6.9－1.wmv）。

例题二：打开文件"6.10－1.dwg"，补画三视图中的缺线（可参考视频 6.10－1.wmv）。

方法二：训练组合体三维建模的方法，从而可以完成补视图、补缺线和轴测图。

例题一：打开文件“6.9－2.dwg”，根据已知两视图，补画第三视图（可参考视频6.9－2.wmv）。

例题二：打开文件“6.10－2.dwg”，补画三视图中的缺线（可参考视频6.10－2.wmv）。

模块7　机械图样的表达方法

由于机件的结构形状是多种多样的，对于内外结构都比较复杂的机件，如果仅用三视图就不能表示清楚，因此还要采用其他的表达方法。国家标准在《机械制图》和《技术制图》中对视图、剖视图、断面图等表达方法作出了一系列的规定，我们可以根据机件不同的结构和形状，选择恰当的表达方法，完整、清晰、简便地表达出机件的内外形状与结构。

课题1　视图

一、基本视图与向视图

1. 基本视图

1）基本视图的概念

基本视图是将机件向基本投影面投影所得到的视图。基本投影面是由六个投影面组成的，除了原来的三个投影面，又增加了三个投影面，它们的位置关系如图7-1所示。

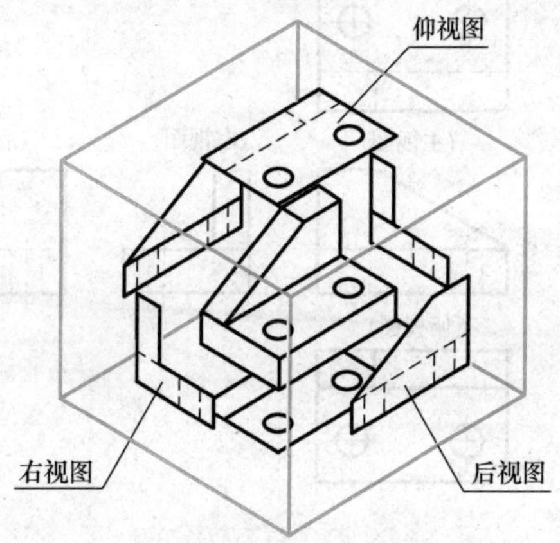

图7-1　六个基本视图的形成

六个基本投影方向及视图名称，如表 7－1 所示。

表7－1　六个基本投影方向及视图名称

方向代号	*A*	*B*	*C*	*D*	*E*	*F*
投射方向	由前向后	由上向下	由左向右	由右向左	由下向上	由后向前
视图名称	主视图	俯视图	左视图	右视图	仰视图	后视图

2）基本投影面的展开

与前面学过的三视图展开方法一致，六个基本投影面展开时，规定正面投影面不动，其余各投影面按图 7－2 所示方法展开。

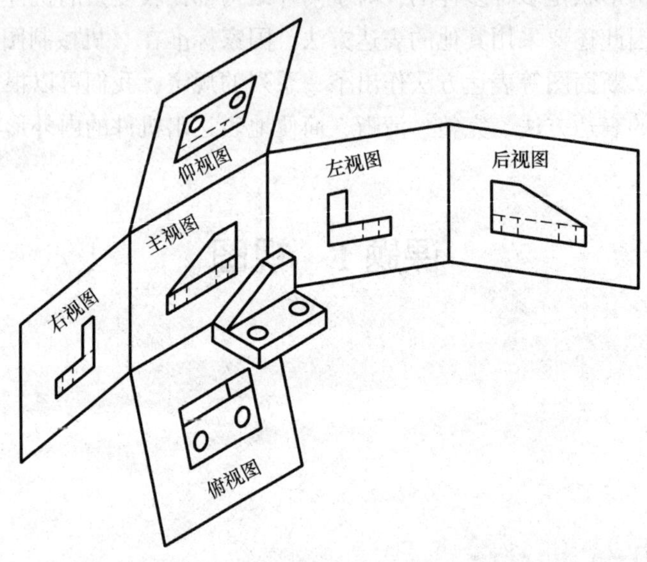

图7－2　六个基本视图的展开方法

在机械图样中，六面基本视图按如图 7－2 所示投影关系配置时，各视图不需标注视图名称。如图 7－3 所示。

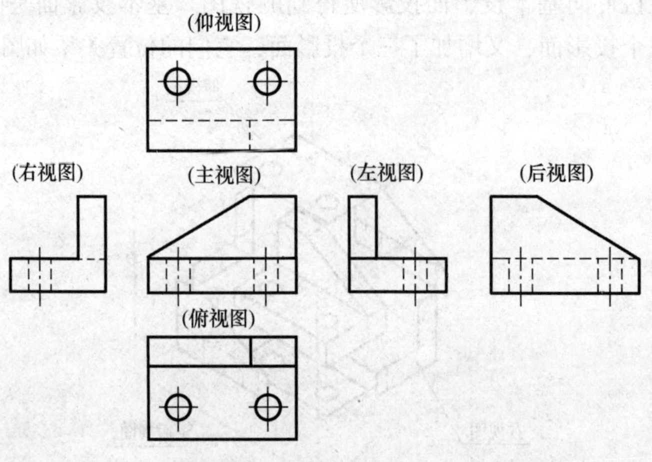

图7－3　六个基本视图的配置

3）六个基本视图的投影规律

六个基本视图之间仍遵循“长对正、高平齐、宽相等”的投影规律。即：

主视图、俯视图、仰视图、后视图——长对正；

主视图、左视图、右视图、后视图——高平齐；

俯视图、左视图、仰视图、右视图——宽相等。

4）基本视图的选用

在实际绘图时，无需将六个基本视图全部画出，应根据机件的复杂程度和表达需要选用合适的几个基本视图，一般情况下，优先选用主、俯、左三个视图。任何机件的表达都必须有主视图。

2. 向视图

在实际绘图时，为了合理利用图纸幅面，基本视图也可不按规定位置配置，这样的视图称为向视图。向视图必须在图形上方中间位置处注出视图名称“×”（×为大写拉丁字母），并在相应视图的附近用箭头指明投影方向，注写相同的字母，如图7－4所示。

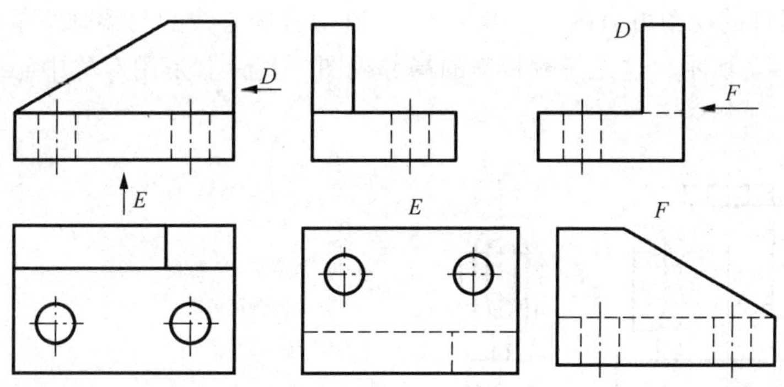

图7－4　向视图及其标注

二、局部视图

局部视图是将机件的某一部分向基本投影面投射所得的视图。当机件的主要形状已用基本视图表达清楚，只有某些局部形状尚未表达清楚时，为了简便，不必再用基本视图表达，可采用局部视图来表达。如图7－5所示的机件，主、俯视图已经表达出主体形状，只有左右两个凸缘的形状未表达清楚，如果用左视图和右视图来表达这部分形状，就显得烦琐与重复。

如果采用*A*和*B*两个局部视图来表达，既简练，又重点突出，如图7－6所示。

局部视图的画法、配置与标注：

（1）局部视图的断裂边界用波浪线或双折线表示，但当所表示的局部结构是完整的，其图形的外轮廓线封闭时，其波浪线可省略不画，如图7－6所示的*B*视图。

（2）局部视图按基本视图的配置形式配置，中间有没有其他图形隔开时，可省略标注。如图7－6所示的*A*视图可以不标注。

（3）局部视图按向视图的配置形式配置，如图7－6所示的*B*视图。

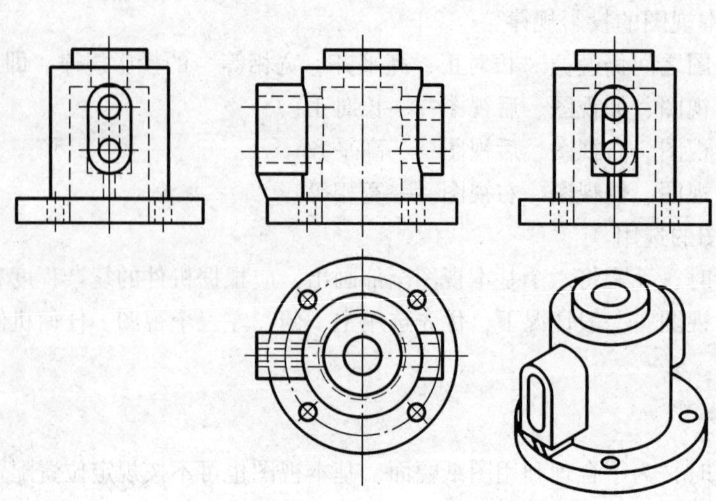

图7－5　采用基本视图表达

(4) 对称机件的视图可只画一半或1/4，并在对称中心线的两端画两条与其垂直的平行细实线，如图7－7所示，这是一种特殊的局部视图，实际上是用对称中心线代替了断裂边界的波浪线。

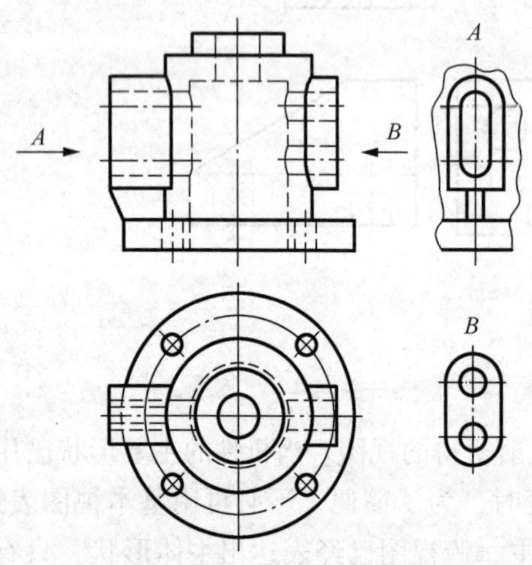

图7－6　采用局部视图表达

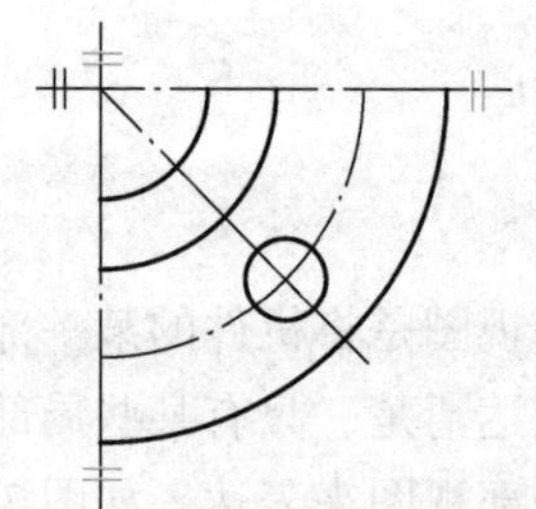

图7－7　局部视图特殊画法

三、斜视图

当机件上有倾斜于基本投影面的结构时，如用基本视图表达，如图7－8所示，其俯视图和左视图均不反映实形，视图也不易画出。可设置一个与倾斜部分平行的辅助投影面，再将倾斜结构向该投影面投射。这种将机件的倾斜部分向不平行于基本投影面的平面投射所得的视图称为斜视图，如图7－9所示。

斜视图的画法和标注与局部视图类似，斜视图只表达机件倾斜部分的实形，其余部分可不必画出，而用波浪线或双折线断开即可。斜视图通常按向视图的配置形式配置并标注，如

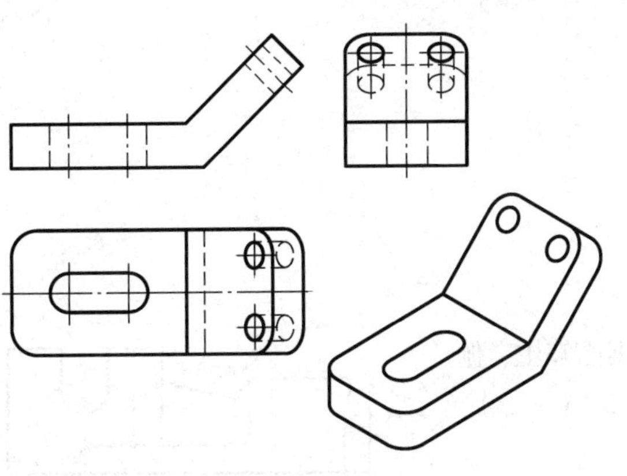

图7－8 采用基本视图表达

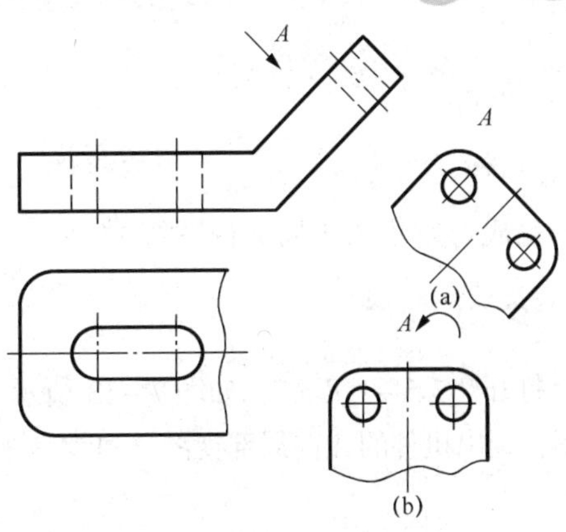

图7－9 采用斜视图表达

图7－9（a）所示，必要时也允许将斜视图旋转配置，但需加注旋转符号，如图7－9（b）所示，旋转符号的画法如图7－10所示，表示该视图名称的字母应靠近旋转符号的箭头端，也允许将旋转角度写在字母之后。绘制斜视图按旋转形式配置时，既可顺时针旋转，也可逆时针旋转，但旋转符号的方向要与实际旋转方向一致，以便于看图者辨别。

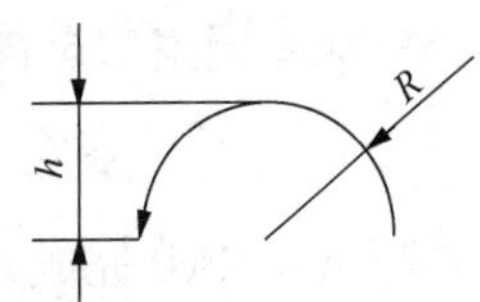

图7－10 旋转符号的画法

一、基本视图与向视图

1. 手工练习

完成习题集7.1、7.2基本视图和向视图练习。

2. AutoCAD 制图

用AutoCAD完成习题集7.3基本视图、向视图练习。

1）按投影原理绘制

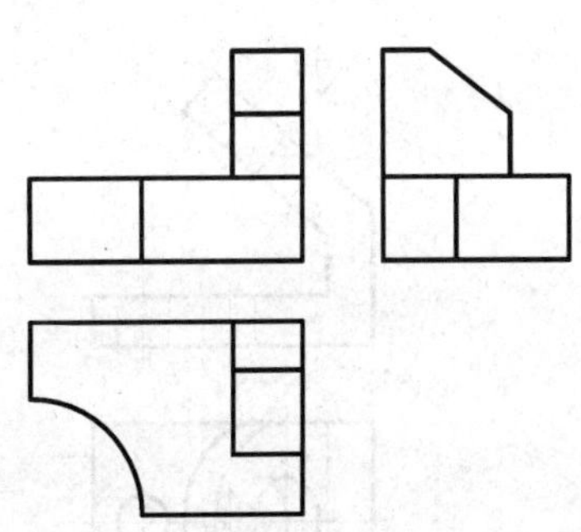

图7－11 打开“7.3－1.dwg”

打开“7.3－1.dwg”，如图7－11所示，按投影原理绘制右、仰、后三个基本视图（可参考视频7.3－1.wmv）。

2）用模型生成基本视图

打开“7.3－2.dwg”，如图7－12所示。根据已知主、俯视图，创建物体的三维模型，并使用平面摄影命令完成其他四面基本视图，也可采用向视图配置（可参考视频7.3－2.wmv）。

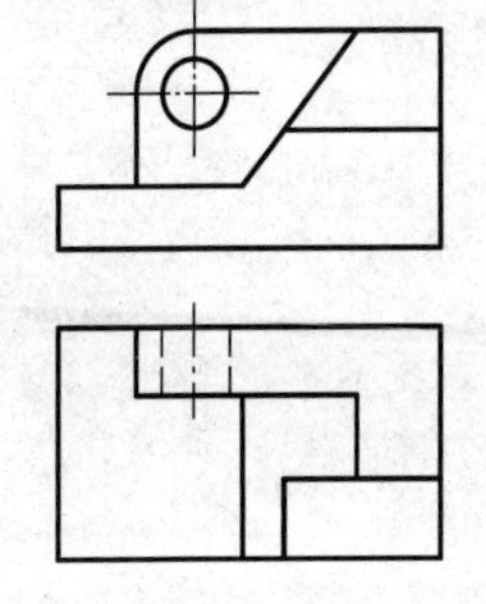

图7－12 打开“7.3－2.dwg”

二、局部视图

1. 手工练习

完成习题集 7.4 局部视图练习。

2. CAD 制图

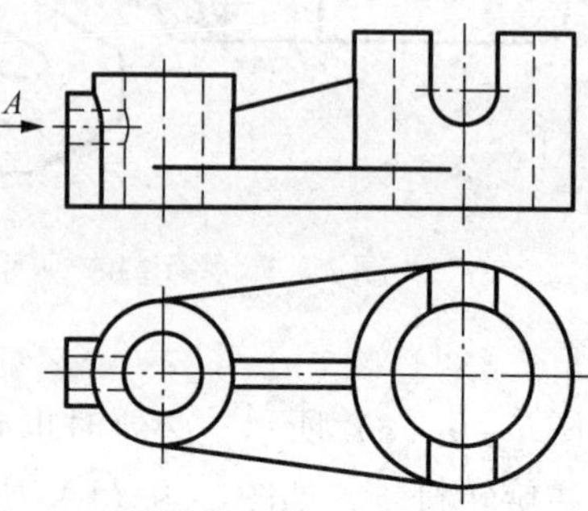

图 7－13　打开“7.5－1. dwg”

打开“7.5－1. dwg”，如图 7－13 所示。根据已知主、俯视图，画出机件的 *A* 向局部视图（可参考视频 7.5－1. wmv）。

三、斜视图

1. 手工练习

完成习题集 7.6 斜视图练习。

2. AutoCAD 制图

用 AutoCAD 完成习题集 7.7 斜视图练习。

1）按投影原理绘制

打开“7.7－1. dwg”，如图 7－14 所示。根据已知主、俯视图，按投影原理画出机件的 *A* 向斜视图（可参考视频 7.7－1. wmv）。

2）用模型生成斜视图

打开“7.7－2. dwg”，如图 7－15 所示。根据已知主、俯视图，创建物体的三维模型，并使用平面摄影命令完成机件的 *A* 向斜视图（可参考视频 7.7－2. wmv）。

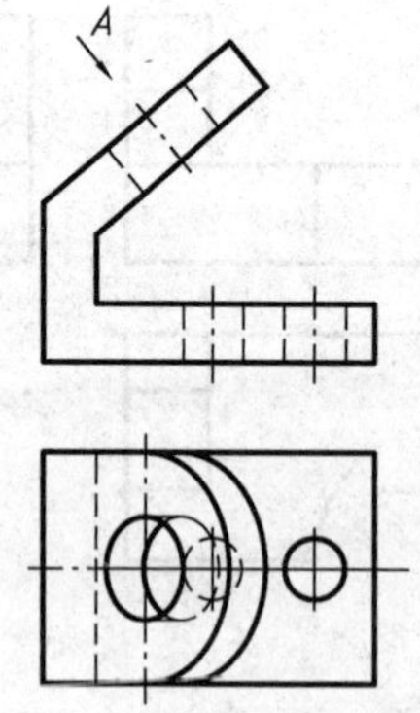

图 7－14　打开“7.7－1. dwg”

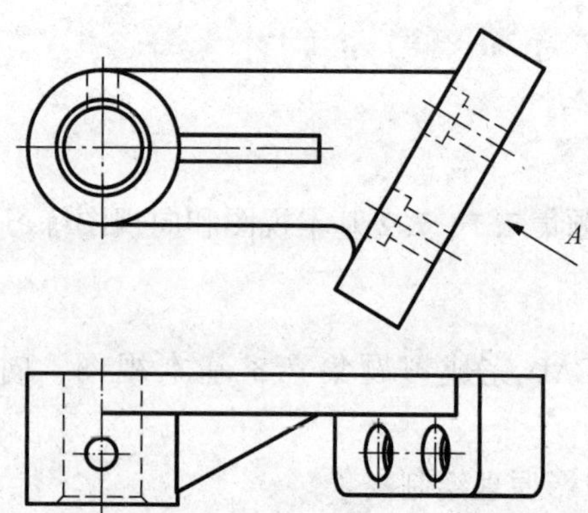

图 7－15　打开“7.7－2. dwg”

课题 2　剖视图

视图主要用来表达机件的外部结构形状，而机件内部的结构形状在视图中是用虚线表示

的。当机件的内部结构复杂时，视图中就会出现较多的虚线，甚至有些虚线与外形轮廓重叠在一起，既影响图形的清晰度，又不利于看图和标注尺寸。为了清晰地表达机件的内部结构，常采用剖视图的画法。国家标准 GB/T 17452—1998 和 GB/T 4458.6—2002 规定了剖视图的画法。

一、剖视图的概念、画法和标注

1. 剖视图的概念

用视图表达机件形状时，机件上不可见的内部结构要用虚线表示，如图 7－16 所示的主视图。如果机件的内部结构比较复杂，图上会出现较多的虚线，既不便于画图和读图，也不便于标注尺寸。

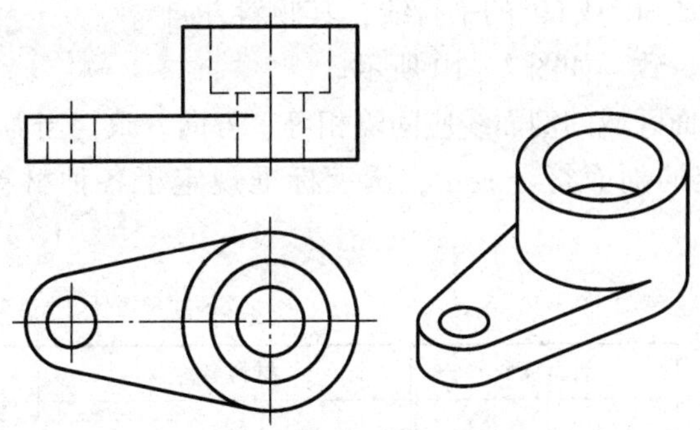

图 7－16　机件的两视图

假想用剖切面剖开机件，将处在观察者与剖切面之间的部分移去，将剩下部分向投影面投射所得的图形称为剖视图，简称剖视，如图 7－17 所示。

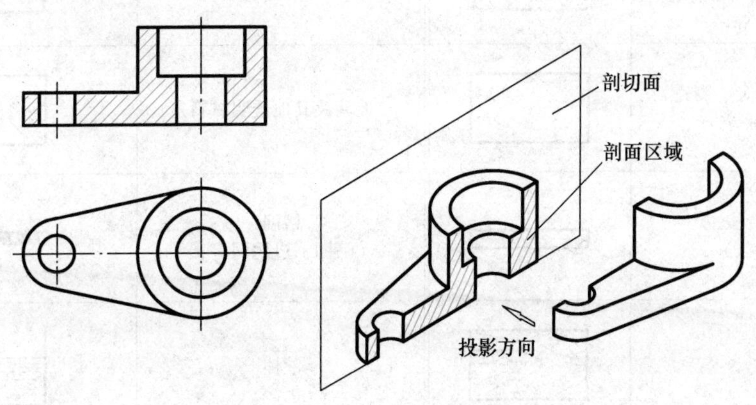

图 7－17　主视图用剖视图

2. 剖面符号

机件被假想剖开后，剖切面与机件的接触部分称为剖面区域。为了便于识图和区分机件的材料类别，剖切区域应画出剖面符号。当不需要在剖面区域中表示材料的类别时，可绘制通用剖面线，通用剖面线为间隔相等的平行细实线，其角度最好与图形主要轮廓线或剖面区域的对称线成45°，如图7－18所示。

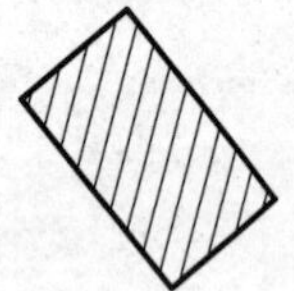
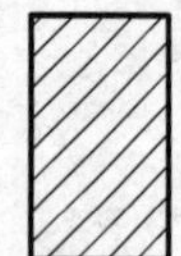

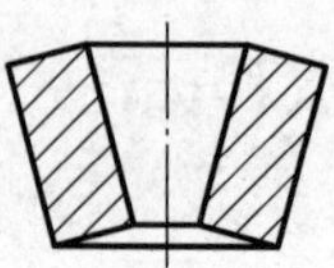

图7－18　剖面线的方向

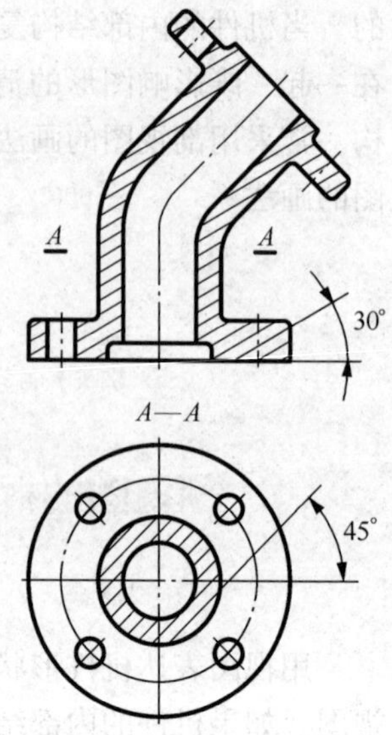

图7－19　30°（或60°）的剖面线

当图形中的主要轮廓线与水平线成45°时，该图形的剖面线应画成与水平线成30°或60°的平行线，其倾斜方向应与其他图形的剖面线一致，如图7－19所示。

同一机件的各个剖面区域的剖面线应间隔相等、方向一致。当需要在剖面区域中表示材料类别时，应采用特定的剖面符号表示，国家标准规定了各种材料类别的剖面符号，如表7－2所示。

表7－2　剖面符号（摘自GB/T 4457.5—1984）

材料名称	剖面符号	材料名称	剖面符号
金属材料（已有规定剖面符号者除外）		线圈绕组元件	
非金属材料（已有规定剖面符号者除外）		转子、变压器等的叠钢片	
型砂、粉末冶金、陶瓷硬质合金等		玻璃及其他透明材料	
木质胶合板（不分层数）		格网（筛网、过滤网等）	
木材		液体	

3. 剖视图的配置与标注

剖视图一般按投影关系配置在基本视图的位置上，必要时，也可根据图面布局将剖视图配置在其他适当的位置。

为了便于读图，剖视图一般应标注，标注的内容由以下三部分组成：

(1) 用剖切线（细点画线）表示剖切面的位置。

(2) 用剖切符号指示剖切面起讫和转折位置（粗实线）及投影方向（箭头）。

(3) 用字母表示剖视图的名称。在剖视图的上方用大写字母“×—×”标出剖视图的名称，在剖切符号的附近注上相同的字母，如图 7－20 所示。

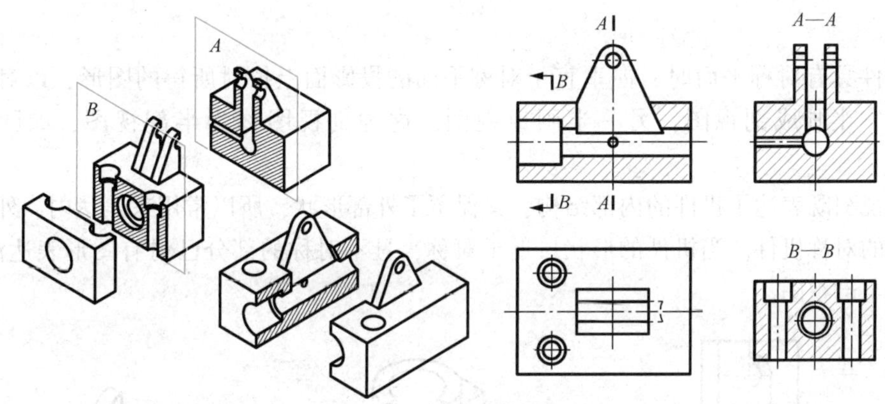

图 7－20 剖视图的配置与标注

下列情况的剖视图可省略标注：

(1) 当单一剖切面通过机件的对称面或基本对称面，且剖视图按投影关系配置，中间没有其他图形隔开时，可不标注，如图 7－20 所示的主视图。

(2) 当剖视图按基本视图或投影关系配置时，可省略箭头，如图 7－20 所示的 *A—A* 剖视。

4. 画剖视图时的注意事项

(1) 由于剖切是假想的，并不是真的把机件切掉一部分，所以将一个视图画成剖视图后，其他视图仍应按完整的机件画出，如图 7－21 所示，虽然主视图作了剖视，但俯视图仍应完整画出，不能只画一半。

(2) 在剖切面后面的可见部分应全部画出，而不可见轮廓线一般不画，只有对尚未表达清楚的结构，采用虚线表示，如图 7－21 所示。

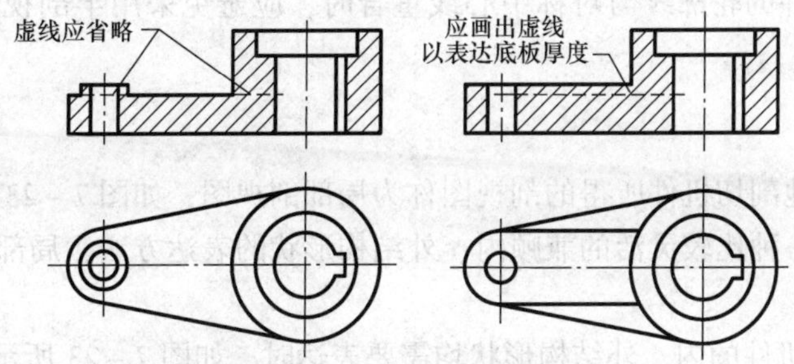

图 7－21 剖视图的画法

二、剖视图的种类

为了兼顾机件的内、外结构形状表达，按剖视图的剖切范围，剖视图可分为全剖视图、半剖视图和局部剖视图三种。

1. 全剖视图

用剖切面将机件完全剖开所得的剖视图称为全剖视图，如图 7－21 所示主视图。

由于全剖视图将机件完全剖开，机件外形的表达受到影响，因此全剖视图适用于表达外形比较简单，而内部结构较为复杂的不对称机件。

2. 半剖视图

当机件具有对称平面时，向垂直于对称平面的投影面上投射所得的图形，以对称中心线为界，一半画成剖视图，另一半画成视图，这种剖视图称为半剖视图，如图 7－22 所示。

半剖视图既表达了机件的内部结构，又保留了外部形状，所以常用来表达内、外形状都比较复杂的对称机件。当机件的形状接近于对称，且不对称的部分已另有图形表达清楚时，也可画成半剖视图。

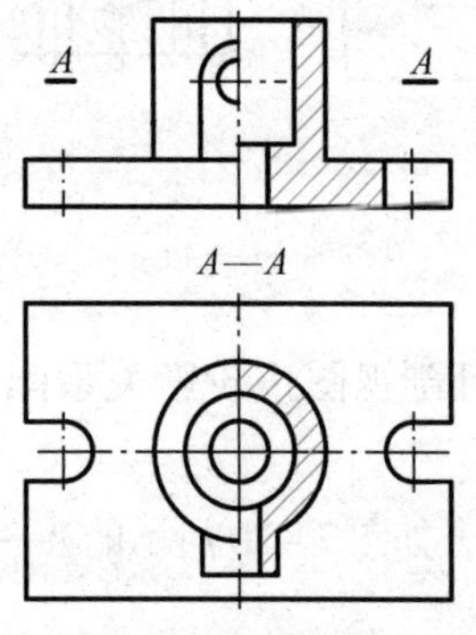

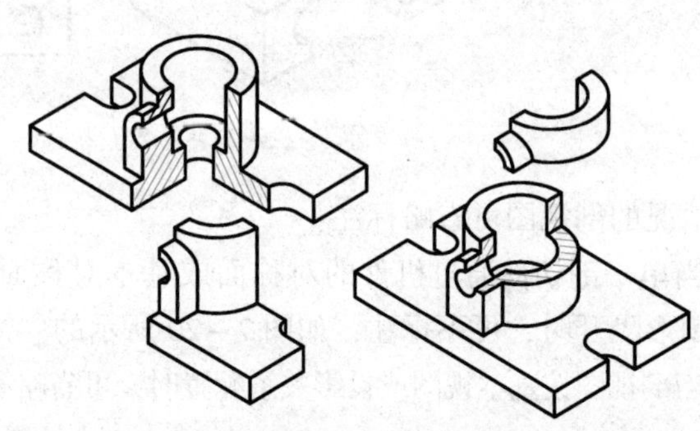

图 7－22　半剖视图

画半剖视图时要注意：

（1）半个视图和半个剖视图的分界线是细点画线，不是粗实线。

（2）因为图形对称，内部结构已在半个剖视图中表达清楚，因此在半个视图中一般不再画出虚线。

（3）当对称机件的轮廓线与对称中心线重合时，应避免采用半剖视图，可采用局部剖视图。

3. 局部剖视图

用剖切面局部地剖切机件所得的剖视图称为局部剖视图，如图 7－23 所示。

局部剖视图是一种比较灵活的兼顾内、外结构形状的表达方法，局部剖视图通常用于下列情况：

（1）当不对称机件的内、外结构形状均需要表达时，如图 7－23 所示主视图。

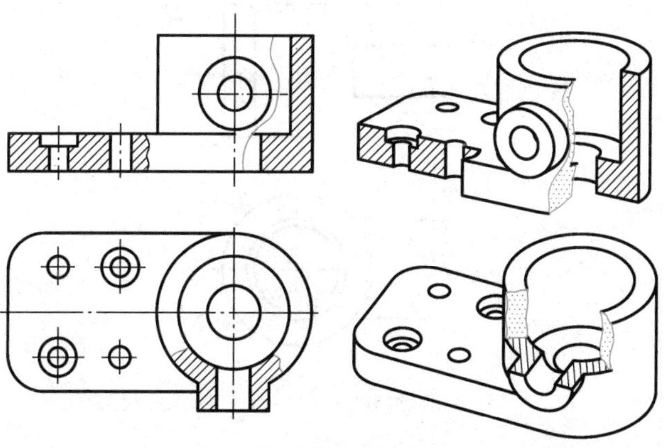

图 7－23　局部剖视图

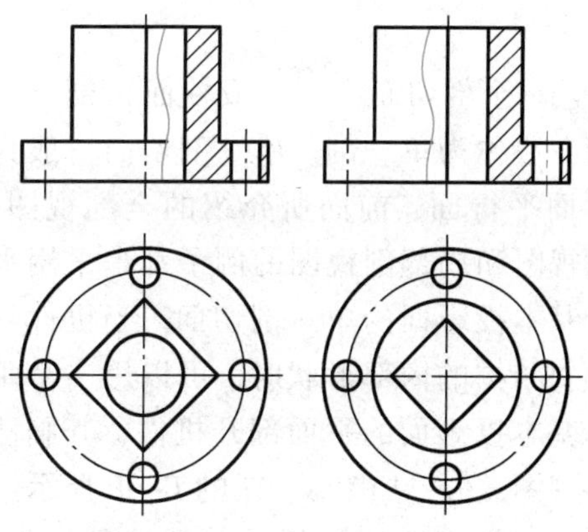

图 7－24　局部剖视的应用

（2）当机件上只有局部内形需要表达，而又不宜采用全剖视图时，如图 7－23 所示俯视图。

（3）当对称机件的轮廓线与对称中心线重合，不宜采用半剖视图时，如图 7－24 所示。

画局部剖视图时应注意以下几点：

（1）局部剖视图要用波浪线（或双折线）与视图分界，波浪线可以看作是机件断裂面的投影，因此，波浪线不能超出视图的轮廓线，不能穿过中空处，也不允许与图样上其他图线重合或处于其延长线上，如图 7－25 所示。

（2）当被剖切的局部结构为回转孔时，允许将该回转孔的中心线作为局部剖视图与视图的分界线，如图 7－26 所示。

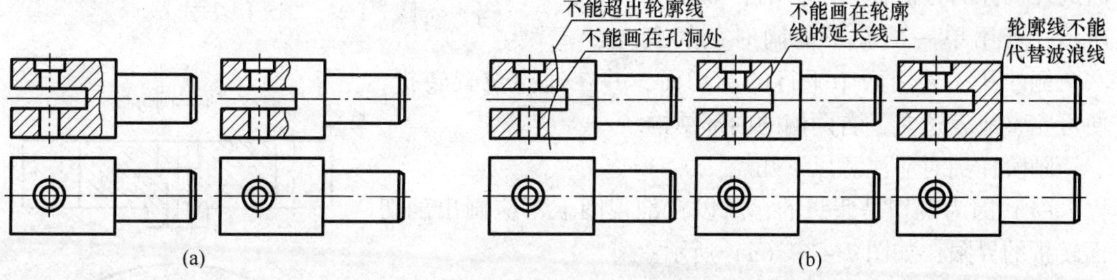

图 7－25　局部剖视的画法

（a）正确；（b）错误

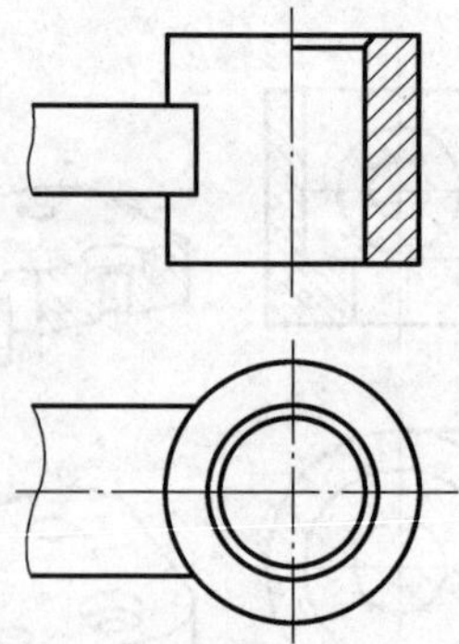

图7－26　以回转孔的中心线作为视图分界线

三、剖切面和剖切方法

1. 单一剖切面

用一个剖切面（平面或柱面）剖开机件的方法称为单一剖。单一剖切面一般为投影面平行面，前面所介绍的全剖视图、半剖视图和局部剖视图的例子都是采用平行于基本投影面的单一剖切面。当机件具有倾斜结构的内部形状时，可以用一个垂直于基本投影面的平面剖开机件，其画法与斜视图类似，如图7－27的*B—B*所示。

单一剖切面还包括单一圆柱剖切面，如图7－28所示。采用柱面剖时，机件的剖视图应按展开方式绘制。

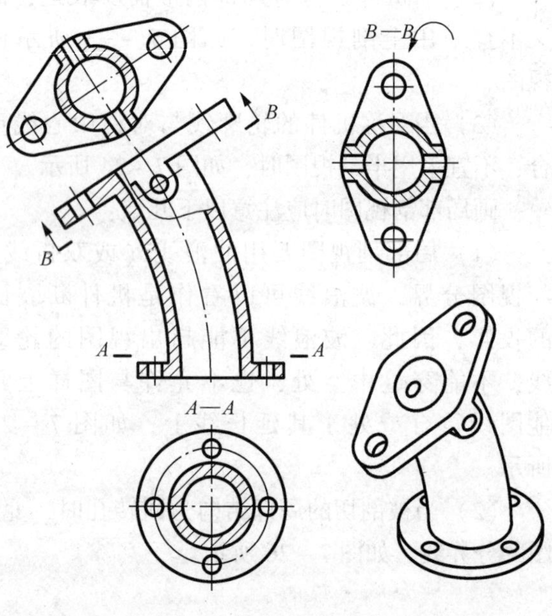

图7－27　单一剖切面

2. 几个平行的剖切面

用几个平行于某一基本投影面的剖切面剖开机件的方法称为阶梯剖。如图7－29所示，若用单一剖就不能同时剖切到左、右两侧的孔，若用两个平行的剖切面，并在适当位置转折，便可完整地表达左、右两侧的内部结构。

画阶梯剖时应注意以下几点：

（1）因为剖切是假想的，所以在剖视图上不应画出剖切面转折的界限，如图7－30（a）所示。

（2）剖切面的转折处应相交成直角。转折处不能与轮廓线重合，如图7－30（b）所示。

（3）在剖视图中不应出现不完整要素，只有当两个要素在图形上具有公共对称中心线时，方可各画一半，如图7－30（c）所示。

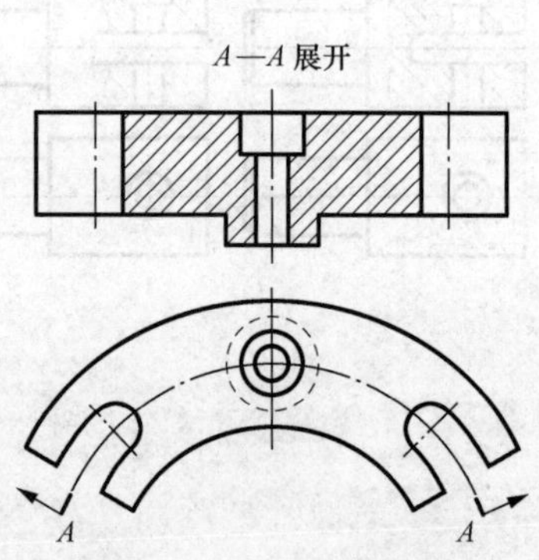

图7－28　单一圆柱剖切面

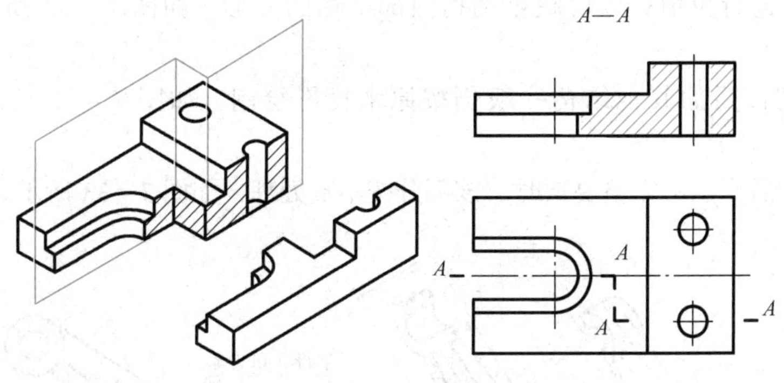

图7-29　阶梯剖

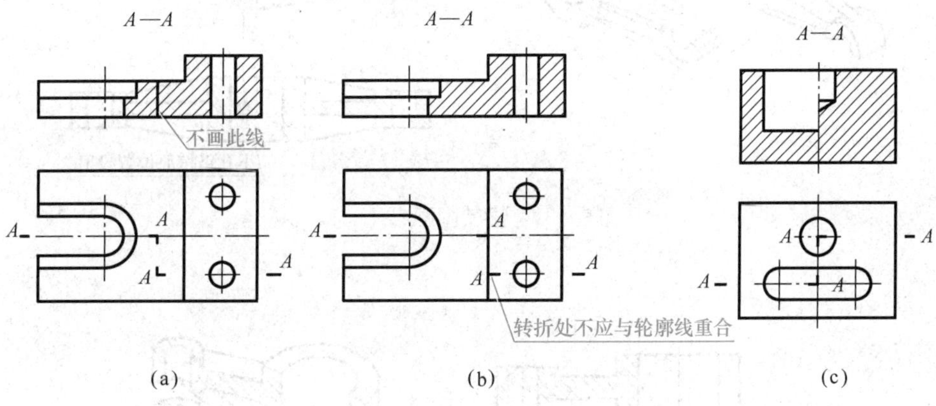

图7-30　阶梯剖画法

3. 几个相交的剖切面

用两个（或两个以上）相交的剖切面剖开机件的方法称为旋转剖。旋转剖通常用于内部结构不在同一平面上且具有旋转趋势的机件上，如图7-31所示。

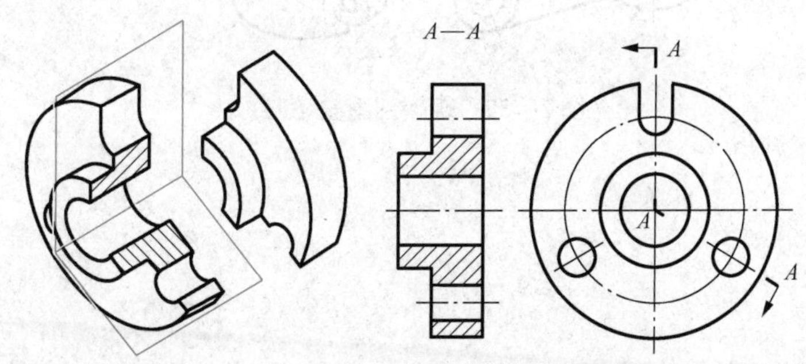

图7-31　旋转剖

画旋转剖时应注意以下几点：

(1) 几个相交的剖切面的交线必须垂直于某一投影面并与机件上主要孔轴线重合。

(2) 相交的剖切面中对不平行于基本投影面的那个剖切面，应先假想旋转到与选定的

投影面平行后再进行投射，以反映被剖切内部结构的实形，如图 7 - 32 所示的双点画线轮廓。

（3）在剖切面后的其他结构一般仍按原来投影绘制，如图 7 - 32 所示的小孔的俯视图。

（4）当剖切后产生不完整要素时，该部分按不剖处理，如图 7 - 33 所示。

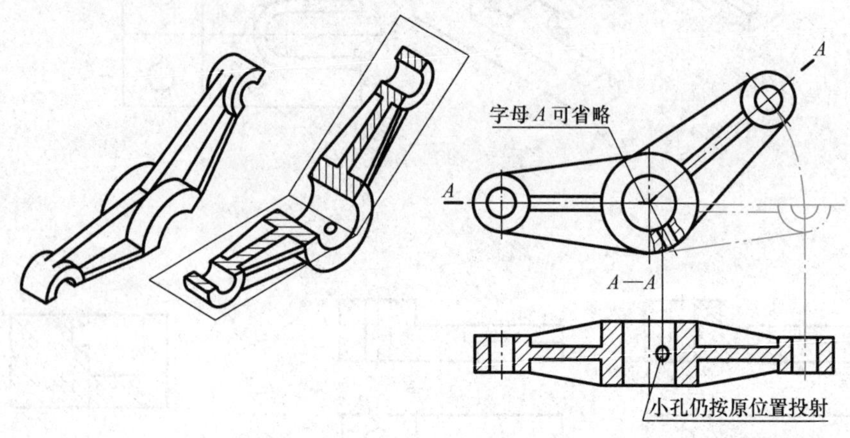

图 7 - 32　旋转剖画法（一）

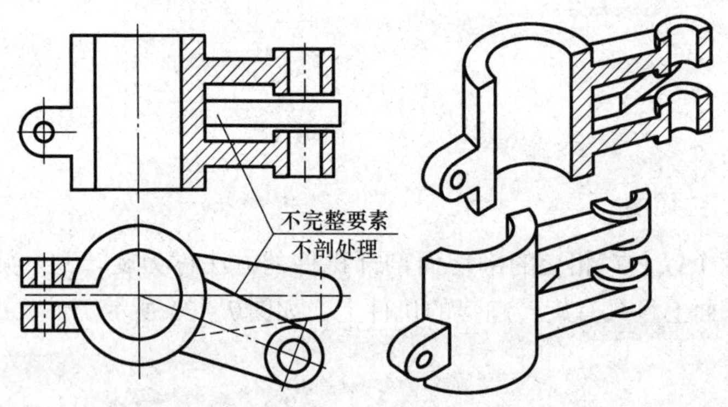

图 7 - 33　旋转剖画法（二）

一、三种剖视图画法

1. 手工练习

完成习题集 7. 8 ~ 7. 14 全剖视、半剖视和局部剖视图练习。

2. CAD 制图

1）全剖视图

打开“7. 15 – 1. dwg”，如图 7 – 34 所示。在指定位置将主视图改画成全剖视图（可参考视频 7. 15 – 1. wmv）。

2）半剖视图

打开“7. 16 – 2. dwg”，如图 7 – 35 所示。创建机件的三维模型，并使用平面摄影命令把主视图改画成半剖视图，左视图画成全剖视图（可参考视频 7. 16 – 2. wmv）。

3）局部剖视图

打开“7. 17 – 1. dwg”，如图 7 – 36 所示。在指定位置将主视图改画成局部剖视图（可参考视频 7. 17 – 1. wmv）。

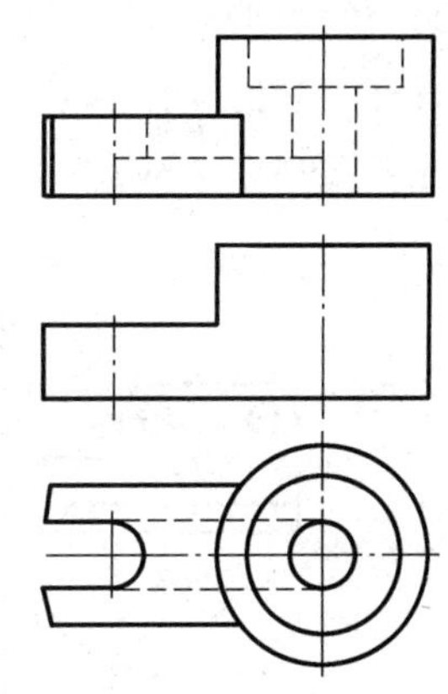

图 7 – 34　打开“7. 15 – 1. dwg”

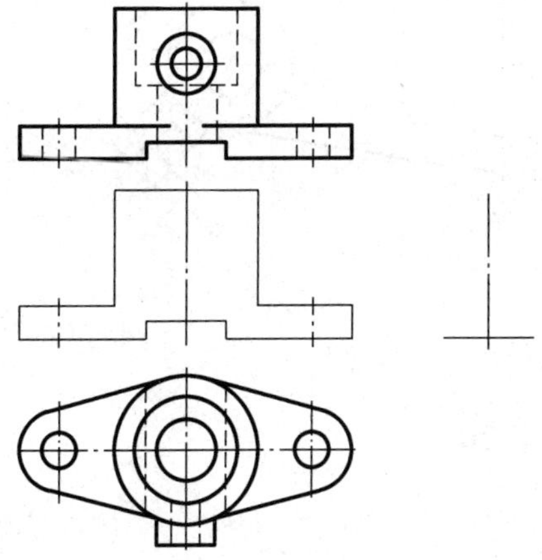

图 7 – 35　打开“7. 16 – 2. dwg”

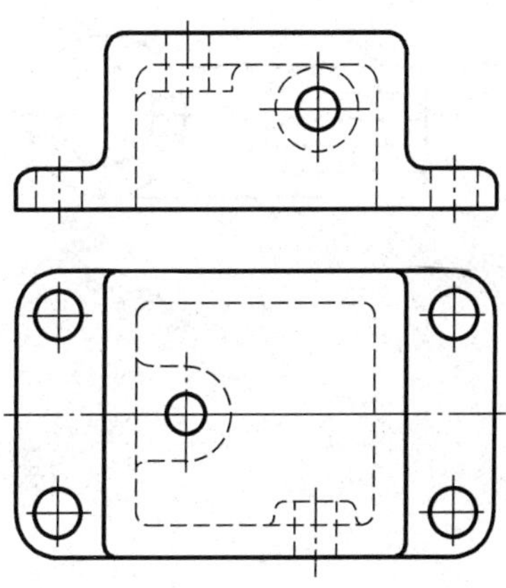

图 7 – 36　打开“7. 17 – 1. dwg”

二、三种剖切方法练习

1. 手工练习

完成习题集 7. 18 ~ 7. 20 斜剖视、阶梯剖视和旋转剖视练习。

2. CAD 制图

1）斜剖视

打开“7. 21 – 1. dwg”，如图 7 – 37 所示。创建机件的三维模型，并使用平面摄影命令作 *A – A* 斜剖视（可参考视频7. 21 – 1. wmv）。

2）阶梯剖视

打开“7. 22 – 1. dwg”，如图 7 – 38 所示。在指定位置将主视图改画成阶梯剖视（可参考视频 7. 22 – 1. wmv）。

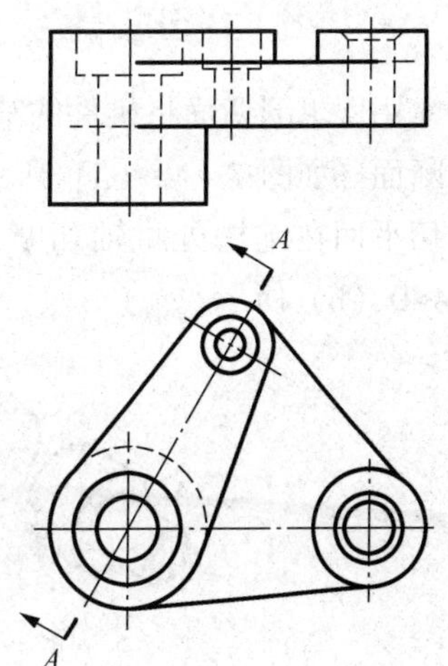

图 7 – 37　打开“7. 21 – 1. dwg”

3）旋转剖视

打开“7. 23 – 1. dwg”，如图 7 – 39 所示。在指定位置将主视图改画成旋转剖视（可参考视频 7. 23 – 1. wmv）。

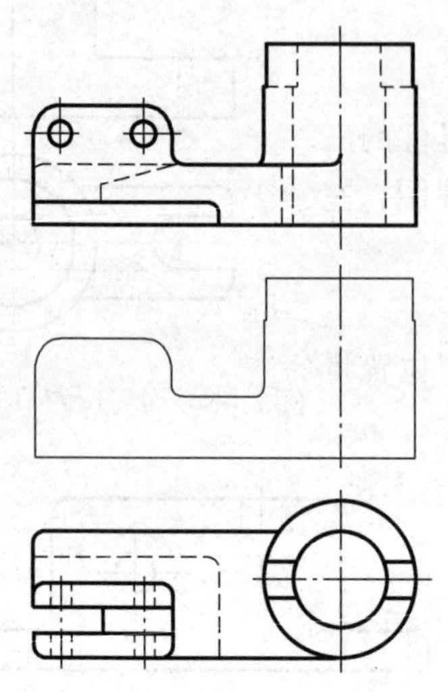

图 7 – 38　打开“7. 22 – 1. dwg”

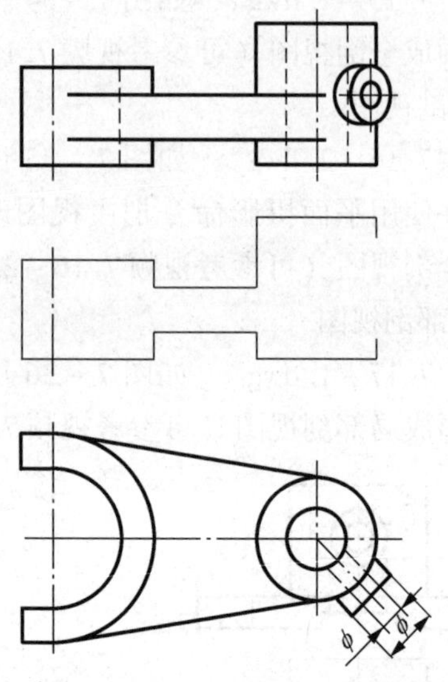

图 7 – 39　打开“7. 23 – 1. dwg”

课题 3　断面图

一、断面图的概念

用假想剖切面将机件的某处切断，仅画出剖切面与机件接触部分的图形称为断面图，简称断面。如图 7 – 40（a）所示的小轴，为了表达键槽上的深度，假想用一个垂直于轴线的剖切平面在键槽处将轴切断，只画出断面的图形，并画上剖面符号，即为断面图，如图 7 – 40（b）所示。

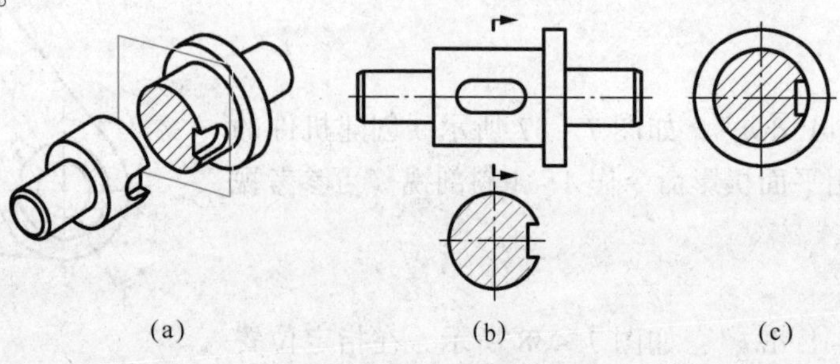

图 7 – 40　断面图

断面图与剖视图的区别是：断面图仅画出剖切面与机件接触部分的图形，而剖视图则是将断面连同它后面的结构投影一起画出，如图 7－40（c）所示。

按断面图的配置位置不同，断面图分为移出断面图和重合断面图两种。

二、移出断面图

1. 移出断面图的配置

（1）移出断面图通常配置在剖切符号或剖切线的延长线上，如图 7－41（a）、图 7－41（b）和图 7－44 所示。必要时也可配置在其他适当位置，如图 7－41 所示的 *A—A*、*B—B* 和 *C—C*。

（2）当断面图对称时，移出断面图可配置视图的中断处，如图 7－42 所示。

（3）在不致引起误解时，允许将图形旋转，如图 7－43 所示的 *A—A*。

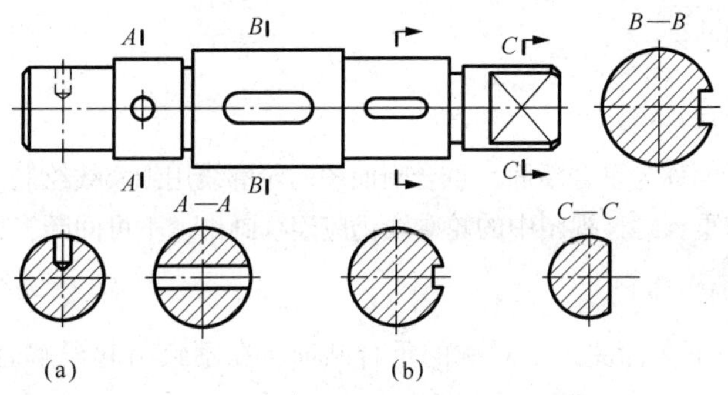

图 7－41　移出断面图（一）

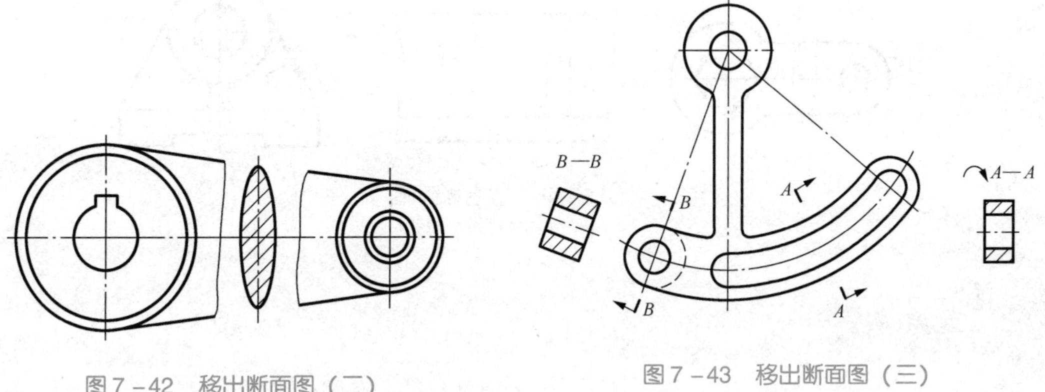

图 7－42　移出断面图（二）

图 7－43　移出断面图（三）

2. 移出断面图的画法

（1）移出断面图的轮廓线用粗实线绘制，并在断面上画上剖面符号。

（2）当剖切平面通过回转面形成的孔、凹坑的轴线时或当剖切平面通过非圆孔，会导致出现完全分离的两个断面时，则这些结构应按剖视图绘制。如图 7－41（a）所示的 *A—A* 及图 7－43 所示。

（3）剖切平面应与被剖切部分的主要轮廓线垂直。由两个或多个相交的剖切平面剖切所得到的移出断面图，中间应断开，如图 7－44 所示。

3. 移出断面图的标注

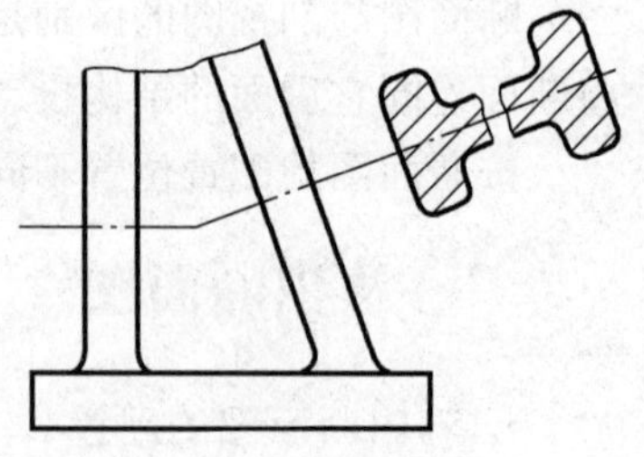
图7-44　移出断面图（四）

（1）移出断面图配置在剖切线或剖切符号延长线上时，若断面图对称，则只需绘制剖切线，其他要素全部省略，如图7-41（a）所示；若断面图不对称，则需标注剖切符号和箭头，如图7-41（b）所示。

（2）移出断面图按投影关系配置时，只需标注剖切符号和字母，如图7-41的*B—B*所示。

（3）移出断面图配置在其他位置时，若断面图对称，则只需标注剖切符号和字母，如图7-41的*A—A*所示；若断面图不对称，则应标注剖切符号、箭头和字母，如图7-41的*C—C*所示。

三、重合断面图

1. 重合断面图的画法

画在视图内的断面称为重合断面，重合断面图的轮廓线用细实线绘制。当视图中的轮廓线与重合断面图的图形重合时，视图中的轮廓线仍应连续画出，不可间断，如图7-45所示。

2. 重合断面图的标注

对称的重合断面不必标注，不对称的重合断面，在不致引起误解时可省略标注，如图7-45所示。

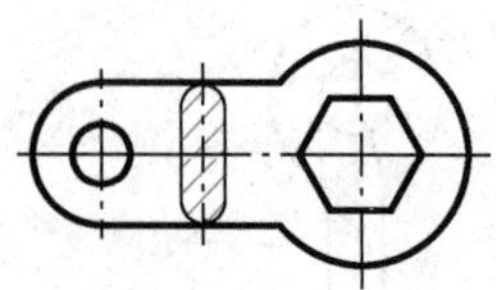
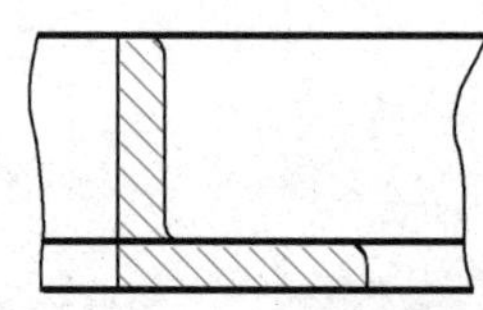
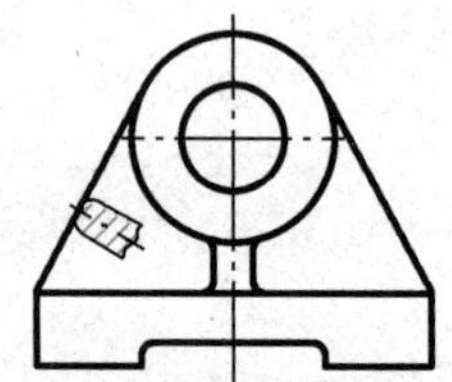

图7-45　重合断面图

一、移出断面的画法与标注

1. 手工练习

完成习题集7.24移出断面图练习。

2. CAD制图

打开“7.25-1.dwg”，如图7-46所示。画移出断面图并标注，键槽深度为3mm，右端小圆为通孔（可参考视频7.25-1.wmv）。

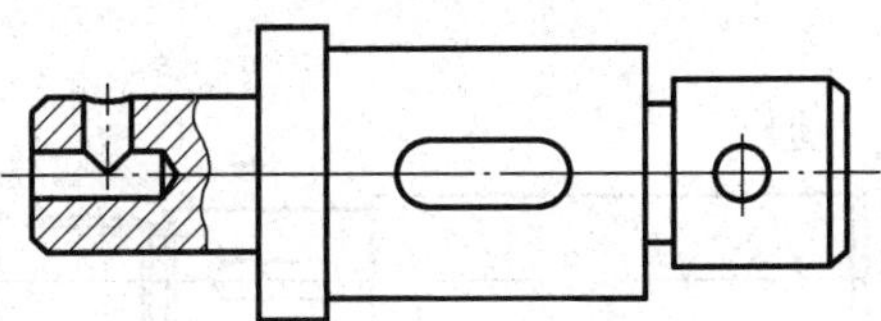

图7－46 打开“7. 25－1. dwg”

二、重合断面的画法

打开“7. 26－1. dwg”，如图7－47所示。在指定位置画重合断面（可参考视频7. 26－1. wmv）。

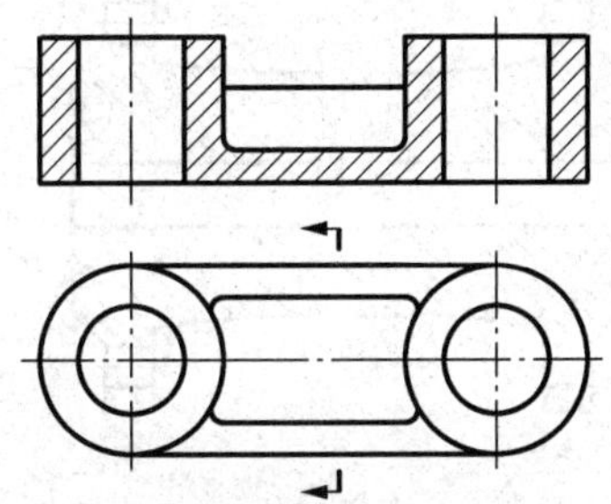

图7－47 打开“7. 26－1. dwg”

课题4 其他表达方法

一、局部放大图

当按一定比例画出机件的视图后，如果其中一些微小结构表达不够清晰，又不便标注尺寸时，可以用大于原图形所采用的比例单独画出这些结构，这种图形称为局部放大图，如图7－48所示。

局部放大图可画成视图、剖视图、断面图，与被放大部分的原表达方式无关，局部放大图应尽量配置在被放大部位的附近，一般要用细实线圆圈出放大的部位，当图中有几处放大部位时，要用罗马数字依次标明被放大的部位，并在局部放大图的上方标注出相应的罗马数字和所采用的比例。若只有一处放大部位时，则只需在放大图的上方注明所采用的比例即可。对于同一机件上不同部位，但图形相同或对称时，只需画出一个局部放大图，如图7－49所示。

局部放大图所采用的比例，仍为图样中机件要素的线性尺寸与机件相应要素的线性尺寸之比。

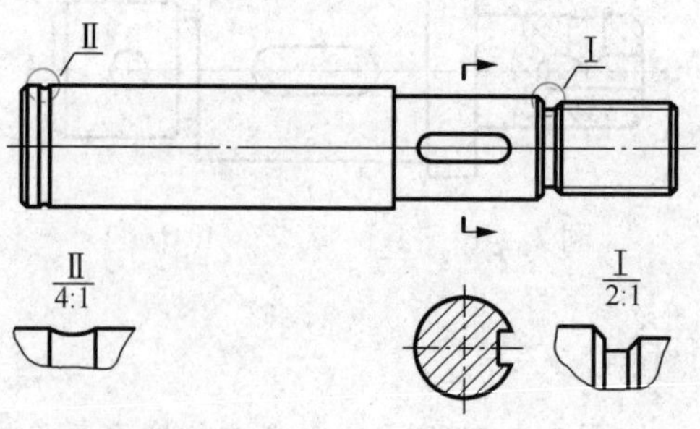

图7－48　局部放大图（一）

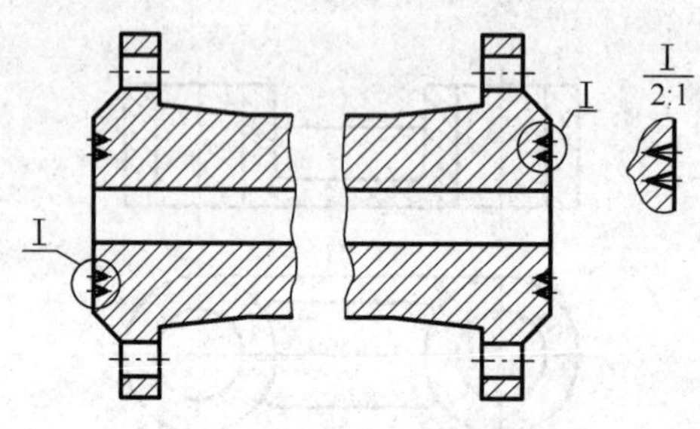

图7－49　局部放大图（二）

二、简化画法

为了方便制图，国家标准《技术制图》规定了一些简化画法，现介绍几种常用的简化表示法。

（1）对于机件上的肋板、轮辐及薄壁等，如按纵向剖切，这些结构都不画剖面符号，而用粗实线将它们与其邻接部分分开。而非纵向剖切时，仍应画出剖面符号，如图7－50所示。

（2）当零件回转体上均匀分布的肋板、轮辐、孔等结构不处于剖切平面上时，可将这些结构旋转到剖切平面上画出，如图7－51所示。

（3）在不致引起误解时，图形中用细实线绘制的过渡线〔图7－52（a）〕和用粗实线绘制的相贯线〔图7－52（b）〕，可以用圆弧代替非圆曲线，当两回转体的直径相差较大时，相贯线可以用直线代替曲线〔图7－52（c）〕，也可以用模糊画法表示相贯线〔图7－52（d）〕。

（4）机件中与投影面倾斜夹角≤30°的圆或圆弧的投影可用圆或圆弧画出，如图7－53所示。

（5）机件上较小的结构要素，如在一个视图中已表达清楚，则在其他视图中允许简化，如图7－54所示。

（6）当机件具有若干直径相同且成规律分布的孔（圆孔、螺孔、沉孔等），可以仅画出一个或几个，其余只需表示其中心位置，但在图中应注明孔的总数，如图7－55所示。

（7）较长机件（轴、杆、型材、连杆等）沿长度方向的形状一致或按一定规律变化时，可断开后缩短绘制，但要标注机件的实际尺寸，如图7－56所示。

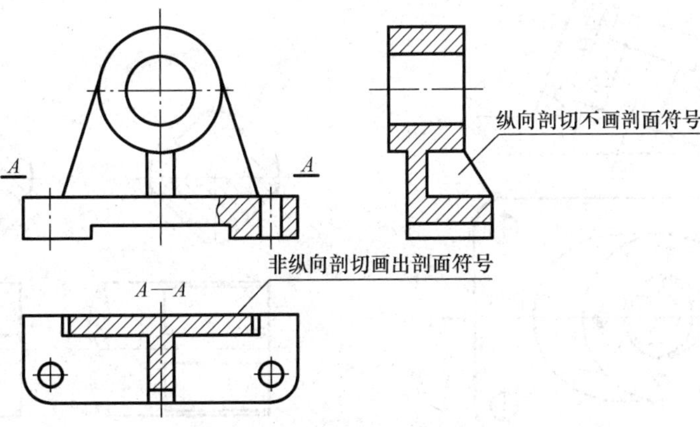

图7-50　肋板剖切简化画法

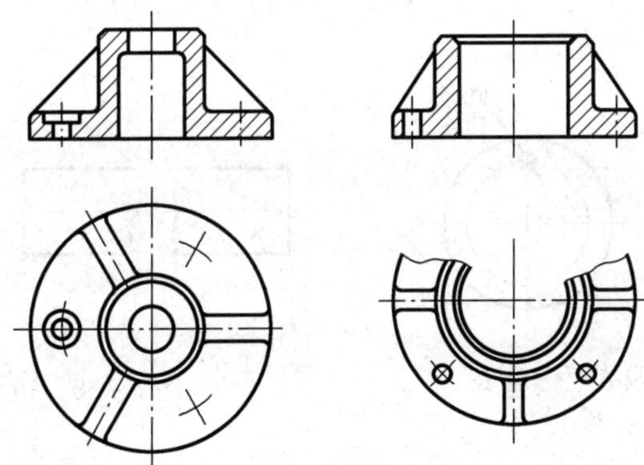

图7-51　机件上的肋板、孔等结构的简化画法

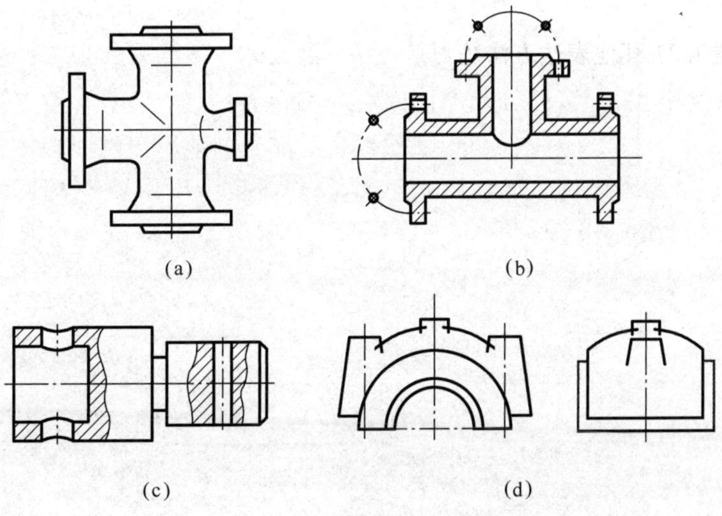

图7-52　过渡线和相贯线的简化画法

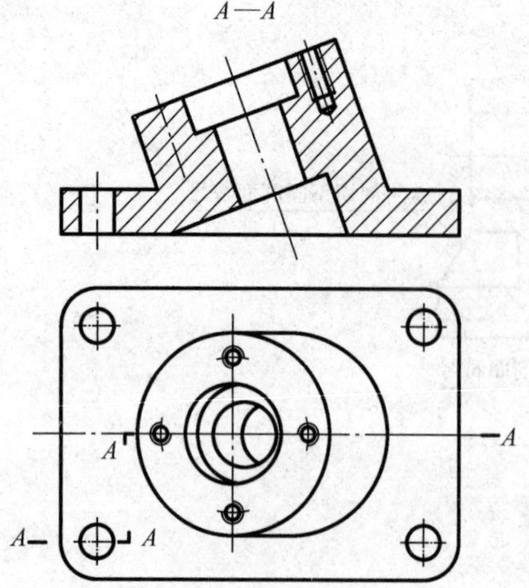

图 7 – 53　与投影面夹角≤30°的圆、圆弧的简化画法

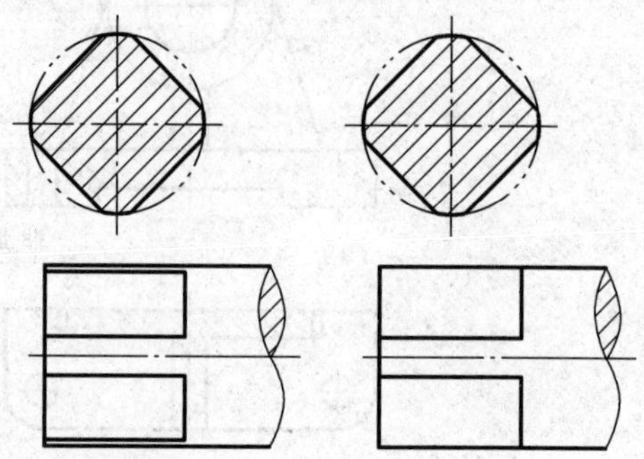

图 7 – 54　较小结构的简化表达

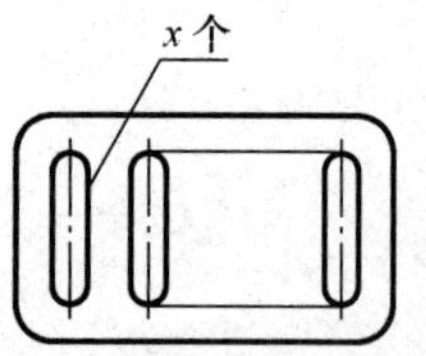

图 7 – 55　相同要素的简化画法

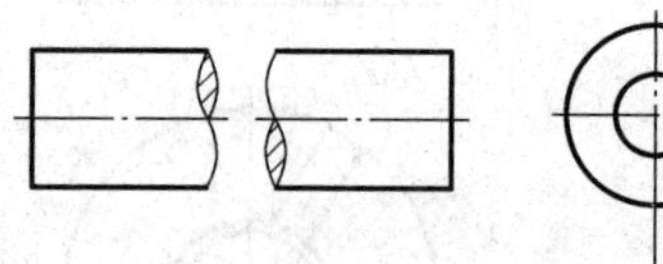

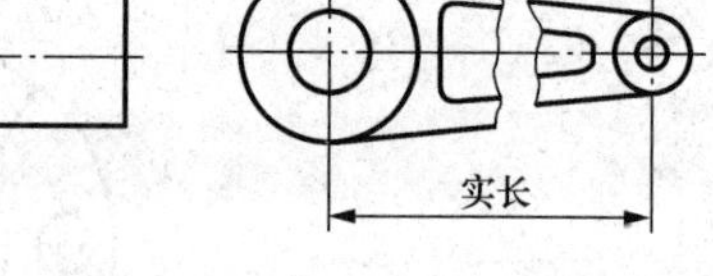

图 7 – 56　较长机件的简化画法

完成习题集 7.27 其他表达方法练习。

模块8　标准件与常用件

课题1　螺纹和螺纹紧固件

一、螺纹的形成与要素

1. 螺纹的形成

在圆柱或圆锥表面上，沿着螺旋线形成的具有相同断面形状的连续凸起和沟槽称为螺纹。在圆柱或圆锥外表面上形成的螺纹为外螺纹，在圆柱或圆锥内表面上形成的螺纹为内螺纹。在实际生产中，螺纹通常是在车床上加工的，如图8－1所示。用板牙或丝锥加工直径较小的螺纹，俗称套丝或攻丝，如图8－2所示。

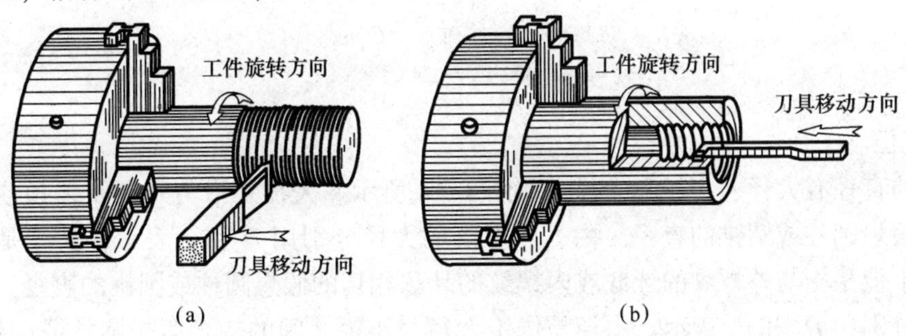

图8－1　车削螺纹

(a) 车外螺纹；(b) 车内螺纹

2. 螺纹要素

1）牙型

牙型是指在通过螺纹轴线剖切的断面上螺纹的轮廓形状。螺纹断面凸起部分顶端称为牙顶，沟槽的底部称为牙底。常见的螺纹牙型有三角形、梯形、锯齿形和矩形等，其中矩形螺

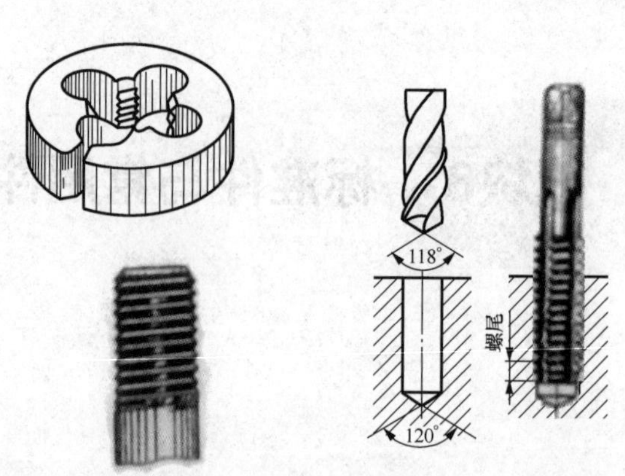

图 8－2 套丝和攻丝

纹尚未标准化，其余牙型的螺纹均为标准螺纹，如图 8－3 所示。普通螺纹（牙型角为 60°的三角形），用于连接零件〔图 8－3（a）〕；管螺纹（牙型角为 55°），常用于连接管道〔图 8－3（b）〕；梯形螺纹（牙型为等腰梯形），用于传递动力〔图 8－3（c）〕；锯齿形螺纹（牙型为不等腰梯形），用于单方向传递动力〔图 8－3（d）〕。

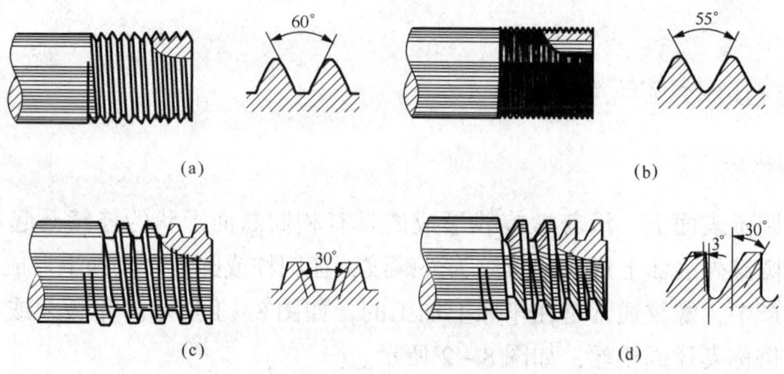

图 8－3 常用标准螺纹的牙型

（a）普通螺纹；（b）管螺纹；（c）梯形螺纹；（d）锯齿形螺纹

2）直径

螺纹的直径有大径、小径和中径，如图 8－4 所示。大径是指与外螺纹牙顶或内螺纹牙底相切的假想圆柱或圆锥的直径。内、外螺纹的大径分别用 D 和 d 表示，大径是螺纹的公称直径。小径是指与外螺纹的牙底或内螺纹的牙顶相切的假想圆柱或圆锥的直径。内、外螺纹的小径分别用 D_1 和 d_1 表示。中径是位于大径与小径之间的一个假想圆柱或圆锥的直径，该圆柱或圆锥通过牙型上沟槽和凸起宽度相等的部位，中径是用来控制螺纹精度的主要参数之一。

3）线数

形成螺纹时所沿螺旋线的条数称为螺纹的线数。螺纹有单线和多线之分，沿一条螺旋线形成的螺纹称为单线螺纹，沿两条或两条以上等距分布的螺旋线形成的螺纹称为多线螺纹，如图 8－5（b）所示。

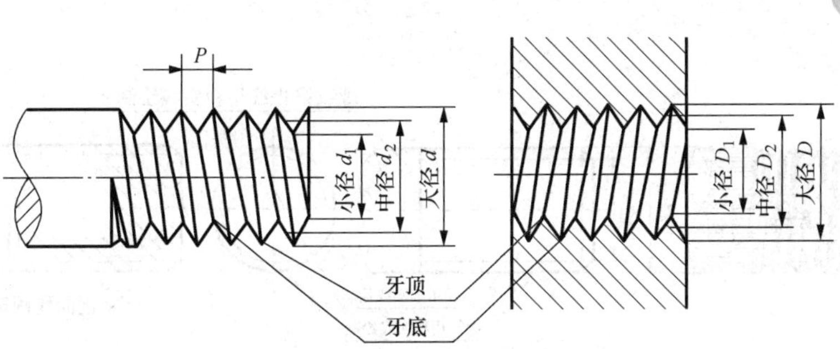

图8－4　螺纹的直径

(a) 外螺纹；(b) 内螺纹

4）螺距 P 和导程 S

螺距是指相邻两牙在中径线上对应两点间的轴向距离，导程是指在同一条螺旋线上的相邻两牙在中径线上对应两点间的轴向距离。应注意，螺距和导程是两个不同的概念，如图8－5（a）、如图8－5（b）所示。

螺距、导程、线数的关系是：螺距 P = 导程 S/线数 n。

对于单线螺纹：螺距 P = 导程 S。

5）旋向

螺纹分右旋和左旋两种。顺时针旋转时，旋入的螺纹为右旋螺纹；逆时针旋转时，旋入的螺纹为左旋螺纹，如图8－5（c）、图8－5（d）所示。

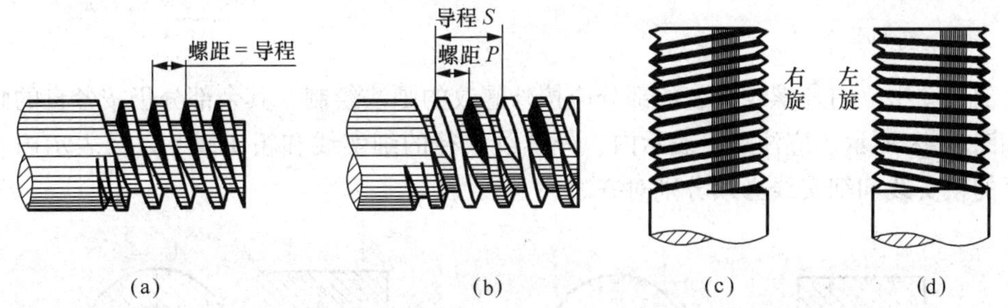

图8－5　螺纹的螺距、线数、导程、旋向

二、螺纹的规定画法

1. 外螺纹画法

在轴向视图中，大径和螺纹终止线用粗实线表示，小径用细实线表示，且画入倒角内。在端向视图中，小径用约3/4圈的细实线圆表示，倒角圆省略不画，如图8－6所示。在剖视图中则按图8－6右边图中的画法绘制。

2. 内螺纹画法

在轴向视图中，一般用剖视图表达，其大径用细实线表示，小径和终止线用粗实线表示，剖面线应画至粗实线。在端向视图中，大径用约3/4圈的细实线圆表示，倒角圆省略不画。当螺纹不可见时，大径、小径均用虚线表示，如图8－7所示。

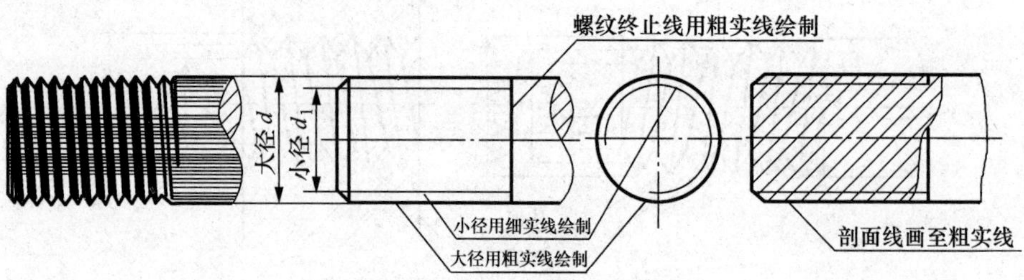

图8－6　外螺纹的画法

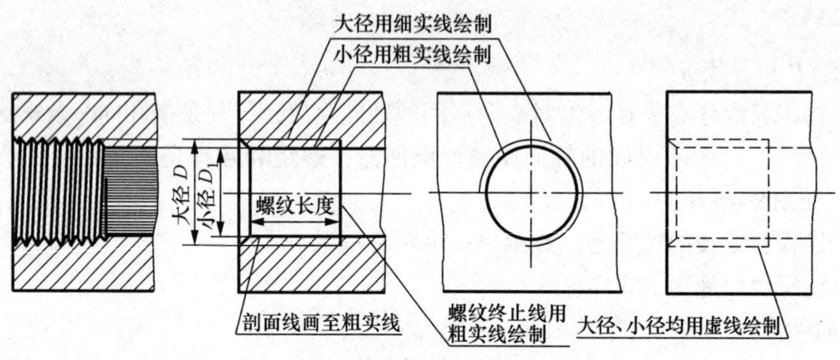

图8－7　内螺纹的画法

3. 螺纹连接画法

在剖视图中，内外螺纹旋合的部分应按外螺纹的画法绘制，其余部分仍按各自的画法表示，如图8－8所示。应注意，表示内、外螺纹大径的细实线和粗实线，以及表示内、外螺纹小径的粗实线和细实线必须分别对齐。

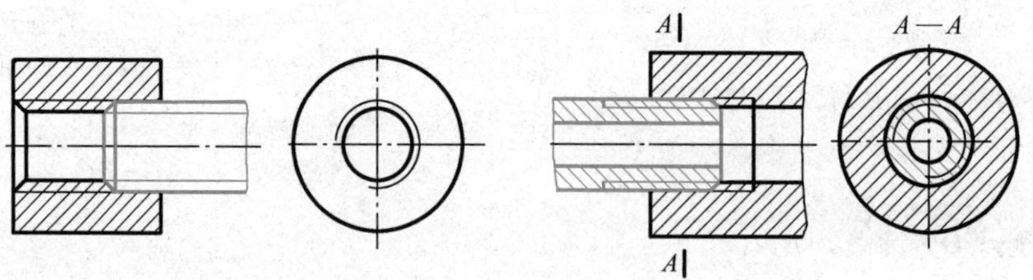

图8－8　螺纹连接画法

三、螺纹的种类和标注

1. 螺纹的种类

螺纹按用途不同，可分为两种：

1）连接螺纹

连接螺纹是指起连接作用的螺纹。常用的有四种标准螺纹，即粗牙普通螺纹、细牙普通螺纹、管螺纹和锥管螺纹。管螺纹又分为非螺纹密封的管螺纹和用螺纹密封的管

螺纹。

2）传动螺纹

传动螺纹是指用于传递动力和运动的螺纹。常用的有梯形螺纹和锯齿形螺纹。

2. 螺纹的标注

由于各种不同螺纹的画法都是相同的，无法表示出螺纹的种类和要素，因此绘制螺纹图样时，必须通过标注予以明确。

1）普通螺纹

普通螺纹代号包括牙型代号、螺纹的公称直径、螺距和旋向、螺纹公差和旋合长度等。

例如：M30×2LH—5g6g—S。

M——普通螺纹的牙型代号；

30——公称直径；

2——螺距（粗牙螺纹不标注螺距）；

LH——左旋（右旋不标注）；

5g6g——分别为中径公差带代号和顶径公差带代号（外螺纹用小写，内螺纹用大写，若中径公差带代号与顶径公差带代号相同，则只标注一个公差带代号）；

S——旋合长度代号（旋合长度分为三种，即短旋合长度（S）、中等旋合长度（N）和长旋合长度（L），中等旋合长度可省略不注）。

2）梯形螺纹和锯齿形螺纹

梯形螺纹和锯齿形螺纹的标注内容按下列形式标注：

牙型代号、公称直径、螺距或导程（螺距）、旋向、公差带代号、旋合长度代号。

例如：Tr50×12（P6）LH—7f—L

Tr——梯形螺纹牙型代号（锯齿形螺纹牙型代号为B）；

50——螺纹大径；

12（P6）——12为导程，6为螺距（即双线螺纹）；

LH——左旋（右旋不标注）；

7f——中径公差代号（梯形和锯齿形螺纹只标注中径公差）；

L——长旋合长度代号。

3）管螺纹

管螺纹分为非螺纹密封的管螺纹和用螺纹密封的管螺纹两种。

（1）非螺纹密封的管螺纹代号由螺纹特征代号、尺寸代号和公差等级代号三部分组成。螺纹特征代号用字母G表示；尺寸代号用阿拉伯数字表示，单位是英寸；螺纹公差等级代号，外螺纹分A、B两级，内螺纹则不加标记。

例如：G1/2A－LH。

1/2——公称直径（各种管螺纹的公称直径只是尺寸代号，其数值与管子的孔径相近，而不是管螺纹的大径。若确定管螺纹的大径、中径、小径的数值，需根据其尺寸代号从附表中查取）；

A——螺纹公差等级代号（外螺纹分A、B两级，内螺纹则不加标记）；

LH——左旋（右旋不标注）。

（2）用螺纹密封的管螺纹的标注由螺纹特征代号和尺寸代号两部分组成。螺纹的特征代号为：

Rc———圆锥内螺纹；

R———圆锥外螺纹；

Rp———圆柱内螺纹。

例如 R1 $\frac{1}{2}$，表示公称直径为 1 $\frac{1}{2}$右旋的圆锥外螺纹。

4）螺纹的标注

国家标准规定，公称直径以 mm 为单位的螺纹，其标记应直接标注在大径的尺寸线或其延长线上；管螺纹，其标记一律标注在引出线上，引出线应由大径处引出或由对称中心线处引出。

例 1：粗牙普通螺纹，公称直径为 20，右旋，中径、顶径公差带分别为 5g、6g，短旋合长度。其螺纹标注如图 8 -9（a）所示。

例 2：细牙普通螺纹，公称直径为 20，螺距 2，左旋，中径、小径公差带均为 6H，中等旋合长度，其螺纹标注如图 8 -9（b）所示。

例 3：非螺纹密封的管螺纹，尺寸代号为 1 $\frac{1}{2}$，公差为 A 级，右旋，其螺纹标注如图 8 -9（c）所示。

例 4：用螺纹密封的圆柱内螺纹，尺寸代号为 1 $\frac{1}{2}$，右旋，其螺纹标注如图 8 -9（d）所示。

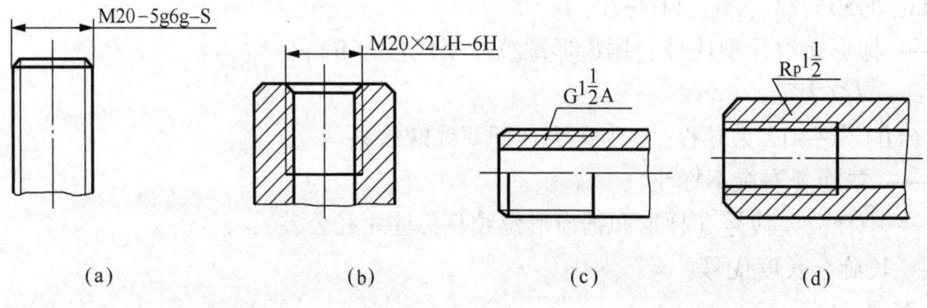

图 8 -9　螺纹的标注

四、螺纹连接件

1. 常用的几种螺纹连接件

常用的螺纹连接件如图 8 -10 所示。

表 8 -1 中列出了螺栓、双头螺柱和螺钉等常用的螺纹连接件。它们的形式、结构和尺寸已经标准化，并有规定的标记。

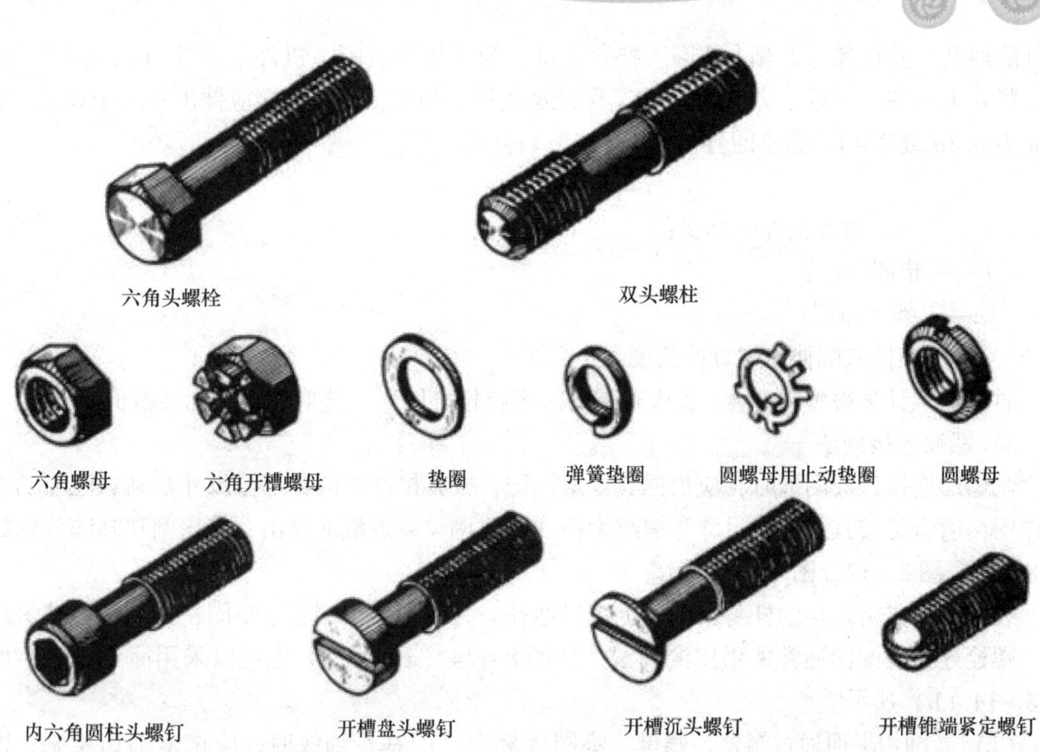

图 8－10　常用的螺纹连接件

表 8－1　常用的螺纹连接件

名称	图例	标记及说明
六角头螺栓—A 和 B 级 GB/T 5782—2000	M12; 60	螺栓 GB/T 5782—2000 M12 × 60 表示 A 级六角头螺栓，螺纹规格 d = M12，公称长度 l = 60mm
双头螺柱（b_m = 1.25d） GB/T 898—1988	M12; 10; 50	螺柱 GB/T 898—1988 M12 × 50 表示 B 型双头螺柱，两端均为粗牙普通螺纹，螺纹规格 d = M12，公称长度 l = 50mm
开槽沉头螺钉 GB/T 68—2000	60; M10	螺钉 GB/T 68—2000 M10 × 60 表示开槽沉头螺钉，螺纹规格 d = M10，公称长度 l = 60mm
开槽长圆柱端紧定螺钉 GB/T 75—2000	M5; 25	螺钉 GB/T 75—2000 M5 × 25 表示长圆柱端紧定螺钉，螺纹规格 d = M5，公称长度 l = 25mm

2. 螺栓连接

1）螺栓连接

螺栓连接适用于被连接件不太厚，且允许钻通孔的情况。连接时，螺栓的螺杆穿过被连

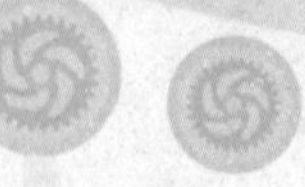

接件的通孔，并在螺杆上套上垫圈，拧紧螺母。为了便于装配，机件上通孔直径 d_h 应比螺纹大径 d 大一些，一般定为 $1.1d$。为了保证螺纹旋合强度，螺杆末端应伸出一定距离 a，通常 a 为 $0.3d$ 或 $0.4d$。螺栓的公称长度 l 按下列公式计算：

$$l=\delta_1+\delta_2+h+m+a$$

式中，δ_1、δ_2——被连接件的厚度；

h——垫圈厚度；

m——螺母高度；

a——螺杆末端伸出螺母的长度。

通过上式计算得到的 l 值，还应查阅附录螺栓标准图表，选取相近的标准数值。

2）螺栓连接画法

画螺栓连接件的图形时，应根据其规定标记，按其标准中的各部分尺寸绘制。但为了方便作图，通常可按其各部分尺寸与螺纹大径 d 的比例关系近似地画出，其比例和画法分别如图8-11、图8-12、图8-13所示。

装配时，先将螺栓的杆身自下而上穿过通孔，并在螺栓上端套上垫圈，再用螺母拧紧。

螺栓连接装配图通常采用比例画法，如图8-14（a）所示，也可以采用简化画法，如图8-14（b）所示。

（1）当剖切平面通过螺栓、螺母、垫圈等标准件的基本轴线时，应按未剖切绘制，即只画出其外形。

（2）两零件的接触面应只画一条线，而不得画成两条线或特意加粗。凡不接触的表面，不论间隙多小，都必须画两条线，如螺栓杆与零件孔之间就应画两条线，以示出间隙。

（3）在剖视图中，两邻接零件的剖面线方向应相反。但同一零件在各个剖视图中，其剖面线的方向和间距都应相同。

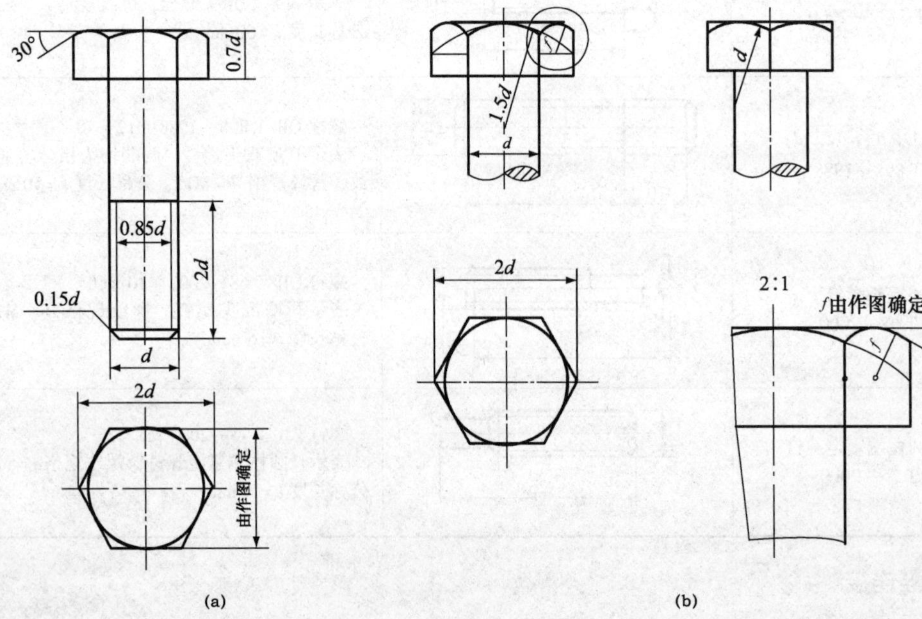

图8-11　六角头螺栓的比例画法

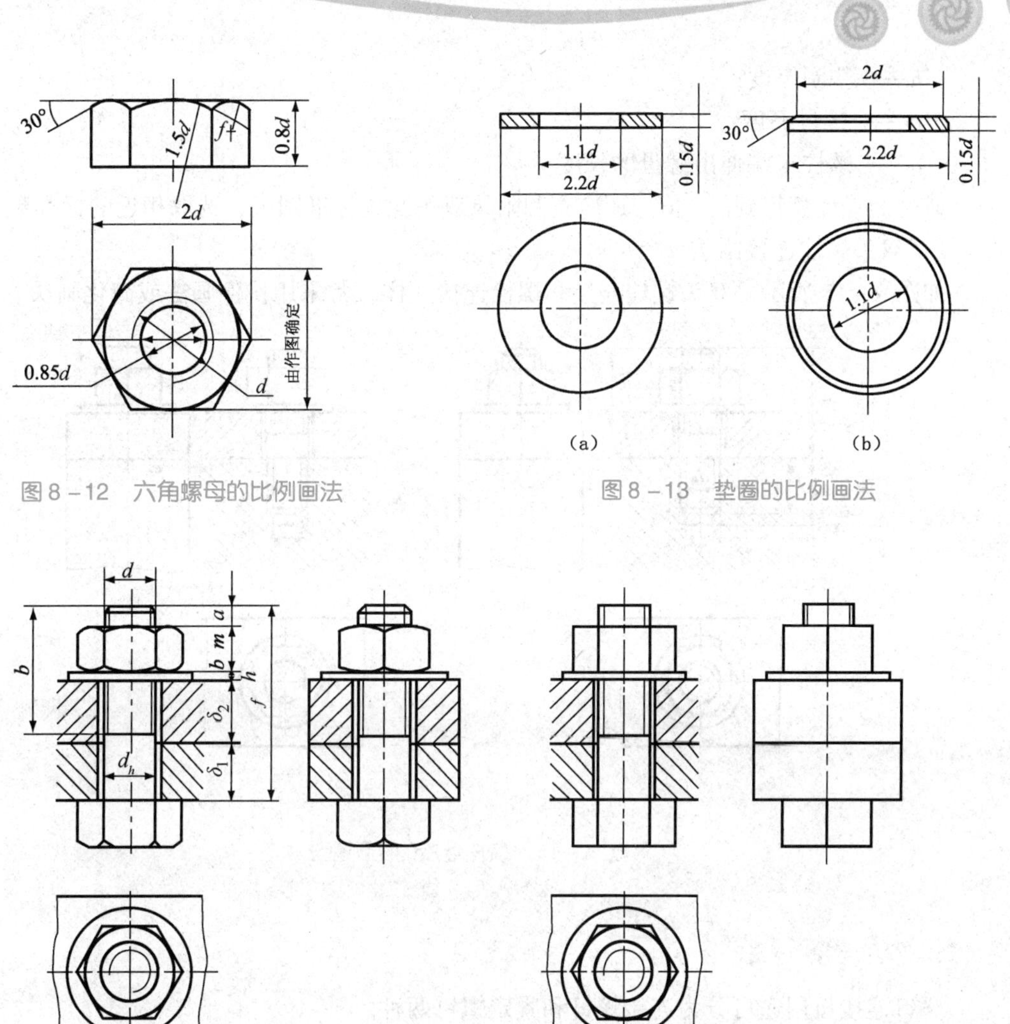

图8－12　六角螺母的比例画法

图8－13　垫圈的比例画法

图8－14　螺栓连接的画法

（a）比例画法；（b）简化画法

3. 双头螺柱连接

1）双头螺柱连接

双头螺柱连接适用于被连接件之一太厚不宜钻通孔，或被连接件之一虽然不厚但不准钻通孔的情况，如图8－15所示。通常在这个被连接件上加工出螺孔，而在其余被连接件上加工出通孔。连接时，将双头螺柱的拧入端拧入被连接件的螺孔里，在螺柱的拧螺母端套上垫圈，拧紧螺母。拧入端的长度 b_m 与被连接件的材料有关：材料为钢、青铜，$b_m=d$；材料为铸铁，$b_m=1.25d$ 或 $1.5d$；材料为铝合金，$b_m=2d$。采用比例画法画图时，取 d_h 为 $1.1d$，不通螺孔的钻孔深度为 b_m+d，螺纹部分的深度为 $b_m+0.5d$。双头螺柱的公称长度 l 按下列公式计算：

$$l=\delta_1+h+m+a$$

式中，δ_1——开有通孔的被连接件的厚度；

h——垫圈厚度；

m——螺母高度；

a——螺柱末端伸出螺母的长度。

通过上式计算得到的 l 值，还应查阅附录双头螺柱标准图表，选取相近的标准数值。

2）双头螺柱连接画法

如图 8－15 所示，双头螺柱连接和螺栓连接一样，常采用比例画法或简化画法。

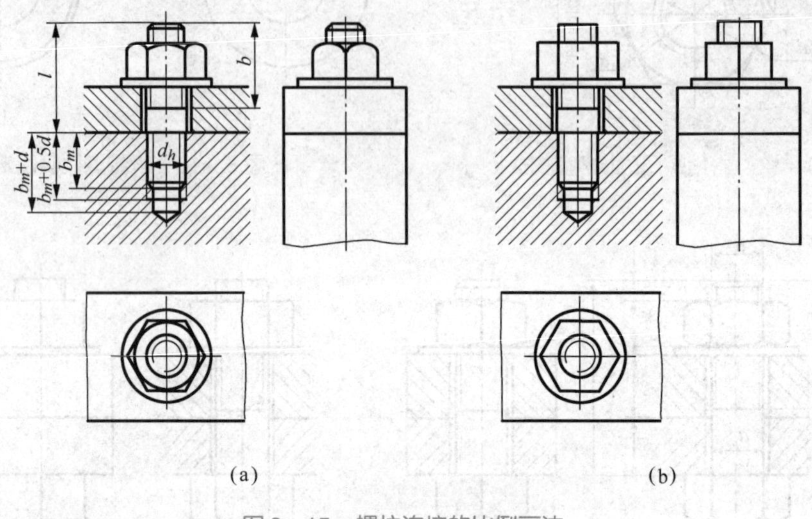

图 8－15　螺柱连接的比例画法

（a）比例画法；（b）简化画法

4. 螺钉连接

螺钉连接按用途可分为连接螺钉和紧定螺钉两种。

1）连接螺钉

受力不大而又不便采用螺栓连接时，可采用螺钉连接，如图 8－16 所示。螺钉连接时，螺钉穿过有通孔的被连接件的孔，并拧入另一被连接件的螺孔里。为了保证拧紧和便于调整，螺钉的螺纹长度 b 必须大于拧入长度 b_m。螺钉的拧入长度 b_m 与攻有螺孔的被连接件的材料有关：材料为钢、青铜，$b_m=d$；材料为铸铁，$b_m=1.25d$ 或 $1.5d$；材料为铝合金，$b_m=2d$。螺钉的公称长度 l 按下列公式计算：

$$l=b_m+\delta_1$$

式中，δ_1——有通孔的被连接件的厚度。

通过上式计算得到 l 值，并查阅附录螺钉标准图表，选取相近的标准数值。

图 8－16 所示的是几种常用的螺钉连接装配图画法。图中螺钉、被连接件上的通孔、螺孔都是按比例画法画出的。画图时应注意：螺钉的螺纹终止线应高出螺孔端面。不通螺孔可不画出钻孔深度，如图 8－16（a）所示。螺钉头部的一字槽，一般按图 8－16 所示绘制，在垂直于螺钉轴线的投影面上的视图中，一字槽应倾斜 45°画出，左右倾斜均可。当图中槽宽小于或等于 2mm 时，允许涂黑表示，如图 8－16（a）、图 8－16（b）所示。螺钉头部的十字槽可按图 8－16（c）所示绘制。

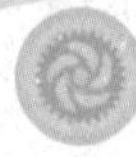

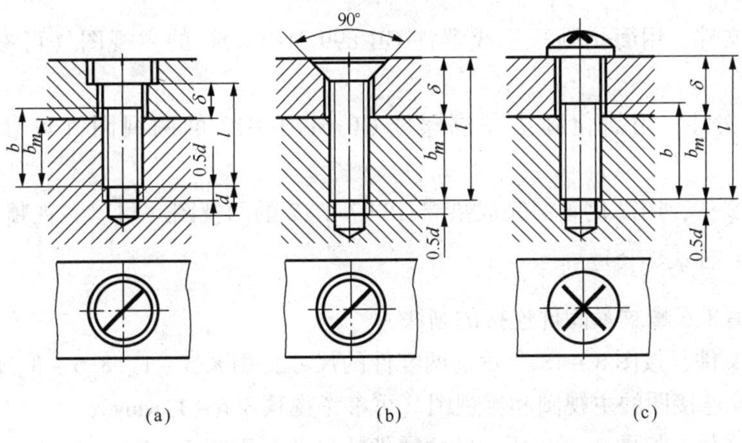

图 8－16　螺钉连接装配画法

（a）开槽圆柱头螺钉；（b）开槽沉头螺钉；（c）十字槽盘头螺钉

2）紧定螺钉

紧定螺钉用来固定两个零件的相对位置，使它们不发生相对运动。紧定螺钉的连接画法，如图 8－17 所示。

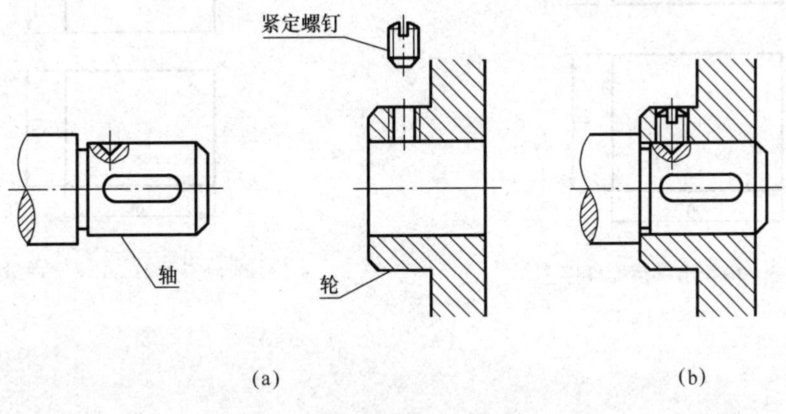

图 8－17　紧定螺钉的连接画法

一、手工练习

完成习题集 8.1～8.4 螺纹及螺纹紧固件练习。

二、CAD 制图

1. 螺纹紧固件的画法

完成习题集 8.5 螺纹紧固件的画法。

（1）新建文件，用简化画法完成螺栓 GB 5782 M12×80 的主视图（可参考视频 8.5－

1. wmv）。

（2）新建文件，用简化画法完成螺柱 GB 899 M12 × 50 的主视图（可参考视频 8.5 - 2. wmv）。

（3）新建文件，用简化画法完成螺母 GB 6170 M12 的两视图（可参考视频 8.5 - 3. wmv）。

（4）新建文件，用简化画法完成垫圈 GB 97.1 12 的两视图（可参考视频 8.5 - 4. wmv）。

2. 螺纹紧固件的连接画法

完成习题集 8.6 螺纹紧固件连接的画法

（1）新建文件，按图 8 - 18 所示的两零件的尺寸，用 8.5 - 1、8.5 - 3、8.5 - 4 螺纹紧固件，完成螺栓连接图的主视图和俯视图（可参考视频 8.6 - 1. wmv）。

（2）新建文件，按图 8 - 19 所示的两零件的尺寸，用 8.5 - 2、8.5 - 3、8.5 - 4 螺纹紧固件，完成螺柱连接图的主视图和俯视图（可参考视频 8.6 - 2. wmv）。

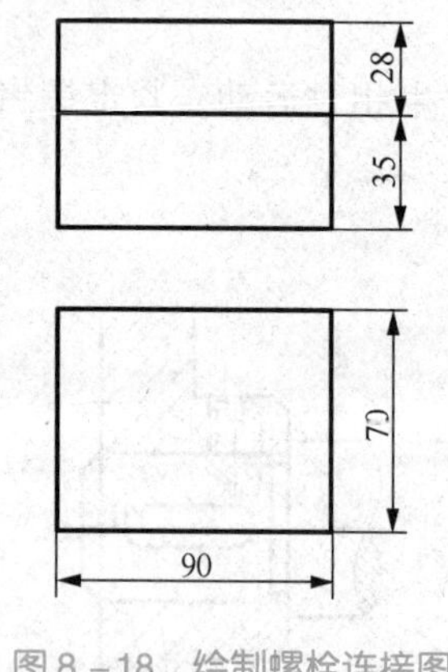

图 8 - 18 绘制螺栓连接图

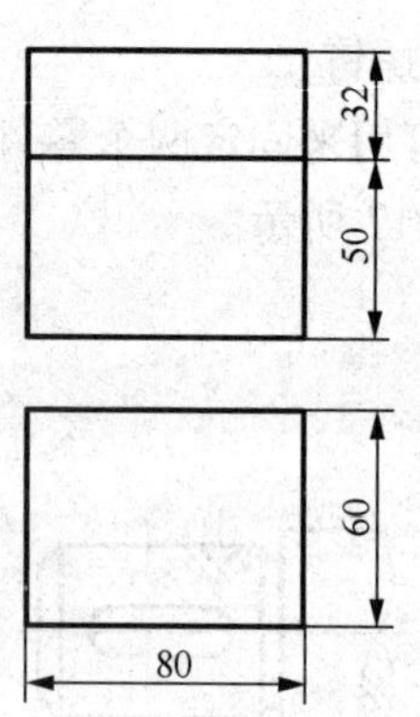

图 8 - 19 绘制螺柱连接图

课题 2 齿轮

齿轮可用于传递力矩、变速变向，是工业生产中广泛应用的一种传动零件。图 8 - 20 是齿轮传动中常见的三种类型。

圆柱齿轮：用于两平行轴之间的传动，如图 8 - 20（a）所示；

锥齿轮：用于两相交轴之间的传动，如图 8 - 20（b）所示；

蜗轮蜗杆：用于两垂直交叉轴之间的传动，如图 8 - 20（c）所示。

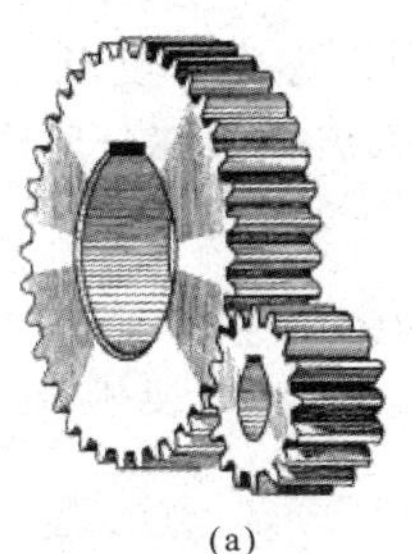
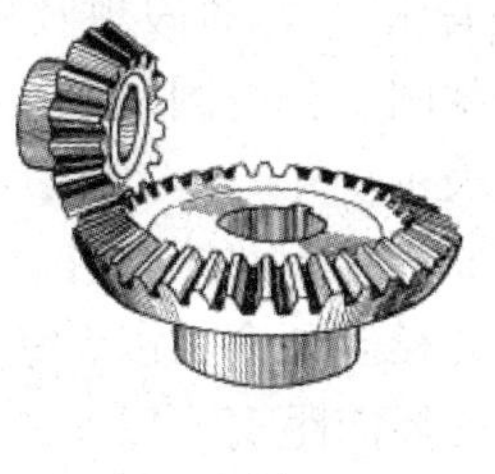
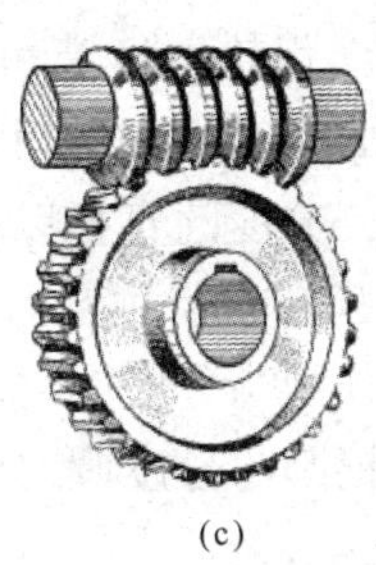

(a)　(b)　(c)

图8－20　齿轮传动的常见类型

(a) 圆柱齿轮；(b) 锥齿轮；(c) 蜗轮蜗杆

一、圆柱齿轮

圆柱齿轮应用最为广泛。圆柱齿轮的轮齿有直齿、斜齿和人字齿等，如图8－21所示。

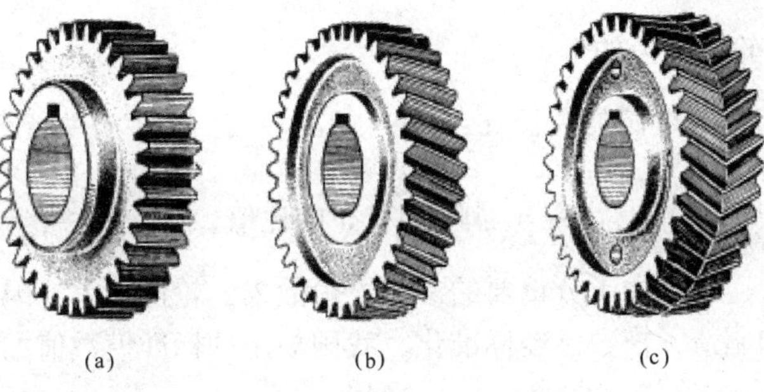

(a)　(b)　(c)

图8－21　圆柱齿轮

(a) 直齿；(b) 斜齿；(c) 人字齿

1. 直齿圆柱齿轮的各部分名称及代号（图8－22）

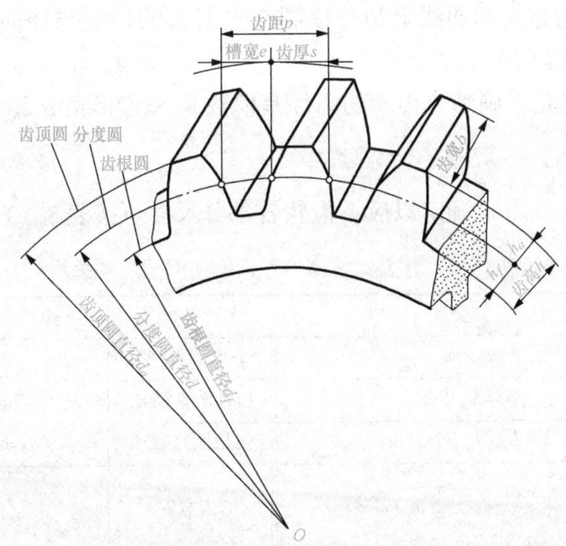

图8－22　直齿圆柱齿轮的各部分名称及代号

(1) 齿顶圆。通过轮齿顶面的圆，其直径以 d_a 表示。

(2) 齿根圆。通过轮齿根部的圆，其直径以 d_f 表示。

（3）分度圆。齿轮上齿槽和齿厚相等处的假想圆柱面，称为分度圆柱面。圆柱齿轮分度圆柱面与端平面的交线，称为分度圆。分度圆是设计计算齿轮各部分尺寸及加工齿轮时调整刀具的基准圆，分度圆直径以 d 表示。

（4）齿高。齿轮在齿顶圆与齿根圆之间的径向距离，用 h 表示。

齿顶高：齿顶圆与分度圆之间的径向距离，以 h_a 表示。

齿根高：齿根圆与分度圆之间的径向距离，以 h_f 表示。

齿高：$h = h_a + h_f$。

（5）齿距。分度圆上相邻两个轮齿上对应点之间的弧长，以 p 表示。

齿距由槽宽 e 和齿厚 s 组成。在标准齿轮中，齿间和齿厚各为齿距的一半，即：

$$s = e = p/2，\ p = s + e$$

（6）中心距。两啮合齿轮轴线间的距离，用 a 表示。

2. 直齿圆柱齿轮的基本参数

（1）齿数 z。齿轮上轮齿的个数。

（2）模数 m。齿轮分度圆的周长 $\pi d = pz$，则 $d = \frac{p}{\pi}z$，式中 π 为无理数，为了计算方便，令 $\frac{p}{\pi} = m$，$d = mz$。所以模数是齿距 p 与圆周率 π 的比值，即 $m = \frac{p}{\pi}$，单位为 mm。

模数是齿轮设计、加工中十分重要的参数，模数大，轮齿就大，因而齿轮的承载能力也大。为了便于设计和制造，模数已经标准化，我国规定的标准模数值如表 8－2 所示。

表 8－2　圆柱齿轮模数（GB/T 1357—2008）　mm

第一系列	1，1.25，1.5，2，2.5，3，4，5，6，8，10，12，16，20，25，32，40
第二系列	1.75，2.25，2.75，(3.25)，3.5，(3.75)，4.5，5，(6.5)，7，9，(11)，14，18，22

（3）齿形角。指通过齿廓曲线上与分度圆交点所作的切线与径向所夹的锐角，用 α 表示。标准齿轮的齿形角为 20°。

两标准直齿圆柱齿轮正确啮合传动的条件是模数 m 和齿形角 α 相等。

3. 直齿圆柱齿轮各部分尺寸的计算公式

齿轮的基本参数 z、m、α 确定以后，齿轮各部分尺寸可按表 8－3 中的公式计算。

表 8－3　直齿圆柱齿轮轮齿的各部分尺寸关系　mm

名称及代号	计算公式	名称及代号	计算公式
齿顶高 h_a	$h_a = m$	分度圆直径 d	$d = mz$
齿根高 h_f	$h_f = 1.25m$	齿顶圆直径 d_a	$d_a = d + 2h_a = m(z+2)$
齿高 h	$h = h_a + h_f = 2.25m$	齿根圆直径 d_f	$d_f = d - 2h_f = m(z-2.5)$
中心距 a	$a = \frac{1}{2}d_1 + \frac{1}{2}d_2 = \frac{1}{2}m(z_1+z_2)$	齿宽 b	$b = 2p \sim 3p$

4. 直齿圆柱齿轮的规定画法

1）单个圆柱齿轮的规定画法

（1）在表示齿轮端面的视图中，齿顶圆用粗实线，齿根圆用细实线或省略不画，分度

圆用点画线画出，如图8－23（a）所示。

（2）另一视图一般画成全剖视图，而轮齿按不剖处理。用粗实线表示齿顶线和齿根线，用点画线表示分度线，如图8－23（b）所示。

（3）若不画成剖视图，则齿根线可省略不画，如图8－23（c）所示。

（4）轮齿为斜齿、人字齿时，按图8－23（c）、图8－23（d）的形式画出。

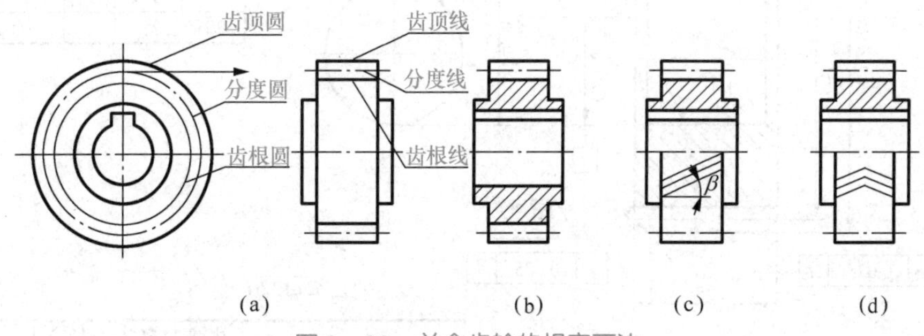

图8－23　单个齿轮的规定画法

2）圆柱齿轮啮合的规定画法

（1）在反映为圆的视图中，两齿轮分度圆相切，啮合区内的齿顶圆用粗实线表示，如图8－24（a）所示，也可省略不画，如图8－24（b）所示。

（2）在平行于齿轮轴线的投影面的外形视图中，啮合区的齿顶线不画，两齿轮重合的节线画成粗实线，其他处的节线仍用细点画线绘制，如图8－24（a）所示。

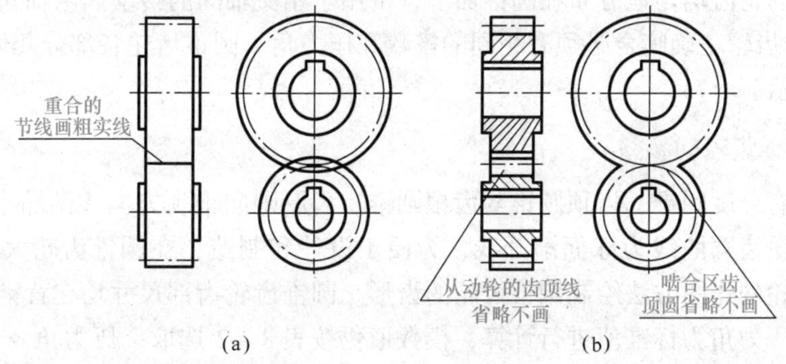

图8－24　齿轮啮合规定画法

（3）在剖视图中，啮合区的投影如图8－25所示，齿顶与齿根之间应有0.25mm的间隙，被遮挡的齿顶线（虚线）也可省略不画。

图8－26为直齿圆柱齿轮零件图。

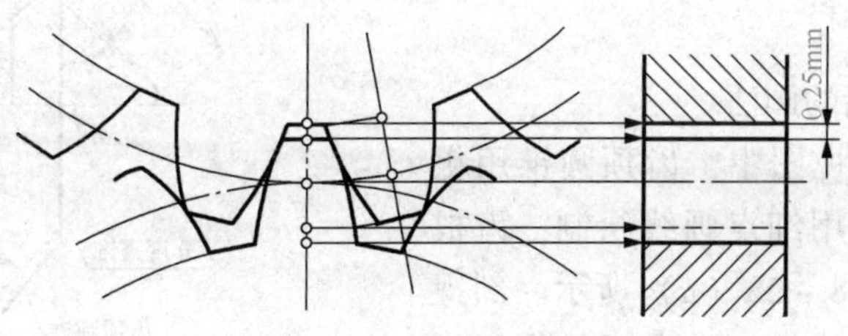

图8－25　齿轮啮合区画法

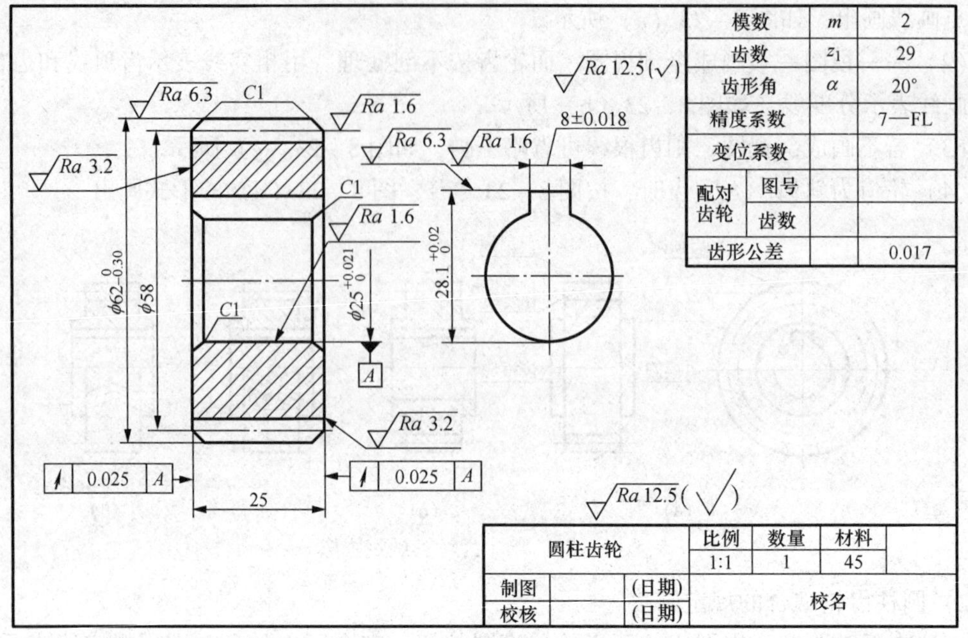

图 8－26　圆柱齿轮零件图

二、圆锥齿轮

圆锥齿轮的轮齿均匀地分布在圆锥面上，常用于相交轴间的传动。两轴间的夹角一般为90°。一对圆锥齿轮正确啮合必须有相同的模数和压力角。圆锥齿轮各部分几何要素的名称，如图 8－27 所示。

1. 直齿圆锥齿轮的参数

圆锥齿轮有分度圆锥、齿顶圆锥与齿根圆锥。齿厚则向锥顶方向逐渐缩小，如图 8－27 所示。圆锥齿轮齿廓曲线为球面渐开线，为便于设计和制造，在圆锥齿轮大端背锥展开面上，按圆柱齿轮的作图方法绘制圆锥齿轮的齿形。圆锥齿轮齿部尺寸均在背锥上计量，且以大端的模数及压力角为标准值进行计算，模数值仍按表 8－2 选取，压力角 $\alpha=20°$。圆锥齿轮各部分几何要素的尺寸，也都与模数 m、齿数 z 及分度圆锥角 δ 有关。标准直齿圆锥齿轮几何尺寸的计算公式可查阅有关的设计手册。

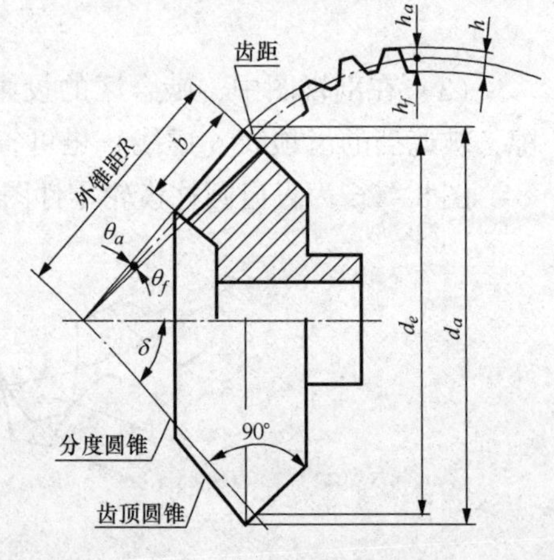

图 8－27　圆锥齿轮各部分几何要素的名称及代号

2. 圆锥齿轮的画法

1）单个圆锥齿轮的画法

在反映为非圆的视图中，齿顶圆锥用粗实线绘制，分度圆锥用细点画线绘制，齿根圆锥一般不画，如图 8－28（a）所示。剖视图中齿根圆锥用粗实线绘制，齿部仍作不剖处理，如图 8－28（b）所示。在反映为圆的

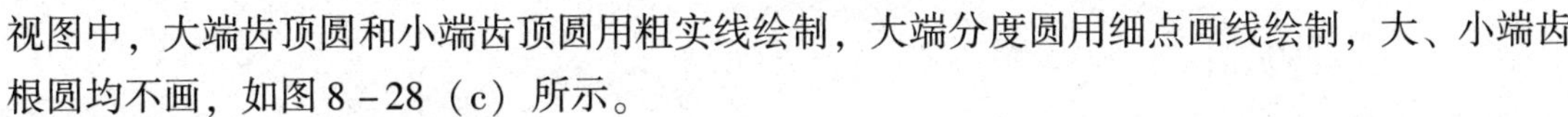

视图中，大端齿顶圆和小端齿顶圆用粗实线绘制，大端分度圆用细点画线绘制，大、小端齿根圆均不画，如图 8－28（c）所示。

单个圆锥齿轮画图步骤如图 8－29 所示。

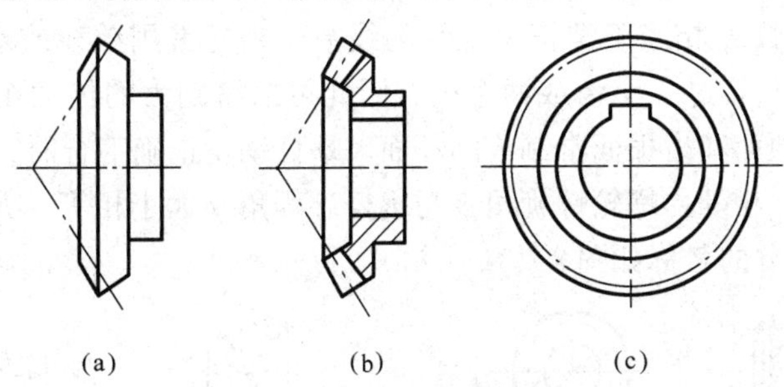

图 8－28 单个圆锥齿轮的画法

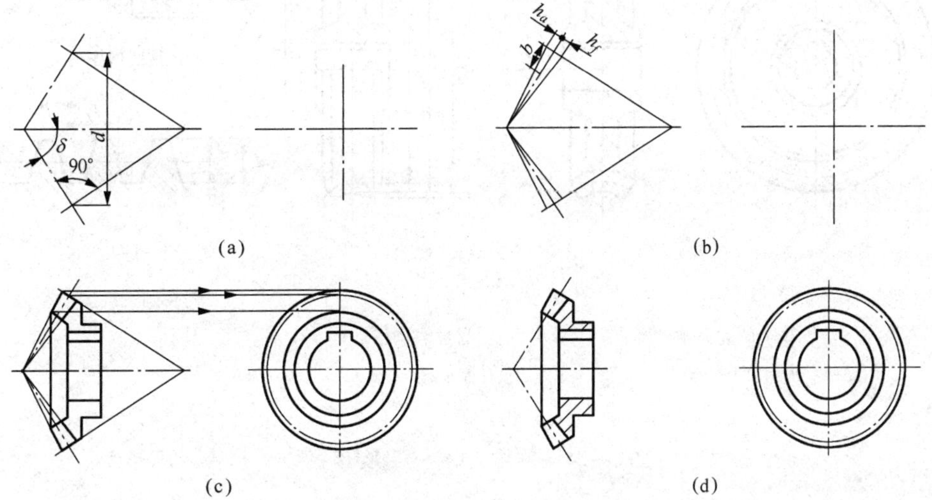

图 8－29 圆锥齿轮的画法步骤

2）圆锥齿轮啮合画法

在反映为非圆的投影，一般画成剖视图，如图 8－30（a）所示。啮合区内，被遮挡的齿轮轮齿部分用虚线画出或省略不画。当需要表达外形时，啮合区节锥线用粗实线绘制，如图 8－30（b）所示。在反映为圆的视图，其画法如图 8－30 所示。斜齿轮和螺旋齿轮，则在视图上用三条与齿形方向一致的细实线表示，如图 8－30（b）所示。

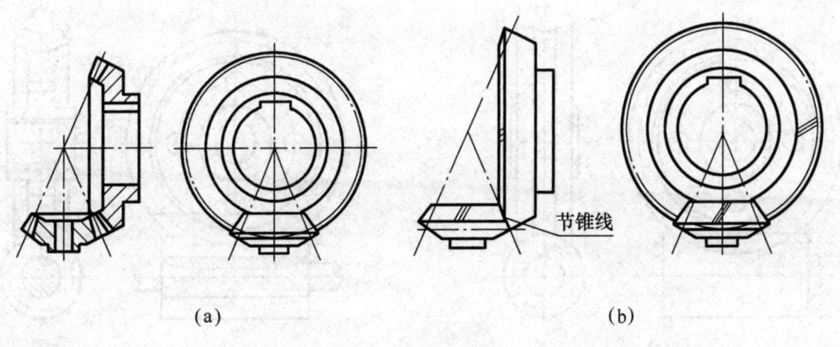

图 8－30 圆锥齿轮啮合画法

三、蜗轮蜗杆

蜗杆蜗轮传动用于传递垂直交叉的两轴间的运动，它具有传动比大、结构紧凑等优点，但效率低。蜗杆的齿数 z_1 相当于螺杆上螺纹的线数。蜗杆常用单线或双线，在传动时，蜗杆旋转一圈，则蜗轮只转过一个齿或两个齿，因此可以得到大的传动比（$i=z_2/z_1$，z_2 为蜗轮齿数）。蜗轮的齿顶面和齿根面常制成圆环面。蜗杆蜗轮正确啮合时，蜗轮的端面模数 m_t 与蜗杆的轴向模数 m_x 相等；蜗轮螺旋角 β 与蜗杆导程角 γ 大小相等，方向相反。

蜗杆、蜗轮各部分的名称如图 8-31 所示。

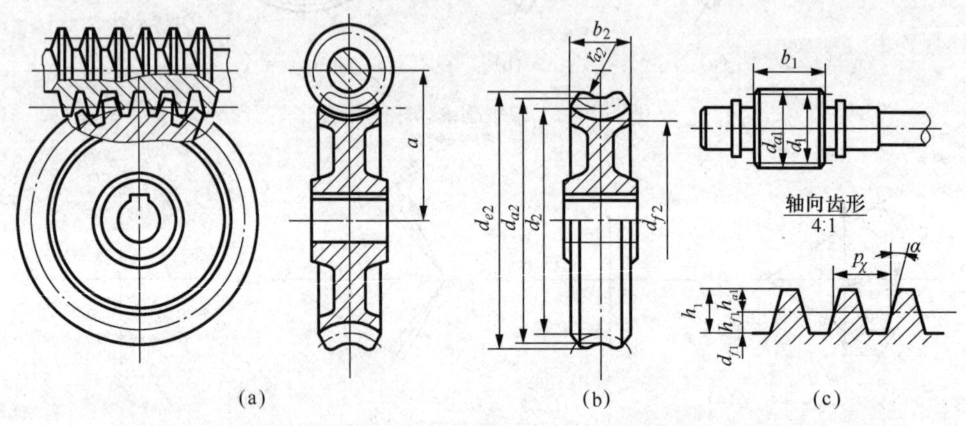

a：中心距	d_1、d_2：分度圆直径	d_{a1}、d_{a2}：齿顶圆直径
d_{e2}：蜗轮齿顶外圆直径	d_{f1}、d_{f2}：齿根圆直径	p_χ：齿距
b_1、b_2：齿宽	r_{a2}：咽喉面半径	h_{a1}：齿顶高
h_1：齿高	h_{f1}：齿根高	α：齿形角

图 8-31　蜗轮、蜗杆各部分的名称

1. 蜗杆、蜗轮的画法

蜗杆的画法如图 8-31（c）所示。画蜗杆零件工作图时，其齿部表达常用局部剖视图或局部放大图。蜗轮的画法如图 8-31（b）所示。

2. 蜗杆、蜗轮啮合画法

蜗杆、蜗轮可用视图表示，如图 8-32（a）所示；也可用剖视图表示，如图 8-32（b）所示。

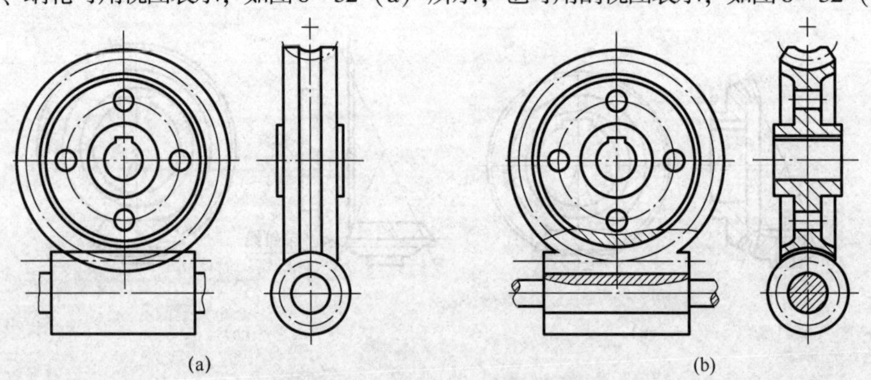

图 8-32　蜗轮、蜗杆啮合的画法

手工练习

完成习题集 8.7～8.9 齿轮画法练习。

课题3　键连接和销连接

一、键连接

键连接（GB/T 1095—2003）是一种可拆连接。键用于连接轴与轴上的皮带轮、齿轮和链轮等，并通过键传递扭矩和旋转运动。

1. 常用键的型式和标记

键的类型很多，常用的有普通平键、半圆键、楔键和花键等，如图 8－33 所示。

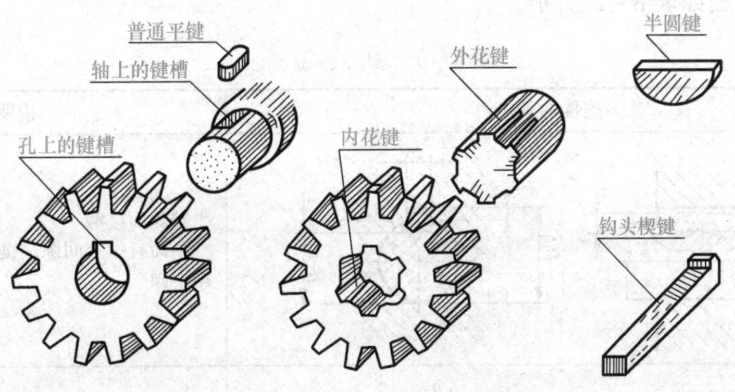

图 8－33　键的类型

普通平键应用最广，按轴槽结构可分为圆头普通平键（A 型）、方头普通平键（B 型）和单圆头普通平键（C 型）三种型式，如图 8－34 所示。

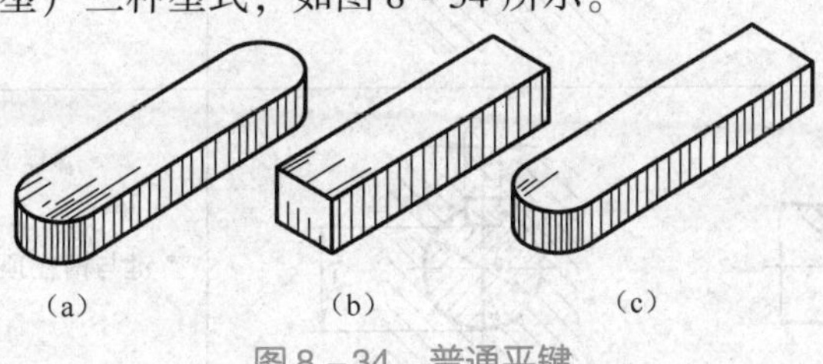

图 8－34　普通平键

(a) A 型；(b) B 型；(c) C 型

常用键的型式、尺寸和标记如表 8 -4 所示。由键的标记，可从标准中查出键的尺寸。

表 8 -4　常用键的型式和标记

名称	标准号	图例	标记示例
普通平键	GB/T 1096—2003	h　C　b　R=0.5b　l	$b=18$mm，$h=11$mm，$l=100$mm 方头普通平键（B 型） 键 B18 ×100 GB/T 1096—2003 （A 型圆头普通平键可不标出 A）
半圆键	GB/T 1099—2003	l　d_1　b　h　C	$b=6$mm，$h=10$mm，$d_1=25$mm $l=24.5$mm 半圆键 键　6 ×25 GB/T 1099—2003
钩头楔键	GB/T 1565—2003	45°　h　⊿1:100　C　h　h_1　b　b　l	$b=18$mm，$h=11$mm，$l=100$mm 钩头楔键 键 18 ×100 GB/T 1565—2003

2. 键的连接画法

键的连接画法如表 8 -5 所示。

表 8 -5　键的连接画法

名称	连接的画法	说明
普通平键	h　b　t_1　t　$d+t_1$　d_1　$d-t$	键侧面接触。 顶面有一定间隙，键的倒角或圆角可省略不画
半圆键	l　d_1　b　t_1　h　t　d_1　$d-t$　$d+t_1$	键侧面接触。 顶面有间隙
钩头楔键	h　⊿1:100　h　b　d　$d-t$	键与槽在顶面、底面、侧面同时接触

二、销连接

1. 销的种类和标记

销连接也是一种可拆连接。销是标准件，通常用于零件间的连接或定位。常见的销有圆锥销、圆柱销和开口销，如图 8－35 所示。

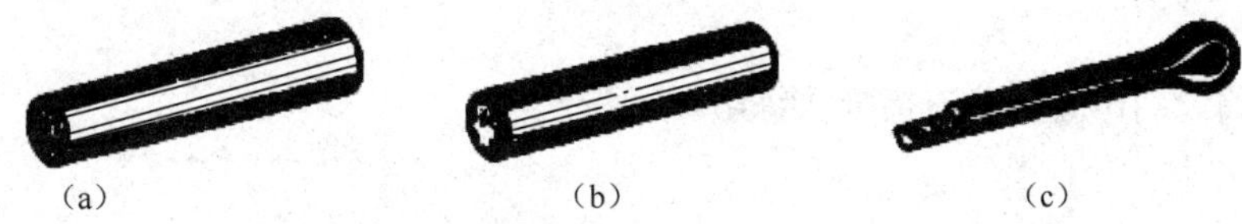

图 8－35　常用的销

（a）圆锥销；（b）圆柱销；（c）开口销

由于配合的不同，圆柱销有 m6 和 h8 两种公差。由于表面粗糙度要求的不同，圆锥销分为 A 型（磨削）和 B 型（切削或冷镦）两种，圆锥销的锥度为 1∶50。

销的标记格式如下：

销　标准号型号　公称直径 × 长度

例如：公称直径 $d=6$mm、公差 m6，公称长度 $l=30$mm，材料为钢、不经淬火、不经表面处理的圆柱销，国标号为 GB/T 119.1—2008，其标记为：

销 GB/T 119.1 6m6 × 30

公称直径 $d=6$mm，公称长度 $l=30$mm，材料为钢、普通（A 型）淬火、表面氧化处理的圆柱销，国标号为 GB/T 119.2—2008，其标记为：

销 GB/T 119.2 6 × 30

公称直径 $d=10$mm、公称长度 $l=60$mm，材料为 35 钢、热处理硬度 HRC28～38、表面氧化处理的 A 型圆锥销，国标号为 GB/T 117—2000，其标记为：

销 GB/T 117 10 × 60

公称直径 $d=5$mm、长度 $l=50$mm，材料为低碳钢、不经表面处理的开口销，其标记为：

销 GB/T 91 5 × 50

2. 销的连接画法

销的连接画法如图 8－36 所示。

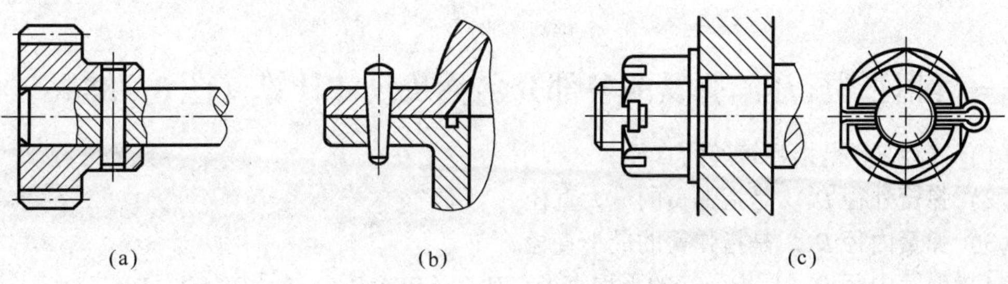

图 8－36　销的连接画法

（a）圆柱销连接；（b）圆锥销连接；（c）开口销连接

手工练习

完成习题集 8.10 键、销连接画法练习。

课题 4 弹簧

弹簧在机器、设备中可用于储能、减震、夹紧、测力等，弹簧的种类很多，用途很广。本课题仅简要介绍圆柱螺旋压缩弹簧的尺寸计算和规定画法。

圆柱螺旋弹簧根据用途不同可分为压缩弹簧、拉伸弹簧和扭转弹簧，如图 8－37 所示。

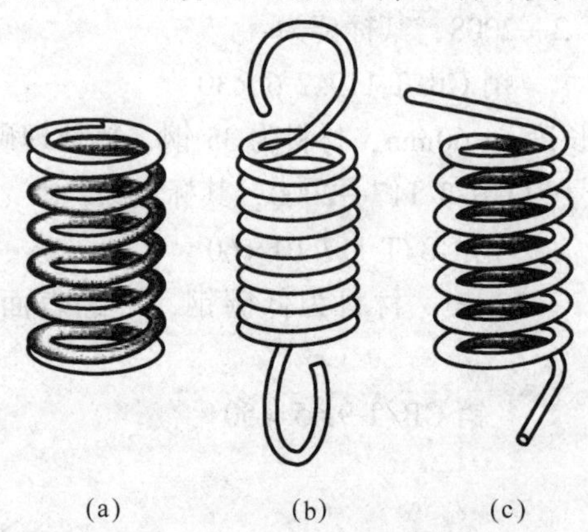

图 8－37 圆柱螺旋弹簧

(a) 压缩弹簧；(b) 拉伸弹簧；(c) 扭转弹簧

一、圆柱螺旋压缩弹簧的各部分名称及尺寸计算（图 8－38）

(1) 线径 d。是指弹簧丝的直径。

(2) 弹簧外径 D_2。是指弹簧的最大直径。

(3) 弹簧内径 D_1。是指弹簧的最小直径。

(4) 弹簧中径 D。是指弹簧的平均直径，$D=(D_1+D_2)/2=D_1+d=D_2-d$。

(5) 节距 t。除支承圈外，相邻两圈沿轴向的距离。

(6) 有效圈数 n、支承圈数 n_2 和总圈数 n_1。为了使压缩弹簧工作时受力均匀，保证轴线垂直于支承端面，两端常并紧且磨平。这部分圈数仅起支承作用，所以叫支承圈。支承圈数（n_2）有1.5圈、2圈和2.5圈三种。2.5圈用得较多，即两端各并紧1圈，其中包括磨平圈。压缩弹簧除支承圈外，具有相等节距的圈数称为有效圈数，有效圈数n与支承圈数n_2之和称为总圈数n_1，即：$n_1=n+n_2$。

（7）自由高度（或自由长度）H_0。弹簧在不受外力时的高度（或长度），即：$H_0=nt+(n_2-0.5)d$。

（8）弹簧展开长度L。制造时弹簧簧丝的长度，即：$L\approx n_1\sqrt{(\pi D_2)^2+t^2}$。

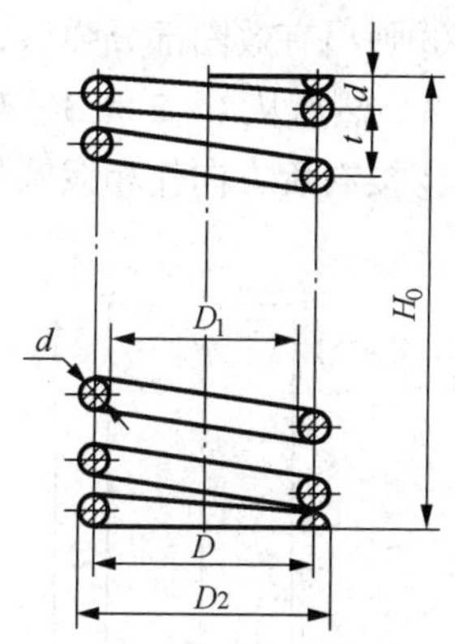

图8-38 压缩弹簧的尺寸

二、圆柱螺旋压缩弹簧的规定画法

圆柱螺旋压缩弹簧可以画成视图、剖视图和示意图三种形式，如图8-39所示。设计绘图时可按表达需要选用，并遵守如下规定：

（1）在平行于螺旋弹簧轴线的投影面的视图和剖视图中，其各圈轮廓应画成直线，如图8-39（a）、图8-39（b）所示。

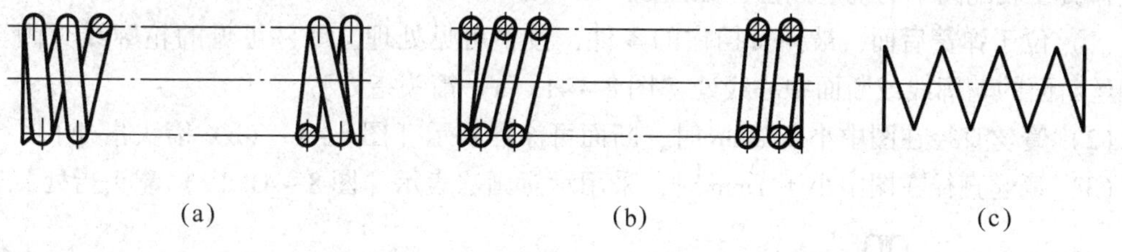

(a) (b) (c)

图8-39 圆柱螺旋压缩弹簧的规定画法

（a）视图；（b）剖视图；（c）示意图

（2）螺旋弹簧均可画成右旋，但左旋弹簧无论画成左旋还是右旋，均需标注出旋向“左”字。

（3）有效圈数在4圈以上的螺旋弹簧，中间部分可以省略不画。

（4）螺旋压缩弹簧如果要求两端并紧磨平时，不论支承圈是多少或末端并紧情况如何，均按支承圈为2.5圈绘制。

例题：弹簧某线径$d=5$mm，外径$D_2=43$mm，节距$t=10$mm，有效圈数$n=8$，支承圈$n_2=2.5$。试画出弹簧的剖视图。

（1）计算。

总圈数 $n_1=n+n_2=8+2.5=10.5$

自由高度 $H_0=nt+2d=8\times10+2\times5=90$（mm）

中径 $D=D_2-d=43-5=38$（mm）

展开长度 $L\approx n_1\sqrt{(\pi D_2)^2+t^2}=10.5\times\sqrt{(3.14\times38)^2+10^2}\approx1\ 257$（mm）

（2）画图。

①根据弹簧中径D和自由高度H_0作矩形$ABDC$〔图8-40（a）〕。

②画出支承圈部分弹簧钢丝的断面〔图8-40（b）〕。

③画出有效圈部分弹簧钢丝的断面〔图 8 - 40（c）〕。先在 *CD* 线上根据节距 *t* 画出圆 2 和圆 3，然后从 1、2 和 3、4 的中点作垂线与 *AB* 线相交，画圆 5 和圆 6。

④按右旋方向作相应圆的公切线及剖面线，即完成作图〔图 8 - 40（d）〕。

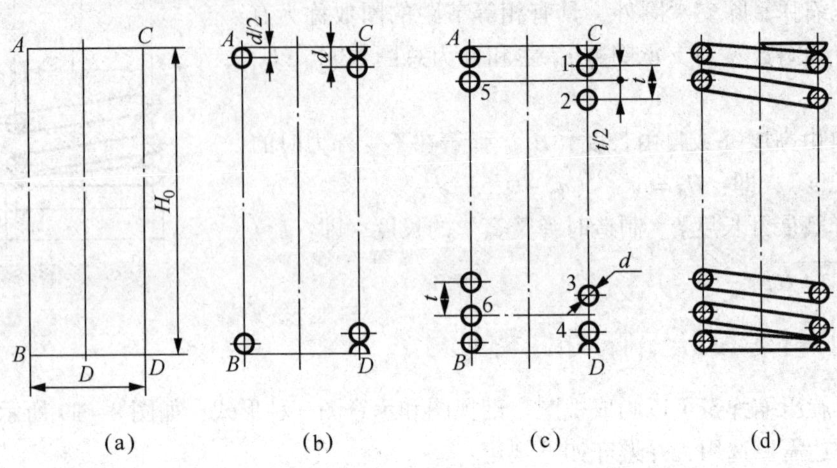

图 8 - 40　圆柱螺旋压缩弹簧的画图步骤

弹簧在装配图中的规定画法，如图 8 - 41 所示。

（1）位于弹簧后面，被弹簧挡住的零件，按不可见处理，零件可见的轮廓线只画至弹簧钢丝断面的轮廓线或断面中心线处〔图 8 - 41（a）箭头指处〕。

（2）簧丝直径在图中小于 2mm 时，断面可涂黑表示〔图 8 - 41（b）箭头指处〕。

（3）簧丝直径在图中小于 1mm 时，采用示意画法表示〔图 8 - 41（c）箭头指处〕。

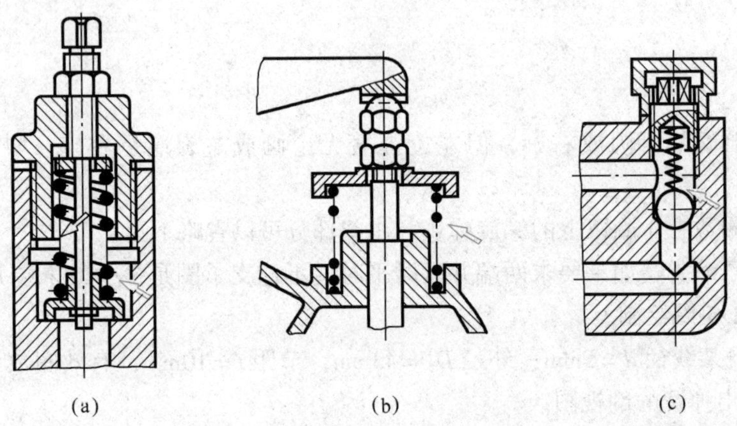

图 8 - 41　弹簧在装配图中的规定画法

手工练习

完成习题集 8. 11 弹簧画法练习。

课题 5　滚动轴承

滚动轴承是起支承作用的标准部件。它具有结构紧凑、摩擦阻力小等特点，在机器设备中被广泛使用。

一、滚动轴承的结构和种类

1. 滚动轴承的结构

滚动轴承是支承旋转轴的标准组件，它具有摩擦阻力小、效率高、结构紧凑、维护简单等优点，因此在机器中得到了广泛应用。

如图 8－42 所示，滚动轴承的结构一般由外圈、内圈、滚动体和保持架组成。

2. 滚动轴承的种类

滚动轴承的种类很多，按承受载荷方向的不同，可将其分为三类：

（1）向心轴承主要承受径向载荷，如深沟球轴承〔图 8－42（a）〕。

（2）推力轴承主要承受轴向载荷，如推力球轴承〔图 8－42（b）〕。

（3）向心推力轴承能同时承受径向载荷和轴向载荷，如圆锥滚子轴承〔图 8－42（c）〕。

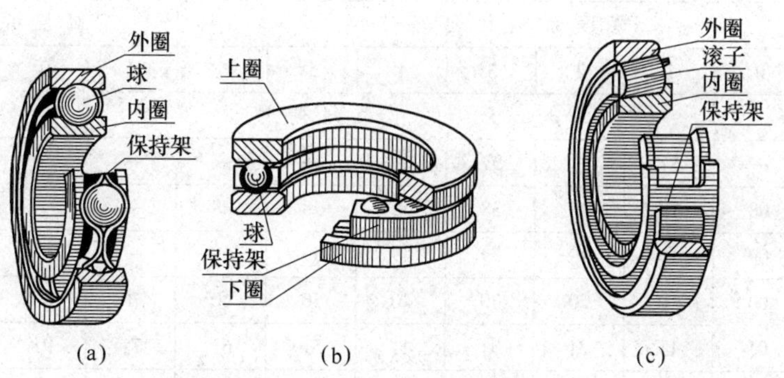

图 8－42　滚动轴承的结构与种类

（a）深沟球轴承；（b）推力球轴承；（c）圆锥滚子轴承

二、滚动轴承的代号

滚动轴承的代号由基本代号、前置代号和后置代号构成。前置代号、后置代号是轴承在结构形状、尺寸、公差、技术要求等有改变时，在其基本代号左右添加的补充代号。如无特

殊要求，则只标记基本代号。

基本代号由轴承类型代号、尺寸系列代号和内径代号构成。

1. 基本代号

轴承类型代号用数字（或字母）表示，如表8－6所示。

表8－6　滚动轴承的类型

代号	轴承类型	代号	轴承类型
0	双列角接触球轴承	7	角接触球轴承
1	调心球轴承	8	推力圆柱滚子轴承
2	调心滚子轴承和推力调心滚子轴承	N	圆柱滚子轴承，双列和多列用字母NN表示
3	圆锥滚子轴承		
4	双列深沟球轴承	U	外球面球轴承
5	推力球轴承	QJ	四点接触球轴承
6	深沟球轴承		

2. 尺寸系列代号

尺寸系列代号由轴承的宽（高）度系列代号（一位数字）和直径系列代号（一位数字）左右排列组成。它反映了同种轴承在内圈孔径相同时，内、外圈的宽度、厚度的不同和滚动体大小的不同。向心轴承和推力轴承尺寸系列代号如表8－7所示。

尺寸系列代号有时可以省略，除圆锥滚子轴承外，其余各类轴承宽度系列代号“0”均可省略；双列深沟球轴承的宽度系列代号“2”可以省略；深沟球轴承和角接触球轴承的尺寸系列代号中的“1”可以省略。

表8－7　滚动轴承尺寸系列代号

直径系列代号	向心轴承								推力轴承			
	宽度系列代号								高度系列代号			
	8	0	1	2	3	4	5	6	7	9	1	2
	尺寸系列列号											
7	—	—	17	—	37	—	—	—	—	—	—	—
8	—	08	18	28	38	48	58	68	—	—	—	—
9	—	09	19	29	39	49	59	69	—	—	—	—
0	—	00	10	20	30	40	50	60	70	80	90	10
1	—	01	11	21	31	41	51	61	71	91	11	—
2	82	02	12	22	32	42	52	62	72	92	12	22
3	83	03	13	23	33	—	—	—	73	93	13	23
4	—	04	—	24	—	—	—	—	74	94	14	24
5	—	—	—	—	—	—	—	—	—	95	—	—

3. 内径代号

内径代号表示滚动轴承内圈孔径。内圈孔径称为“轴承公称内径”，因其与轴产生配

合，故是轴承的一个重要参数，内径代号如表 8－8 所示。

表 8－8 滚动轴承的内径代号

轴承公称内径 d/mm	内 径 代 号
0.6～1.0（非整数）	用公称内径毫米数直接表示，在其与尺寸系列代号之间用“/”分开
1～9（整数）	用公称内径毫米数直接表示，对深沟及角接触球轴承 7、8、9 直径系列，在其与尺寸系列代号之间用“/”分开
10～17	00、01、02、03 分别表示轴承内径为 10mm、12mm、15mm、17mm
20～480（22、28、32 除外）	公称内径除以 5 的商数，商数为个位数，在商数左边加“0”，如 06
≥500 以及 22、28、32	用公称内径毫米数直接表示，在其与尺寸系列代号之间用“/”分开

轴承基本代号举例：

轴承 203 GB/T 276—1994

类型代号“0”双列角接触球轴承（规定“0”省略不写）。

2——尺寸系列代号（02），其中数字“0”省略不写。

03——内径代号：$d=17$mm。

轴承 6208GB/T 276—1994

6——轴承类型代号：深沟球轴承。

2——尺寸系列代号（02），其中数字“0”省略不写。

08——内径代号：$d=40$mm。

轴承 30305GB/T 297—1994

3——轴承类型代号：圆锥滚子轴承。

03——尺寸系列代号。

05——内径代号：$d=25$mm。

三、滚动轴承的画法

滚动轴承是标准部件，通常不必画它的零件图，仅在装配图中，国家标准《机械制图》（GB/T 4459.7—1998）规定了滚动轴承可以用三种画法来绘制，即轴承的通用画法、特征画法和规定画法。前两种属于简化画法，在同一图样中一般只采用这两种简化画法中的一种。

1. 通用画法

在剖视图中，当不需要确切地表示滚动轴承的外形轮廓、载荷特征和结构特征时，可用矩形线框及位于线框中央正立的十字形符号表示滚动轴承，如表 8－9 所示。

2. 特征画法

在剖视图中，如需较形象地表示滚动轴承的结构特征，可采用在矩形线框内画出其结构要素符号表示滚动轴承，如表 8－9 所示。

3. 规定画法

必要时，在滚动轴承的产品图样、产品样本和产品标准中，可采用规定画法表示滚动轴

承。采用规定画法绘制滚动轴承的剖视图时，轴承的滚动体不画剖面线，其内外座圈可画成方向和间隔相同的剖面线；在不致引起误解时，也允许省略不画，滚动轴承的倒角省略不画。如表 8－9 所示。

规定画法一般绘制在轴的一侧，另一侧按通用画法绘制。

表 8－9　常用滚动轴承的表示法

名称和标准号	查表主要数据	画法			装配示意图
		简化画法		规定画法	
		通用画法	特征画法		
深沟球轴承	D d B	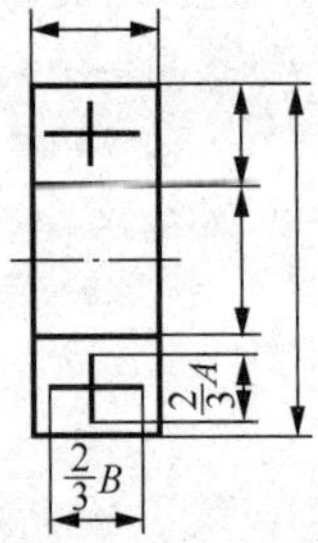	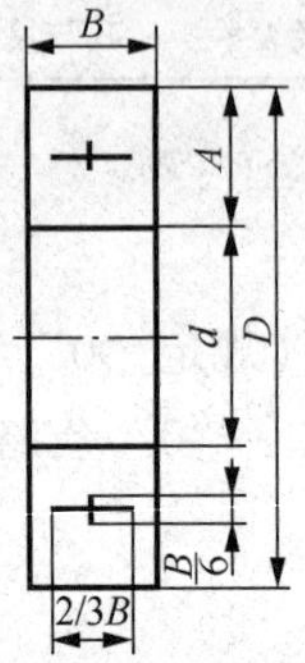	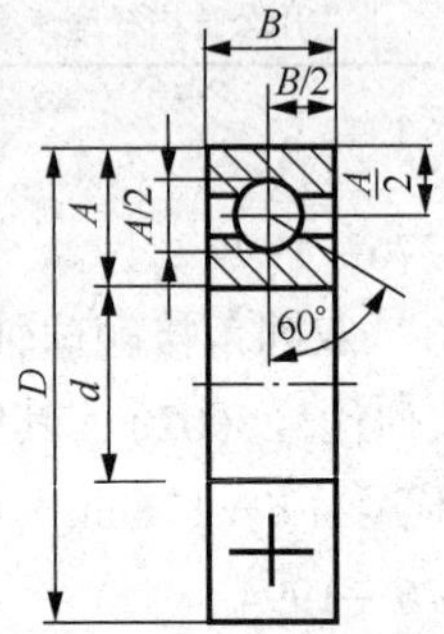	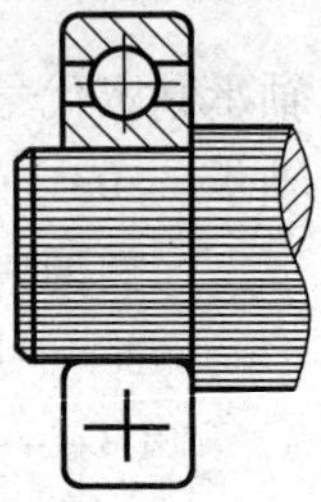
圆锥滚子轴承	D d B T C		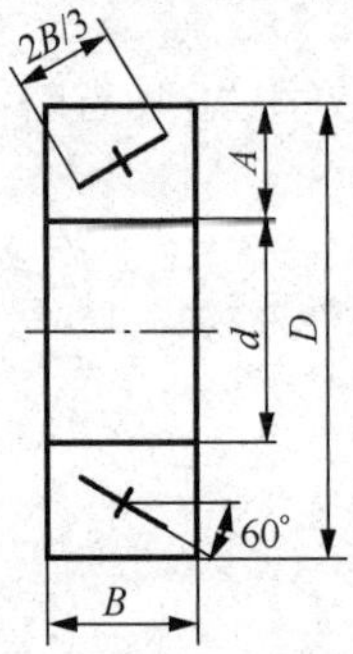	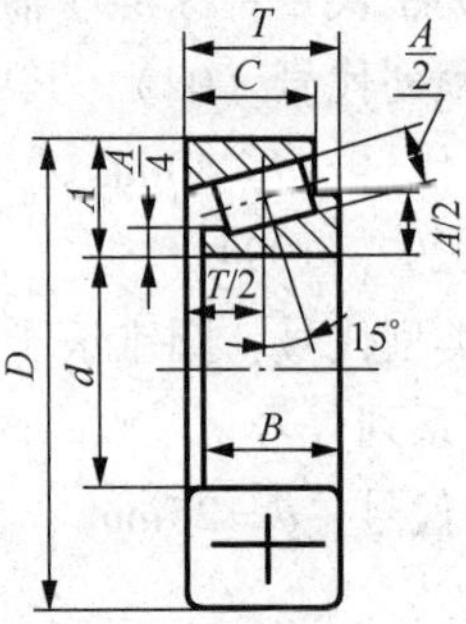	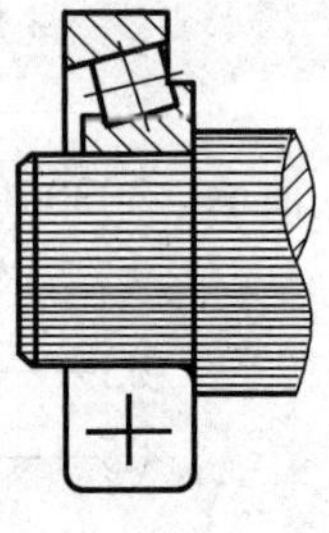
推力球轴承	D d T		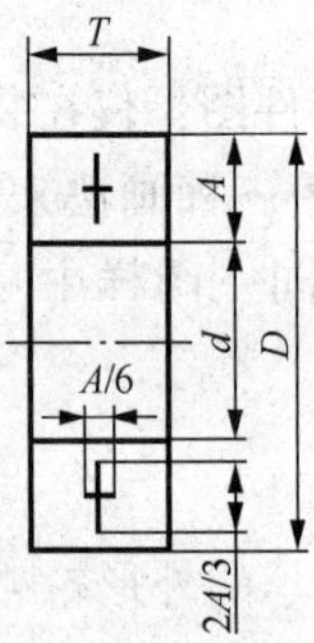	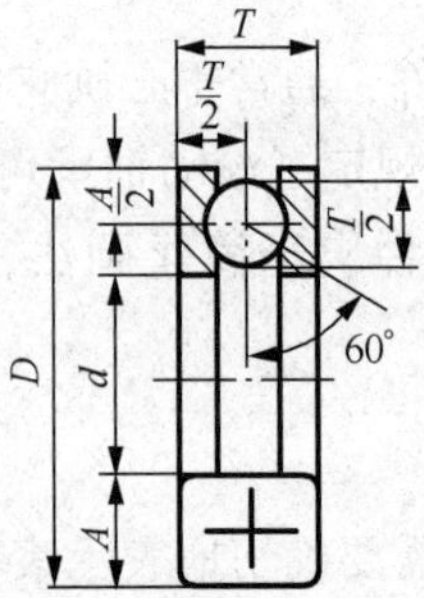	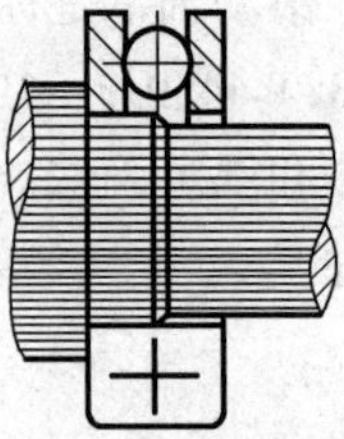

手工练习

完成习题集 8.11 轴承画法练习。

模块9　零件图

任何机器或部件，都是由若干个零件按一定的装配关系和设计、使用要求装配而成的。制造机器时，必须先制造零件，而加工制造零件的依据是零件图。零件图是表示零件结构、大小及技术要求的图样。本模块将介绍识读和绘制零件图的基本方法。

课题1　认识零件图

一、零件图的作用和内容

零件图是制造零件和检验零件的依据，是指导生产机器零件的重要技术文件之一。由图9-1所示的传动轴零件图可以看出，一张完整的零件图，应包括下列基本内容：

（1）一组视图。运用一组适当的视图、剖视图、断面图及其他表达方法，正确、完整、清晰地表达零件的结构形状。

（2）完整的尺寸。正确、完整、清晰、合理地标注出制造和检验零件时所需的全部尺寸。

（3）技术要求。用规定的符号、数字或文字说明等简明地给出零件制造和检验时应达到的质量要求，如表面粗糙度、尺寸公差、形位公差、热处理、表面处理等要求。

（4）标题栏。说明零件的名称、材料、数量、比例、图号以及制图、审核人员的责任签字等。

二、零件的分类

根据零件在机器或部件上的作用，一般可将零件分成三种类型：

（1）标准件。如紧固件（螺栓、螺柱、螺母、螺钉、垫圈等）、键、销、滚动轴承等。设计时不必画出它们的零件图，可以根据需要，按规格到市场或标准件厂家选购。

（2）常用件。如齿轮、蜗轮、蜗杆、弹簧等。这些零件虽然部分结构已实行标准化，在设计时仍需按规定画出零件图。

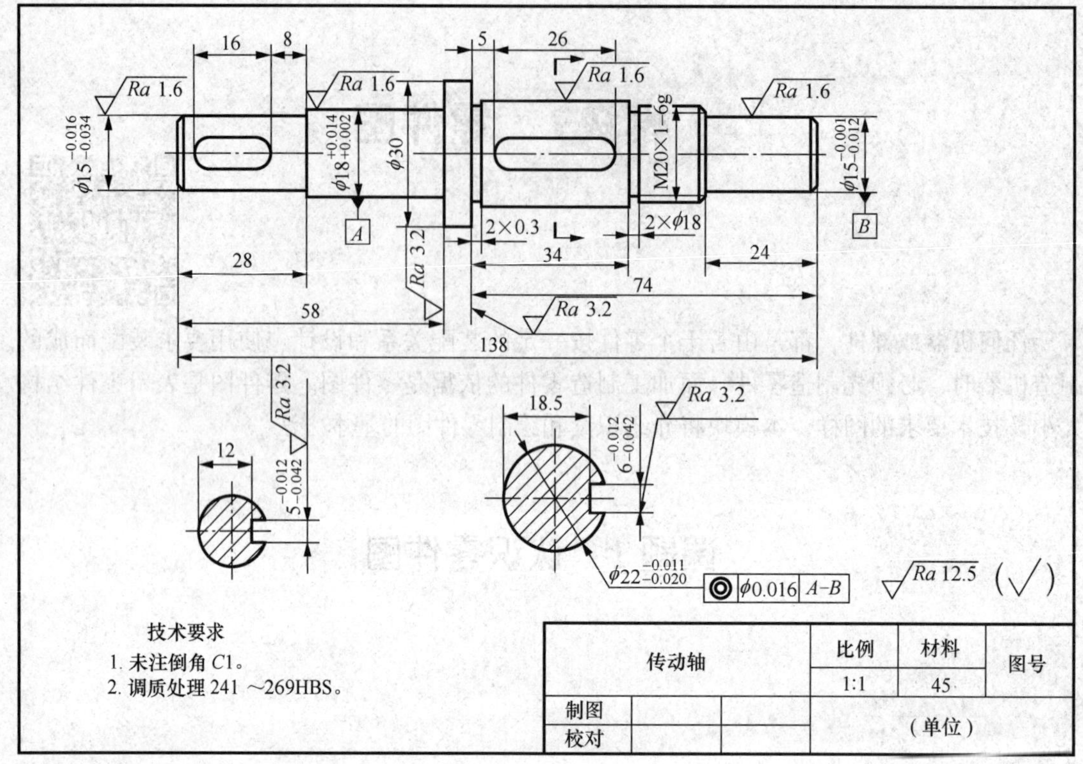

图 9－1　传动轴零件图

（3）一般零件。为了研究零件的方便，一般按零件的功能和结构特点，将一般零件分为轴套类、轮盘类、叉架类和箱体类四种。

课题 2　零件图的视图选择

一、主视图的选择

主视图是零件图中最重要的视图，是一组视图的核心，读图和绘图一般先从主视图着手。主视图选得是否正确、合理，将直接关系到其他视图的数量及配置，也会影响读图和绘图的方便性。在选择主视图时，一般应按以下两方面综合考虑。

1. 零件的安放位置

零件的安放位置应考虑以下两个原则：

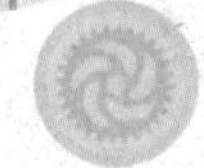

1）加工位置原则

轴套类、轮盘类零件的主要加工工序是在车床上。为使生产看图方便，主视图应按其在车床上加工时的位置摆放。因此，这类零件的主视图应将其轴线水平放置，如图 9 – 1 所示。

2）工作位置原则

叉架类、箱体类零件，一般需在不同的机床上加工，其加工位置也各有不同，主视图应按零件工作时的位置摆放，如图 9 – 2 所示。

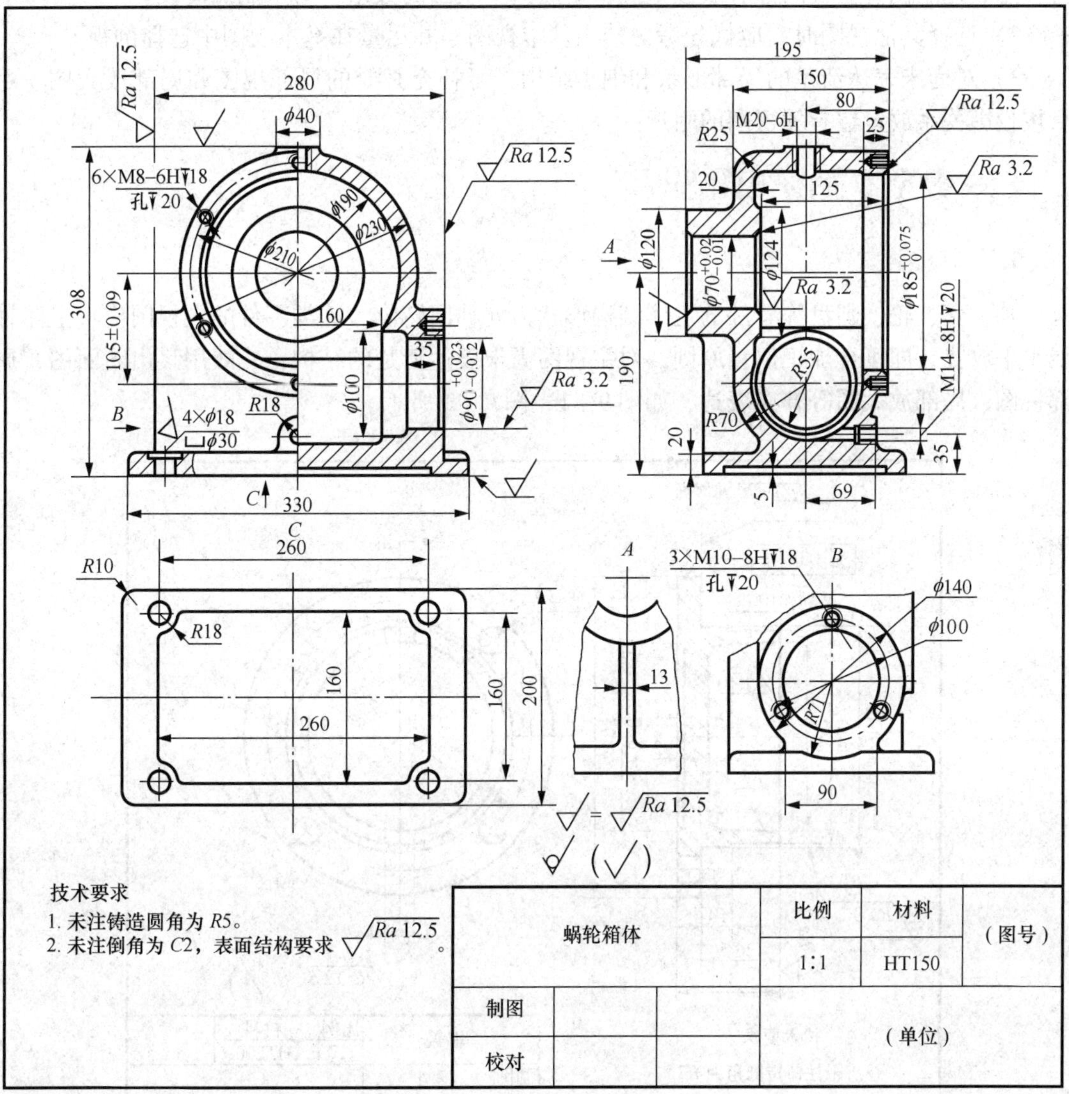

技术要求

1. 未注铸造圆角为 *R*5。
2. 未注倒角为 *C*2，表面结构要求 $\sqrt{Ra\ 12.5}$。

蜗轮箱体			比例	材料	（图号）
			1∶1	HT150	
制图			（单位）		
校对					

图 9 – 2 箱体零件图

2. 确定主视图的投射方向

对于叉架类和箱体类零件，按工作位置原则只是确定了零件的摆放位置，接下来还要确定主视图的投射方向。应选择最明显、最充分地反映零件主要部分的形状及各组成部分相互位置的方向作为主视图的投射方向，即体现零件的形状特征原则，如图 9 – 2

所示。

二、其他视图的选择

主视图确定以后，要分析该零件还有哪些结构形状没有表达清楚，选择其他视图时应考虑以下几个方面：

1）根据零件的复杂程度和结构特点，对主视图尚未表达清楚的结构选择合适的视图进行补充表达。使每个视图都有表达重点，尽量减少视图的数量，力求制图简便。

2）选择其他视图时，应优先考虑选用基本视图，并尽量在基本视图中选择剖视。

3）对尚未表达清楚的局部形状和细小结构，可补充必要的局部视图和局部放大图，尽量按投影关系放置在有关视图的附近。

三、典型零件的视图选择

1. 回转体类零件

轴、套、轮、圆盘等零件的主体结构形状为同轴回转体，这类零件的主视图应将主体轴线水平放置，即符合加工位置原则。对主视图尚未表达清楚的结构，一般用移出断面图、局部视图、局部放大图等补充表达，如图 9－1、图 9－3 所示。

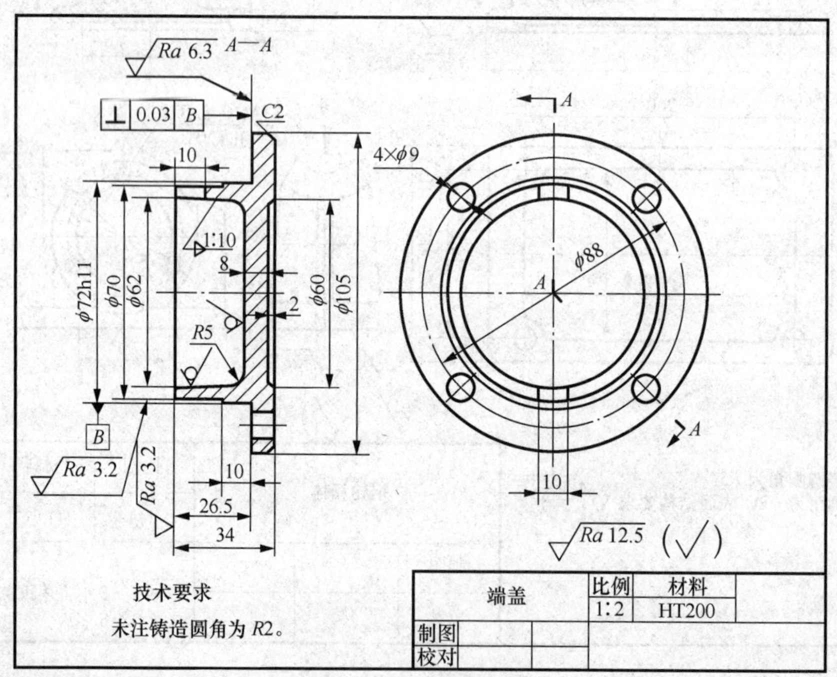

图 9－3　端盖零件图

2. 非回转体类零件

各种箱体、泵体、机座等零件的结构形状一般都比较复杂，这类零件的主视图选择首先应符合零件的工作位置原则，再运用形状特征原则确定主视图。其他视图的选择在主

体上应考虑选择哪些基本视图，对于局部结构以及倾斜的结构一般应考虑局部视图和斜视图。

如图9－4（a）所示的支架，上部的圆柱管与左端的安装板通过中间的T形肋连接。在方案一中，如图9－4（b）所示，主视图按工作位置原则和形状特征原则选择，增加俯视图主要是补充机件在前后方向的对称关系和宽度尺寸，同时反映出圆柱管的结构及安装板上矩形槽的形状。但是安装板上的外形和安装孔的形状并未表达清楚，因此可通过增加左视图或右视图来表达。在方案二中，如图9－4（c）所示，安装板采用局部视图表达，其效果比方案一更清晰、简练，而肋板采用移出断面图形状突出又利于标注尺寸。

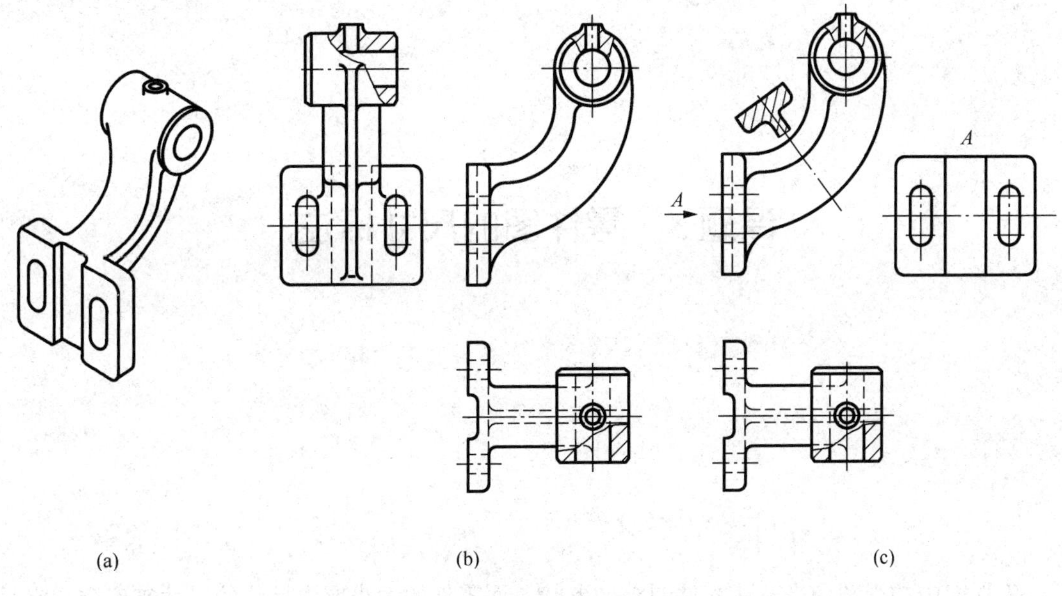

图9－4　支架

一、叉架类零件的视图选择

打开“9.1－1. dwg”，如图9－5所示，根据三维模型，用平面摄影命令完成适当的视图选择（可参考视频9.1－1. wmv）。

二、箱体类零件的视图选择

打开“9.1－2. dwg”，如图9－6所示，根据三维模型，用平面摄影命令完成适当的视图选择（可参考视频9.1－2. wmv）。

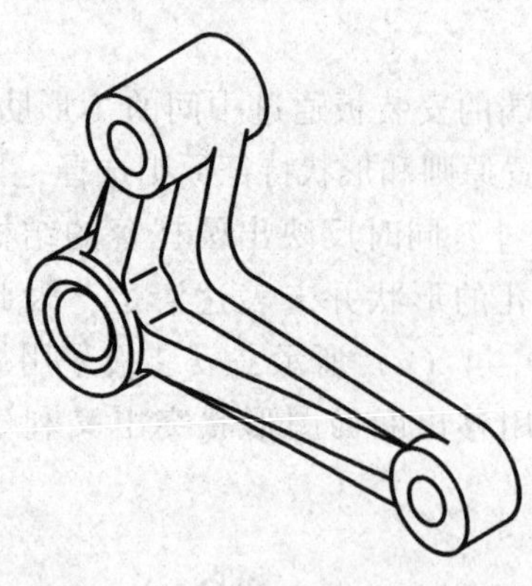
图9－5　打开“9.1－1.dwg”

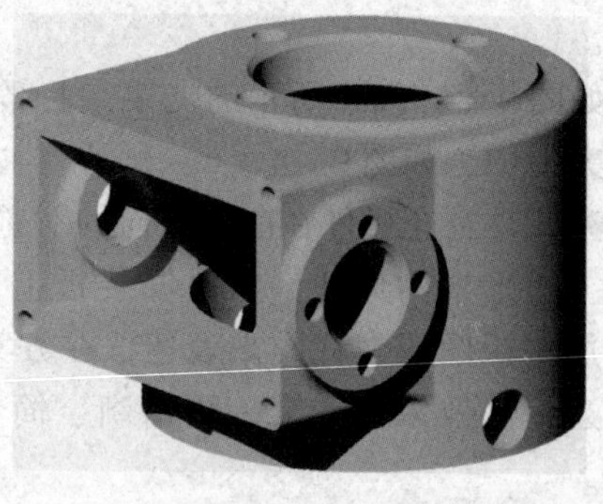
图9－6　打开“9.1－2.dwg”

课题3　零件图的尺寸标注

一、零件图尺寸标注的要求

零件图中的视图用来表达零件的结构形状，而零件的大小要由标注的尺寸来确定，它是加工零件和检验零件的重要依据。因此，零件图上的尺寸标注必须做到：正确、清晰、完整、合理。关于正确、完整、清晰的要求，前面已经介绍，这里主要介绍零件图尺寸标注的合理性。

所谓零件图尺寸标注的合理性，是指标注的尺寸既要满足设计要求又要符合工艺要求。

要使尺寸标注合理，需要有一定的机械制造专业知识和生产实践经验。

二、正确选择尺寸基准

要使所标注的尺寸合理，需要正确选择尺寸基准，即选择标注的起点，以便确定各形体之间的相对位置。通常选择零件的对称面、主要轴线、重要的配合面、较大的平面作为尺寸基准。根据基准的作用不同可分为设计基准和工艺基准两种。

1. 设计基准

根据零件在机器中的工作性能、装配要求等设计要求所选择的基准称为设计基准。任何零件都有长、高、宽三个方向的尺寸，每个方向只能选择一个设计基准，零件的重要尺寸都要从设计基准直接注出。

2. 工艺基准

为便于加工和测量所选定的基准，称为工艺基准。在标注尺寸时，最好使设计基准和工艺基准重合，以减小误差，保证零件的设计要求。

当零件较为复杂时，在同一方向上会选择多个基准，其中起主要作用的称为主要基准，起辅助作用的称为辅助基准。但是主要基准与辅助基准以及辅助基准与辅助基准之间应标注直接联系尺寸。如图 9－7 所示，在主视图中，支架的垂直、水平安装面分别是长度、高度方向尺寸的主要基准，左视图对称面为宽度方向尺寸的主要基准。ϕ20 孔的轴线是长度方向的辅助基准，尺寸 25 用来确定 ϕ11 孔的位置。

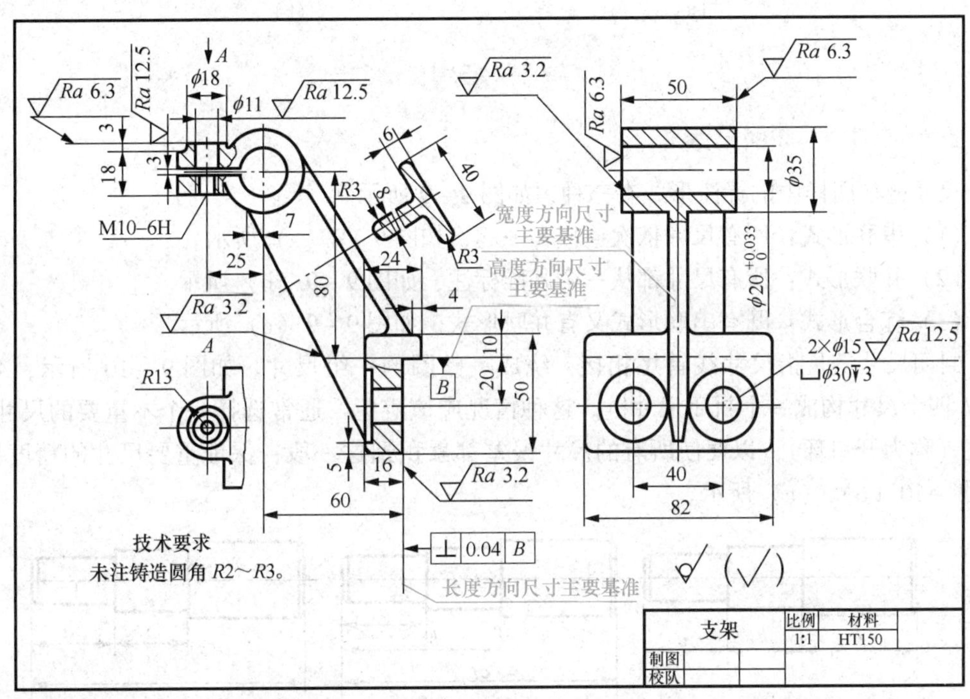

图 9－7 支架零件的尺寸基准

三、合理尺寸标注

1. 重要尺寸应直接注出

零件上的配合尺寸、安装尺寸、特性尺寸等，是影响零件在机器中的工作性能和装配精度等要求的尺寸，都是设计上必须保证的重要尺寸。这些尺寸应该直接注出，以保证设计要求。

如图 9－8 所示，轴承孔的中心高应从安装底面（高度方向主要基准）直接注出，如图 9－8（a）所示，而不能注成图 9－8（b）的形式，以 b、c 两个尺寸之和来代替，由于加工误差的影响，a 尺寸很难保证。同样道理，为了保证底板上两个安装孔与机座上的两个孔对中，必须直接注出其中心距 e 尺寸，如图 9－8（a）所示，而不应由两个 g 尺寸来确定，如图 9－8（b）所示。

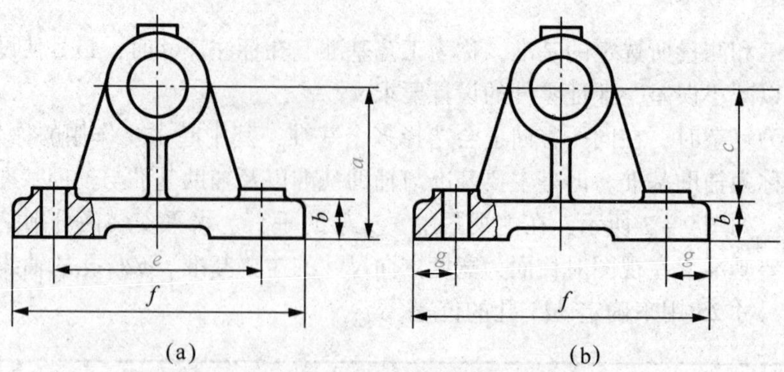

图9-8　主要尺寸直接注出

2. 避免注成封闭的尺寸链

尺寸链在图样中的标注形式有三种，如图9-9所示。

（1）串联形式：所有尺寸依次连接在一起，如图9-9（a）所示。

（2）并联形式：所有尺寸都从一个基准标注，如图9-9（b）所示。

（3）综合形式：既有串联形式又有并联形式，如图9-9（c）所示。

封闭尺寸链是指尺寸线首尾相接，绕成一整圈的一组尺寸。如图9-10所示，*A*、*B*、*C*、*L* 四个尺寸构成一个封闭尺寸链。这种情况应该避免。通常选择一个不重要的尺寸空出不注（称为开口环），以便使所有的尺寸误差都累积到这一段，保证重要尺寸的精度要求，如图9-10（b）、（c）所示。

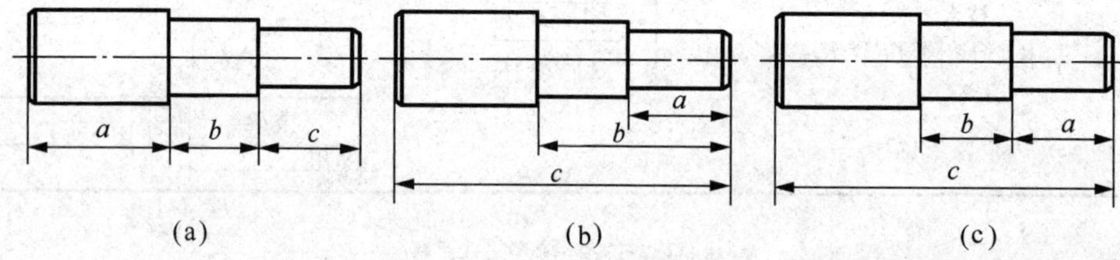

图9-9　尺寸链的形式

（a）串联形式；（b）并联形式；（c）综合形式

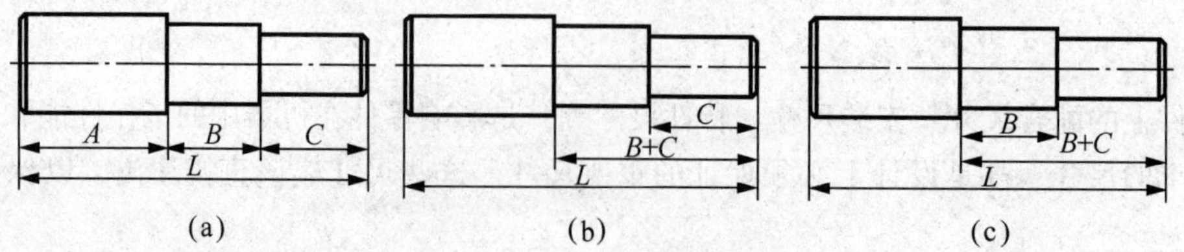

图9-10　避免封闭尺寸链

（a）封闭尺寸链（错误）；（b）正确；（c）正确

3. 符合加工顺序和方便测量

按加工顺序标注尺寸，便于看图和测量，有利于保证加工精度。如图9-11所示。

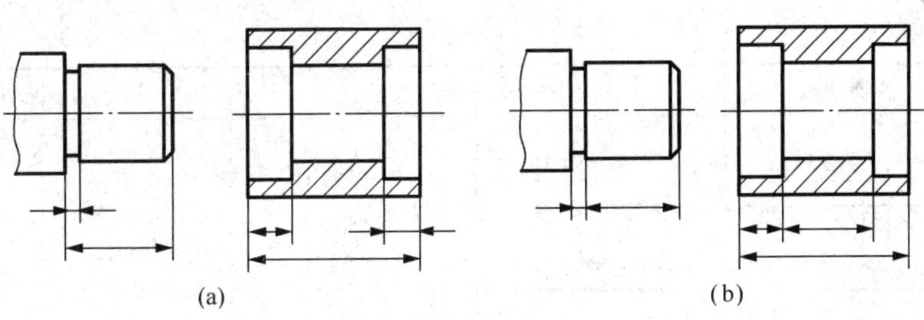

图9－11　符合加工和测量

（a）正确；（b）错误

4. 加工面与非加工面的尺寸标注

对于铸件或锻件零件，同一方向上的加工面和非加工面应各选择一个基准分别标注，并且两个基准之间只允许有一个联系尺寸。如图9－12（a）所示，零件的非加工面的一组尺寸是M_1、M_2、M_3、M_4，加工面由另一组尺寸L_1、L_2确定，它们之间只用一个尺寸A相联系。而图9－12（b）所标注的X_1与X_2是不合理的。

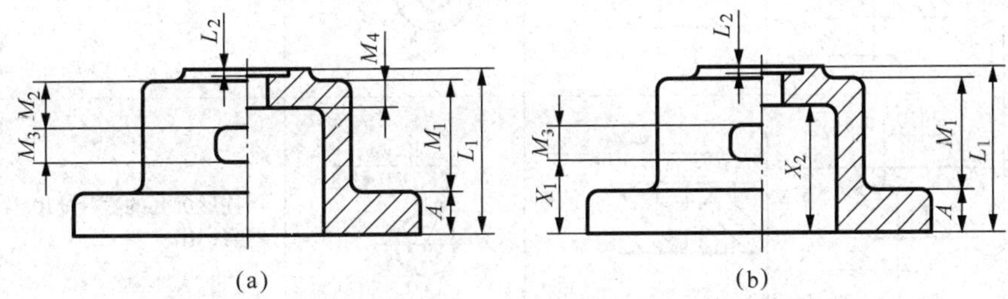

图9－12　毛面与加工面的尺寸标注

四、零件上常见结构的尺寸标注

零件上常见结构的尺寸标注见表9－1。

表9－1　零件上常见孔的尺寸注法

结构类型		普通注法	旁注法		说明
螺孔	通孔	3-M6-6H	3-M6-6H	3-M6-6H	3－M6－6H表示直径为6，均匀分布的3个螺孔
	不通孔	3-M6-6H 10	3-M6-6H↧10	3-M6-6H↧10	深10是指螺孔的深度
		3-M6-6H 10 12	3-M6-6H↧10 孔↧12	3-M6-6H↧10 孔↧12	需要注明钻孔深度时，应标明孔深尺寸

续表

结构类型		普通注法	旁注法		说明
光孔	一般孔	4–φ5▼10 10	4–φ5▼10	4–φ5▼10	4 - φ5 表示直径为 5、均匀分布的 4 个光孔
	锥销孔	锥销孔φ5 配作	锥销孔φ5 配作	锥销孔φ5 配作	φ5 为与锥销孔相配的圆锥销小头直径
沉孔	锥形	90° φ13 6–φ7	6–φ7 沉孔φ13×90°	6–φ7 沉孔φ13×90°	锥形沉孔的直径 φ13 及锥角 90°，均需标出
	柱形	φ10 3.5 4–φ6	4–φ6 沉孔φ10▼3.5	4–φ6 沉孔φ10▼3.5	柱形沉孔的直径 φ10 及深度 3.5，均需标出
	锪平面	φ16锪平 4–φ7	4–φ7 锪平 φ16	4–φ7 锪平 φ16	锪平 φ16 的深度不需标注，一般锪至不出现毛面为止

叉架类零件的尺寸标注练习

打开“9. 2. dwg”，如图 9 - 13 所示，分析零件的视图，完成零件图的尺寸标注（可参考视频 9. 2. wmv）。

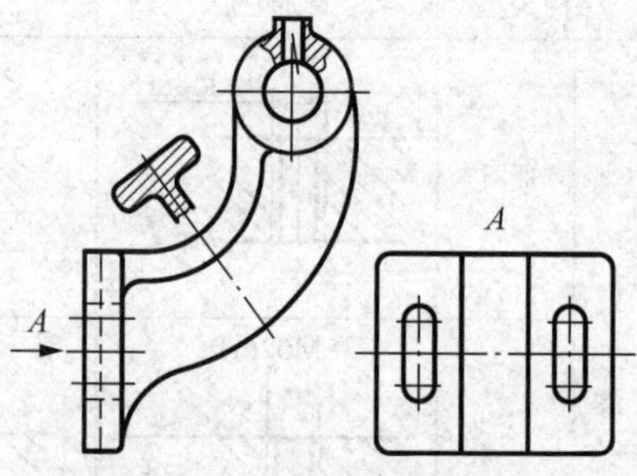

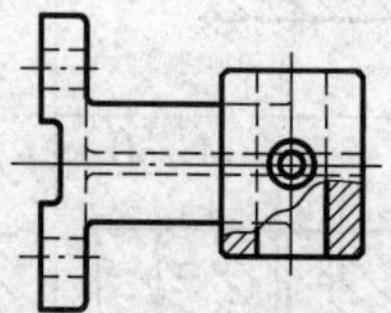

图 9 - 13　打开“9. 2. dwg”

课题4　表面结构的图样表示法

零件图中除了图形和尺寸外，还需用文字或符号注明对零件在制造和检验时应达到的质量要求，如表面粗糙度、尺寸公差、几何公差、热处理等。表面结构的图样表示法在 GB/T 131—2006 中有具体规定，其中包括表面粗糙度、表面波纹度、表面缺陷、表面纹理和表面几何形状等。本课题主要介绍常用的表面粗糙度表示法。

一、表面结构的图形符号

表面结构的图形符号见表 9－2。

表 9－2　表面结构图形符号

符号名称	符　号	含　义
基本图形符号	H_2 60° H_1 60°	基本图形符号由两条不等长的与标注表面成 60° 夹角的直线构成，基本图形符号仅用于简化代号标注，没有补充说明时不能单独使用。
扩展图形符号		在基本图形符号短边处加一短横，表示用去除材料方法获得的表面，如通过机械加工获得的表面。
		在基本图形符号上加一圆圈，表示指定表面用不去除材料方法获得。
完整图形符号		在以上各种符号的长边上加一横线，以便注写对表面结构的各种要求。

表面结构图形符号的尺寸见表 9－3。

表 9－3　表面结构图形符号的尺寸

表面结构图形符号	附加标注的尺寸						
数字和字母高度 h	2.5	3.5	5	7	10	14	20
符号线宽度 d' 字母线宽度 d	0.25	0.35	0.5	0.7	1	1.4	2
高度 H_1	3.5	5	7	10	14	20	28
高度 H_2（最小值）	7.5	10.5	15	21	30	42	60

二、表面结构要求在图形符号中的注写位置

为了明确表面结构要求，除了标注表面结构参数和数值外，必要时应标注补充要求，包括传输带、取样长度、加工工艺、表面纹理及方向、加工余量等。表面结构补充要求的注写位置如图 9－14 所示。

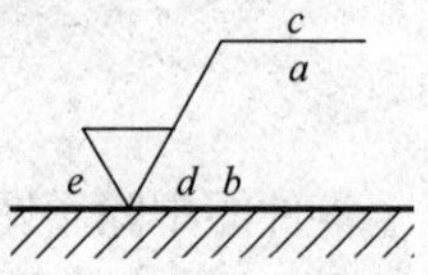

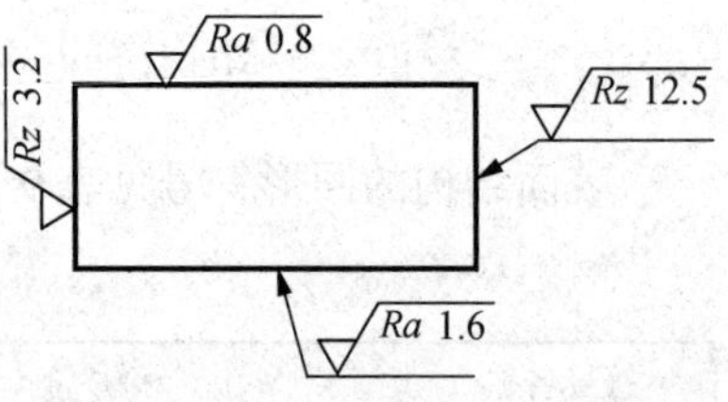

图 9－14　补充要求的注写位置

位置 *a*——注写表面结构的单一要求。

位置 *a* 和 *b*——注写两个或多个表面结构要求。

位置 *c*——注写加工方法、表面处理、涂层或其他加工工艺要求等，如车、磨、镀等加工表面。

位置 *d*——注写表面纹理和方向，如 “＝” “⊥” “M” 等。

位置 *e*——注写加工余量。

三、表面结构要求在图样中的注法

1. 表面结构符号、代号的标注位置与方向

总的原则是根据 GB/T 4458.4 的规定，使表面结构的注写和读取方向与尺寸的注写和读取方向一致，如图 9－15所示。

图 9－15　表面结构要求的注写方向

1）标注在轮廓线上或指引线上

表面结构要求可标注在轮廓线上，其符号应从材料外指向并接触表面。必要时，表面结构符号也可用带箭头或黑点的指引线引出标注，如图 9－16、图 9－17 所示。

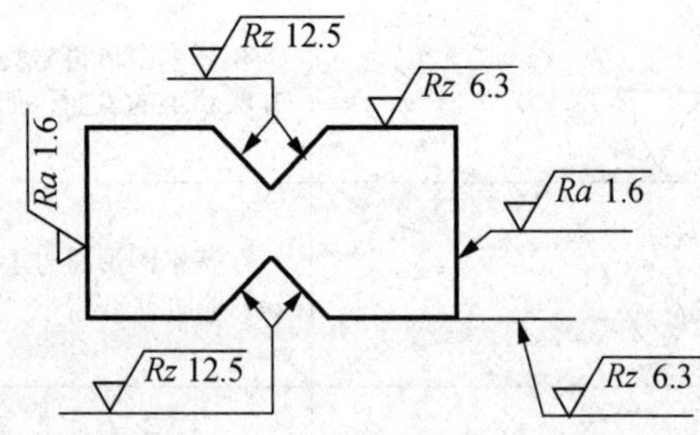

图 9－16　表面结构要求在轮廓线上的标注

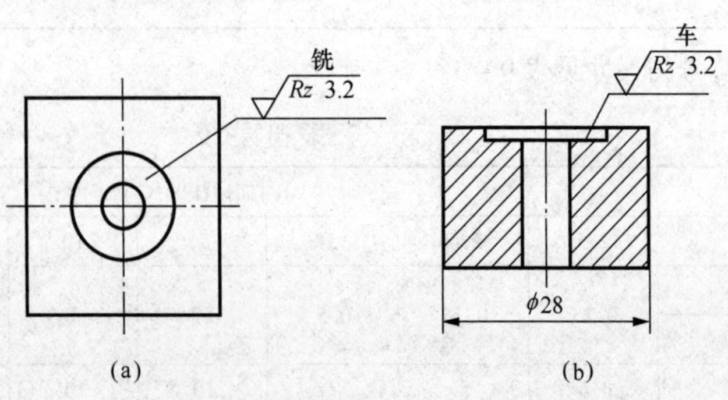

图 9－17　用指引线引出标注表面结构要求

2）标注在特征尺寸的尺寸线上

在不致引起误解时，表面结构要求可以标注在给定的尺寸线上，如图 9-18 所示。

3）标注在形位公差的框格上

表面结构要求可标注在形位公差框格的上方，如图 9-19 所示。

4）标注在圆柱和棱柱表面上

圆柱和棱柱表面的表面结构要求只标注一次，如图 9-20 所示。如果每个棱柱表面有不同的表面结构要求，则应分别单独标注，如图 9-21 所示。

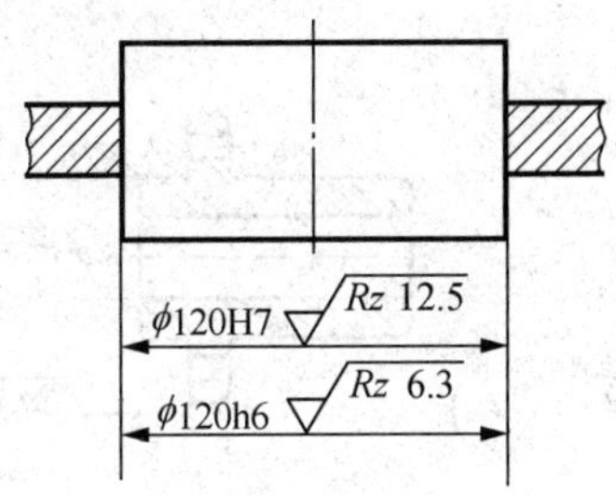

图 9-18　表面结构要求标注在尺寸线上

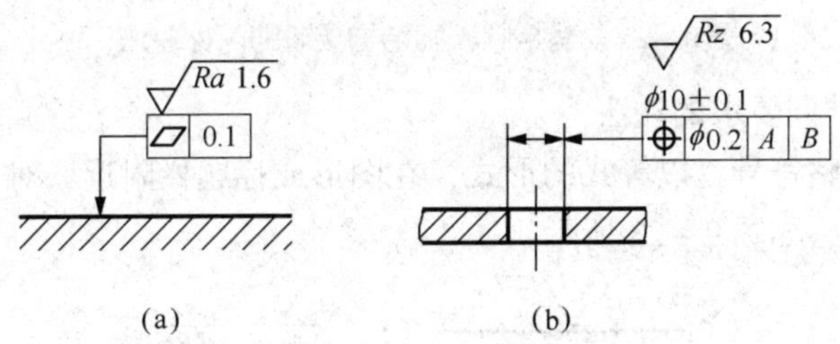

图 9-19　表面结构要求标注在形位公差框格的上方

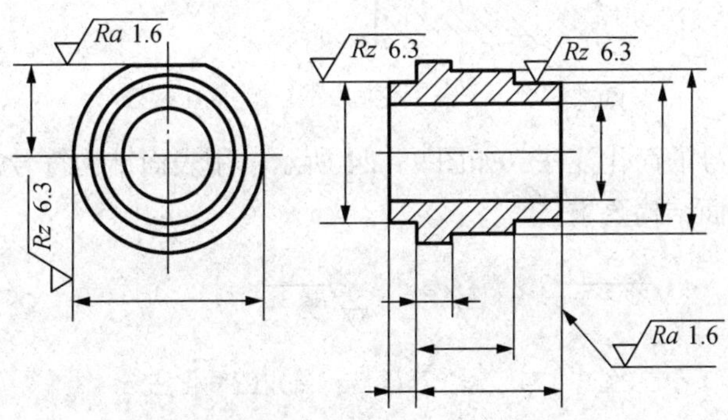

图 9-20　表面结构要求标注在圆柱特征延长线上

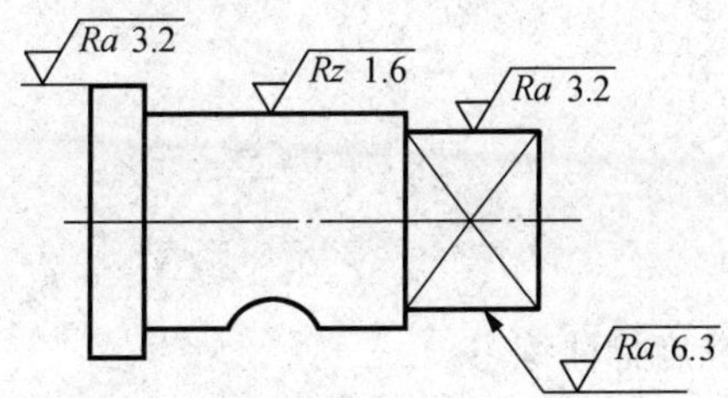

图 9-21　圆柱和棱柱的表面结构要求的注法

2. 表面结构要求的简化注法

1）有相同表面结构要求的简化注法

如果在工件的多数（包括全部）表面有相同的表面结构要求，则其表面结构要求可统一标注在图样的标题栏附近。此时（除全部表面有相同要求的情况外），表面结构要求的符号后面应有：

（1）在圆括号内给出无任何其他标注的基本符号，如图9－22（a）所示。

（2）在圆括号内给出不同的表面结构要求，如图9－22（b）所示。

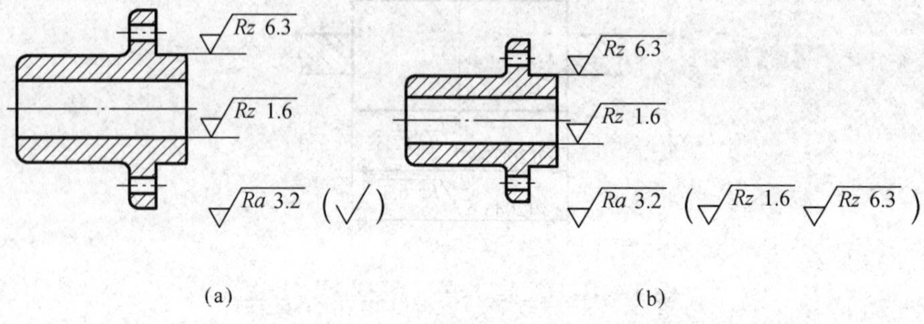

图9－22　有相同表面结构要求的简化注法

2）多个表面有共同要求的注法

可用带字母的完整符号，以等式的形式，在图形或标题栏附近，对有相同表面结构要求的表面进行简化标注，如图9－23所示。

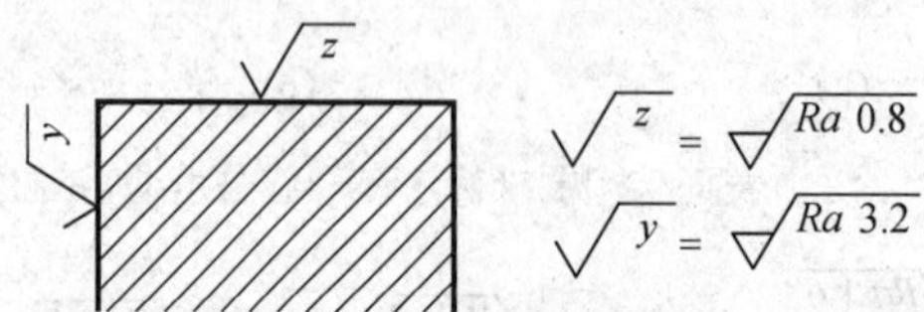

图9－23　在图纸空间有限时的简化标注

只用表面结构符号的简化注法，如图9－24所示，用表面结构符号，以等式的形式给出对多个表面共同的表面结构要求。

$\sqrt{}$ = $\sqrt{Ra\ 3.2}$　　$\sqrt{}$ = $\sqrt{Ra\ 3.2}$　　$\sqrt{}$ = $\sqrt{Ra\ 3.2}$

图9－24　多个表面结构要求的简化注法

一、手工练习

完成习题集9.3表面粗糙度标注练习。

二、在 CAD 中标注表面结构

完成习题集 9.4 表面粗糙度标注练习。

打开“9.4 – 1. dwg”，根据题目给出的条件，标注零件表面的粗糙度（可参考视频9.4 – 1. wmv）。

课题 5　极限与配合在图样中的标注

一、极限与配合的基本概念

1. 零件的互换性

在安装与修配机器时，从一批规格相同的零件中任取一件，不经修配就可装配到机器或部件上，以达到规定的功能要求，零件的这种性质称为互换性。零件具有互换性，不仅给机器的装配、维修带来方便，而且为现代化大生产提供条件，能够大大缩短生产周期，提高劳动效率和经济效益。为了满足零件的互换性，就必须制定和执行统一的标准。

2. 基本术语

如图 9 – 25 所示。

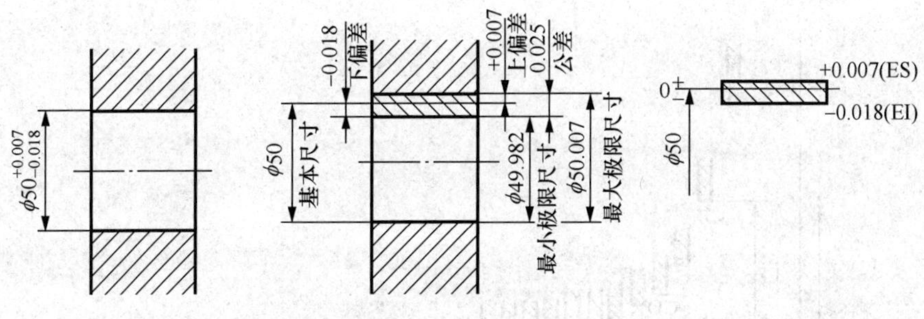

图 9 – 25　基本术语

（1）基本尺寸。设计给定的尺寸 $\phi50$。

（2）实际尺寸。通过测量获得的尺寸。

（3）极限尺寸。允许尺寸变动的两个界限值。最大极限尺寸 $\phi50.007$；最小极限尺寸 $\phi49.982$。实际尺寸在两个极限尺寸之间即为合格。

（4）极限偏差。极限尺寸减基本尺寸所得的代数差。其值可以为正值、负值或零。

上偏差。最大极限尺寸减基本尺寸所得的代数差。

下偏差。最小极限尺寸减基本尺寸所得的代数差。

孔的上、下偏差代号用大写字母 ES、EI 表示。

轴的上、下偏差代号用小写字母 es、ei 表示。

（5）尺寸公差。允许尺寸的变动量。

尺寸公差 = 最大极限尺寸 − 最小极限尺寸 = 上偏差 − 下偏差

（6）公差带与公差带图。为了便于分析尺寸公差和有关计算，以基本尺寸为基准，称为零线。用夸大了间距的两条直线表示上、下偏差，这两条直线所限定的区域称为公差带。用这种方法画出的图称为公差带图，它表示了尺寸公差的大小和相对零线的位置。

3. 标准公差与基本偏差

（1）标准公差。国家标注规定了一系列的级别与相应公称尺寸对应的数值，用以确定公差带的大小。标准公差分为 20 个等级：IT01、IT0、IT1、…、IT18。其中 IT 表示标准公差，阿拉伯数字表示公差等级。从 IT01 到 IT18 等级依次降低。各级标准公差与基本尺寸对应的数值见附表。

（2）基本偏差。基本偏差通常是指靠近零线的那个偏差，它可以是上偏差或下偏差，当公差带在零线上方时，基本偏差为下偏差；反之为上偏差。孔、轴各有 28 个基本偏差，孔用大写字母表示，如 A、B、C、CD、D、…、ZA、ZB、ZC；轴用小写字母表示，如 a、b、c、cd、d、…、za、zb、zc，如图 9 − 26 所示。孔的基本偏差从 A 到 H 为下偏差，从 J 到 ZC 为上偏差，JS 的上下偏差分别为 $+\frac{IT}{2}$和 $-\frac{IT}{2}$。轴的基本偏差从 a 到 h 为上偏差，从 j 到 zc 为下偏差，js 的上下偏差分别为 $+\frac{IT}{2}$和 $-\frac{IT}{2}$。除 JS（js）外，孔和轴的另一个偏差可按下式计算：

孔：ES = EI + IT 或 EI = ES − IT

轴：es = ei + IT 或 ei = es − IT

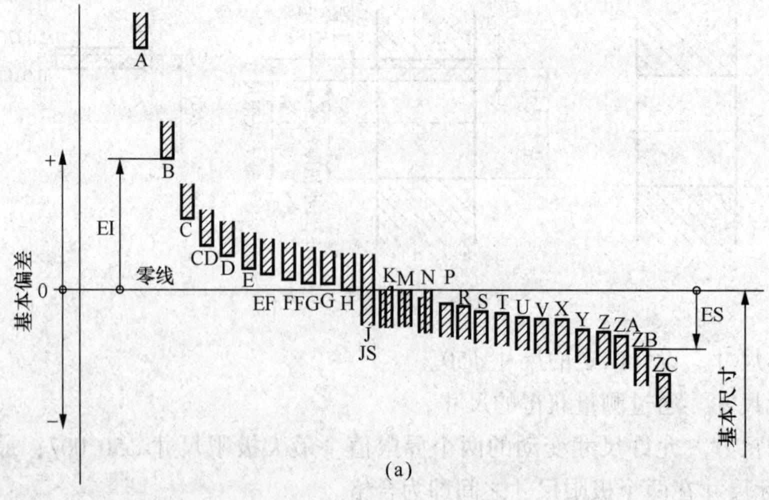

图 9 − 26　基本偏差系列

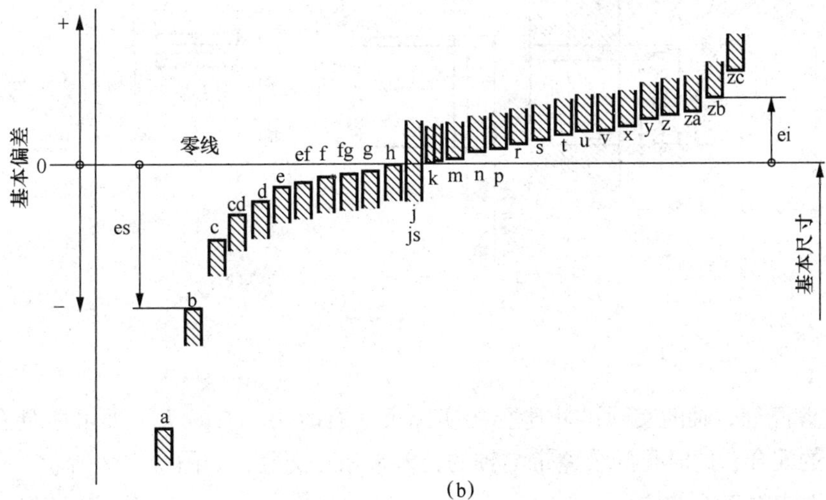

图 9－26 基本偏差系列（续）

（a）孔；（b）轴

（3）公差带的表示。公差带由标准公差和基本偏差确定。公差带代号由基本偏差代号（字母）和标注公差等级代号（数字）表示，例如 ϕ50H8、ϕ50f7 等。

4. 配合

基本尺寸相同，相互结合的孔和轴公差带之间的关系称为配合。配合用相同的基本尺寸，但由于孔和轴的实际尺寸不同，装配后可能出现不同大小的间歇或过盈。孔的尺寸减去与之配合的轴的尺寸，其代数值为正时称为间隙，代数值为负数时称为过盈。国家标准规定配合分为三类。

（1）间隙配合。孔的实际尺寸总比轴的实际尺寸大，即具有间隙（包括最小间隙等于零）的配合。此时孔的公差带在轴的公差带之上，如图 9－27 所示。间隙配合主要用于两配合表面间有相对运动的地方。

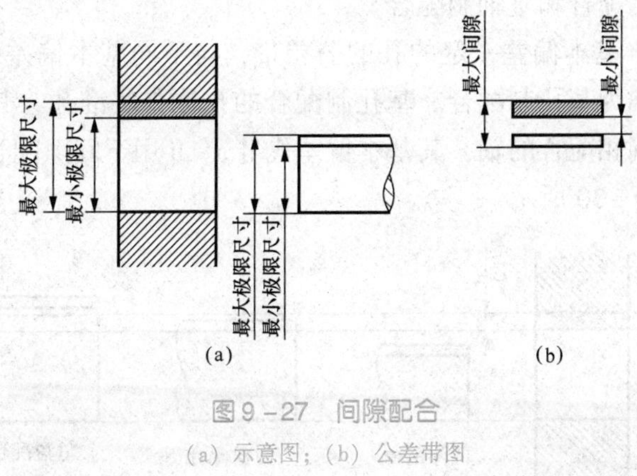

图 9－27 间隙配合

（a）示意图；（b）公差带图

（2）过盈配合。孔的实际尺寸总比轴的实际尺寸小，即具有过盈（包括最小过盈等于零）的配合。此时孔的公差带在轴的公差带之下，如图 9－28 所示。过盈配合主要用于两配合表面间要求紧密连接的场合。

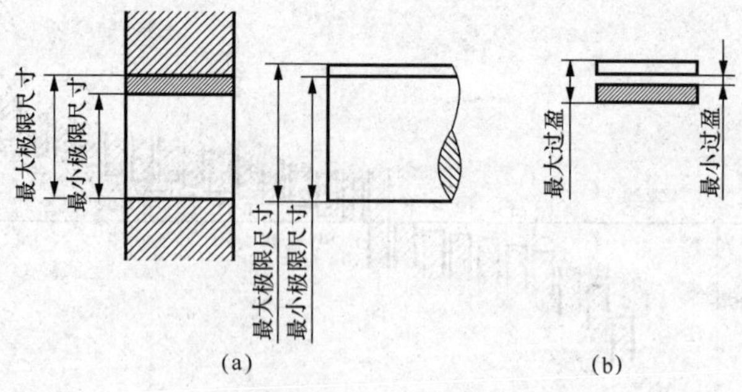

图 9-28　过盈配合

(a) 示意图；(b) 公差带图

（3）过渡配合。轴的实际尺寸比孔的实际尺寸有时小、有时大。即可能具有间隙也可能具有过盈的配合。此时孔的公差带与轴的公差带相互交叠，如图 9-29 所示。过渡配合主要用于要求对中性较好的情况。

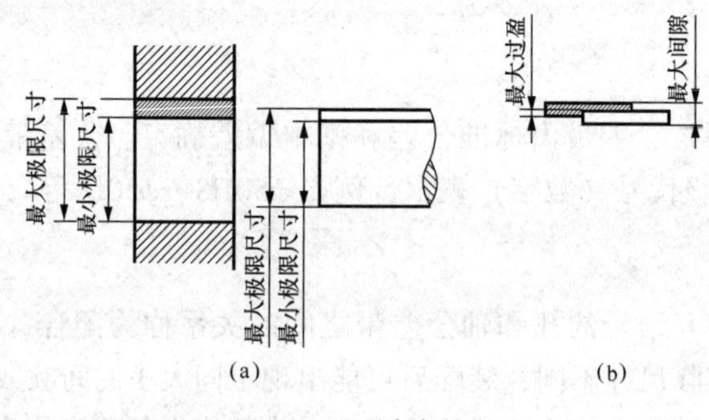

图 9-29　过渡配合

(a) 示意图；(b) 公差带图

5. 配合制

孔和轴公差带形成配合的一种制度，称为配合制。为了生产上的方便，国家标准规定了两种配合制，即基孔制配合和基轴制配合。

（1）基孔制配合。基本偏差一定的孔的公差带，与不同基本偏差的轴的公差带形成各种配合的一种制度，称为基孔制配合。基孔制配合的孔称为基准孔，其基本偏差代号为 H，下偏差为零。与基孔制相配合的轴，其基本偏差代号 a ~ h 用于间隙配合，j ~ zc 用于过渡配合和过盈配合，如图 9-30 所示。

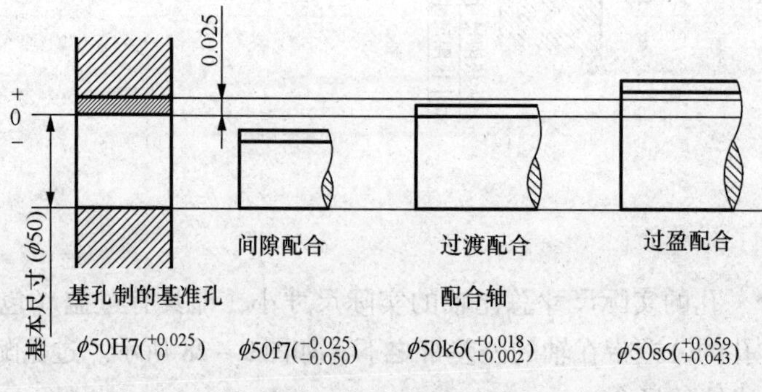

图 9-30　基孔制配合

（2）基轴制配合。基本偏差一定的轴的公差带，与不同基本偏差的孔的公差带形成各种配合的一种制度，称为基轴制配合。基轴制配合的轴称为基准轴，其基本偏差代号为 h，上偏差为零。与基轴制相配合的孔，其基本偏差代号 A ~ H 用于间隙配合，J ~ ZC 用于过渡配合和过盈配合，如图 9 – 31 所示。

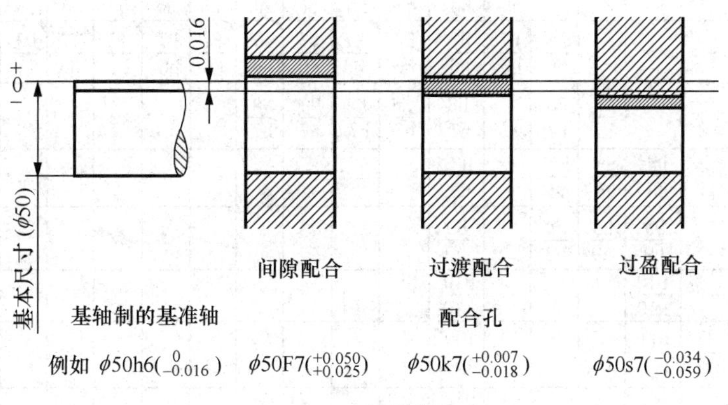

图 9 – 31　基轴制配合

6. 优先常用配合

20 个标准公差等级和 28 种基本偏差可组成大量的配合。国家标准对孔、轴的公差带的选用分为优先、其次和最后三类，前两类合称常用配合。由孔、轴的优先和常用公差带分别组成基孔制和基轴制的优先和常用配合，见表 9 – 4 和表 9 – 5。

表 9 – 4　基孔制优先和常用配合

基准孔	轴																				
	a	b	c	d	e	f	g	h	js	k	m	n	p	r	s	t	u	v	x	y	z
		间隙配合							过渡配合				过盈配合								
H6						$\frac{H6}{f5}$	$\frac{H6}{g5}$	$\frac{H6}{h5}$	$\frac{H6}{js5}$	$\frac{H6}{k5}$	$\frac{H6}{m5}$	$\frac{H6}{n5}$	$\frac{H6}{p5}$	$\frac{H6}{r5}$	$\frac{H6}{s5}$	$\frac{H6}{t5}$					
H7						$\frac{H7}{f6}$	▼$\frac{H7}{g6}$	▼$\frac{H7}{h6}$	$\frac{H7}{js6}$	▼$\frac{H7}{k6}$	$\frac{H7}{m6}$	▼$\frac{H7}{n6}$	$\frac{H7}{p6}$	▼$\frac{H7}{r6}$	▼$\frac{H7}{s6}$	$\frac{H7}{t6}$	▼$\frac{H7}{u6}$	$\frac{H7}{v6}$	$\frac{H7}{x6}$	$\frac{H7}{y6}$	$\frac{H7}{z6}$
H8					$\frac{H8}{c7}$	▼$\frac{H8}{f7}$	$\frac{H8}{g7}$	▼$\frac{H8}{h7}$	$\frac{H8}{js7}$	$\frac{H8}{k7}$	$\frac{H8}{m7}$	$\frac{H8}{n7}$	$\frac{H8}{p7}$	$\frac{H8}{r7}$	$\frac{H8}{s7}$	$\frac{H8}{t7}$	$\frac{H8}{u7}$				
				$\frac{H8}{d8}$	$\frac{H8}{c8}$	$\frac{H8}{f8}$		▼$\frac{H8}{h8}$													
H9			$\frac{H9}{c9}$	▼$\frac{H9}{d9}$	$\frac{H9}{e9}$	$\frac{H9}{f9}$		$\frac{H9}{h9}$													
H10			$\frac{H10}{c10}$	$\frac{H10}{d10}$				$\frac{H10}{h10}$													
H11	$\frac{H11}{a11}$	$\frac{H11}{b11}$	▼$\frac{H11}{c11}$	$\frac{H11}{d11}$				▼$\frac{H11}{h11}$													
H12		$\frac{H12}{b12}$						$\frac{H12}{h12}$													

注：① $\frac{H6}{n5}$、$\frac{H7}{p6}$ 在基本尺寸小于或等于3mm和 $\frac{H8}{r7}$ 在小于或等于100mm时，为过渡配合。

②标注 ▼的配合为优先配合。

表9－5　基轴制的优先和常用配合

基准轴	孔																				
	A	B	C	D	E	F	G	H	JS	K	M	N	P	R	S	T	U	V	X	Y	Z
	间隙配合								过渡配合				过盈配合								
h5						F6/h5	G6/h5	H6/h5	JS6/h5	K6/h5	M6/h5	N6/h5	P6/h5	R6/h5	S6/h5	T6/h5					
h6						F7/h6	◤G7/h6	◤H7/h6	JS7/h6	◤K7/h6	M7/h6	◤N7/h6	P7/h6	R7/h6	◤S7/h6	T7/h6	◤U7/h6				
h7					E8/h7	◤F8/h7		◤H8/h7	JS8/h7	K8/h7	M8/h7	N8/h7									
h8				D8/h8	E8/h8	F8/h8		H8/h8													
h9				◤D9/h9	E9/h9	F9/h9		◤H9/h9													
h10				D10/h10				H10/h10													
h11	A11/h11	B11/h11	◤C11/h11	D11/h11				◤H11/h11													
h12		B12/h12						H12/h12													
注：标注◤的配合为优先配合。																					

二、极限与配合的标注

1. 在装配图中的注法

在装配图上标注配合代号时，其代号必须在基本尺寸的右边，用分数形式注出，分子为孔的公差带代号，分母为轴的公差带代号，如图9－32（a）、图9－32（b）所示。当标注标准件、外购件与零件的配合关系时，可仅标注相配零件的公差带代号，如图9－32（c）所示。

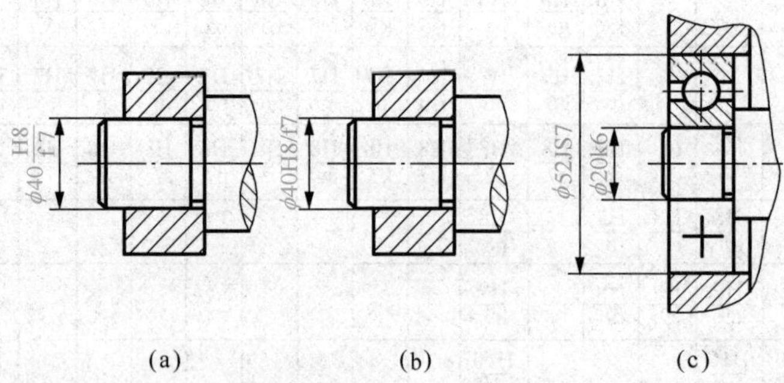

图9－32　极限与配合在装配图中的标注

2. 在零件图中的注法

在零件图上标注时，有三种形式。

（1）标注公差带代号，如图9－33（a）所示。

（2）标注极限偏差，如图9－33（b）所示。

（3）标注公差带代号和极限偏差，如图9－33（c）所示。

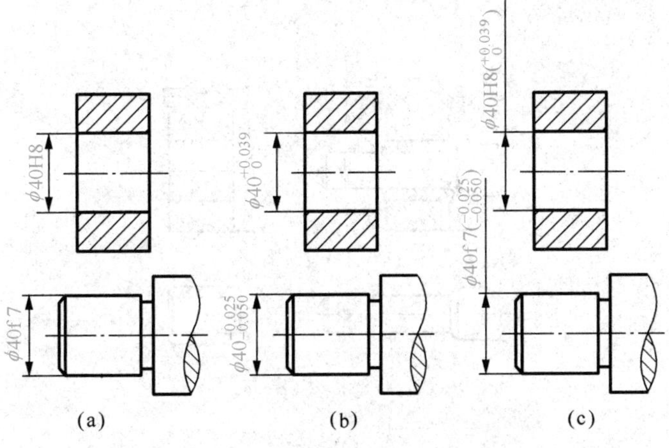

图 9－33 极限与配合在零件图中的标注

一、极限与配合的查表与标注

完成习题集 9.5、9.6 极限与配合练习。

二、在 CAD 中标注极限与配合

1. 装配图中极限与配合的标注

（1）打开“9.7－1. dwg”，如图 9－34 所示，使用堆叠方式标注装配尺寸（可参考视频 9.7－1. wmv）。

（2）打开“9.7－2. dwg”，如图 9－35 所示，根据轴和孔的偏差值，分别注出配合代号。

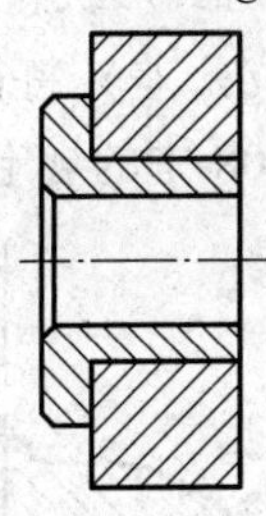

图 9－34 打开“9.7－1. dwg”

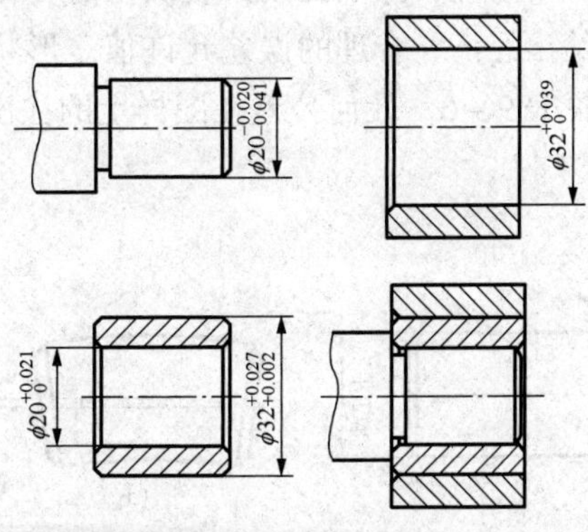

图 9－35 打开“9.7－2. dwg”

2. 零件图中极限与配合的标注

打开“9.8－1. dwg”，如图 9－36 所示，根据配合代号，分别标注出孔和轴的偏差值

（可参考视频 9.8－1.wmv）。

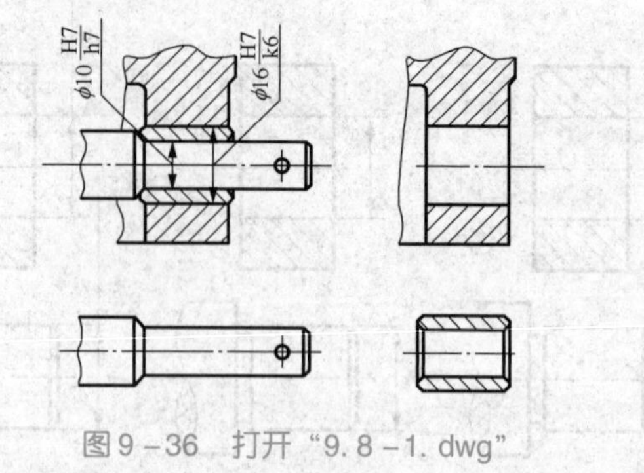

图 9－36　打开“9.8－1.dwg”

课题 6　几何公差在图样中的标注

一、基本概念

零件加工过程中，不仅会产生尺寸误差，还会产生形状误差和位置误差。按如图 9－37（a）所示尺寸加工小轴，加工后发现其轴线弯曲了，如图 9－37（b）所示，这种形状上的不准确，属于形状误差。又如图 9－38 所示，箱体上两个安装锥齿轮轴的孔，加工后如果两孔的轴线垂直相交的精度不够，就会影响两锥齿轮的啮合传动，这属于位置误差。因此，对于重要的零件，除了控制其表面粗糙度和尺寸误差外，有时还要对其形状和位置误差加以限制，给出经济、合理的误差允许值。形状和位置公差（简称形位公差）特征项目的分类及符号见表 9－6。几何公差在图样上的注法应按照 GB/T 1182—2008 中的规定。

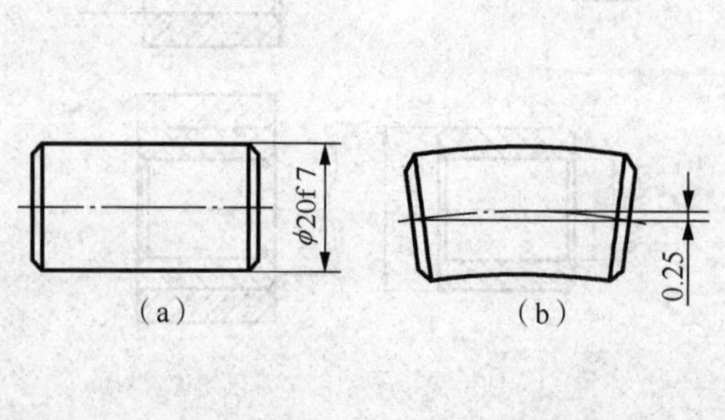

图 9－37　形状公差示例

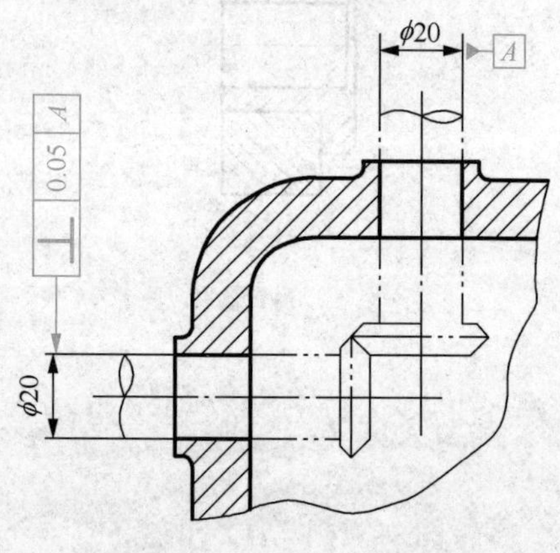

图 9－38　位置公差示例

表9－6 几何公差特征项目的分类及符号

公差类型	几何特征	符号
形状公差	直线度	—
	平面度	⏥
	圆度	○
	圆柱度	⌭
	线轮廓度	⌒
	面轮廓度	⌓
方向公差	平行度	//
	垂直度	⊥
	倾斜度	∠
	线轮廓度	⌒
	面轮廓度	⌓
位置公差	位置度	⌖
	同心度（用于中心点）	◎
	同轴度（用于轴线）	◎
	对称度	⌯
	线轮廓度	⌒
	面轮廓度	⌓
跳动公差	圆跳动	↗
	全跳动	⌰

二、几何公差的标注

1. 几何公差代号

几何公差代号包括：几何公差特征项目符号、几何公差框格及指引线、基准符号、几何公差数值和其他有关符号等，如图9－39所示。

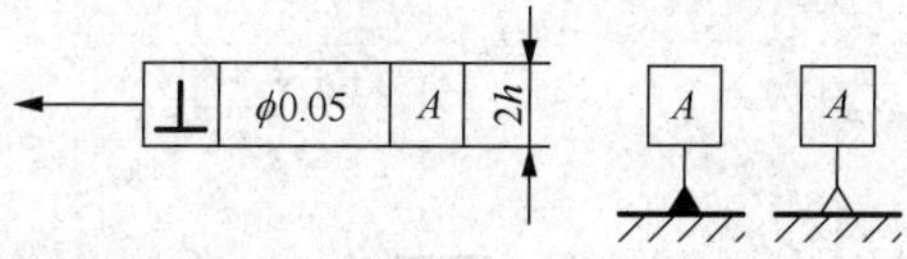

图9－39 几何公差代号及基准代号

2. 几何公差的标注

（1）被测要素。当被测要素为轮廓线或表面时，指引线的箭头要指向被测要素的轮廓线或延长线上，并明显地与其尺寸线的箭头错开，如图9－40、图9－43所示。箭头也可指向引出线的水平线，引出线引自被测面，如图9－42所示。当被测要素是轴线、中心面或中心点时，指引线应与该要素的尺寸线对齐，如图9－41、图9－44所示。

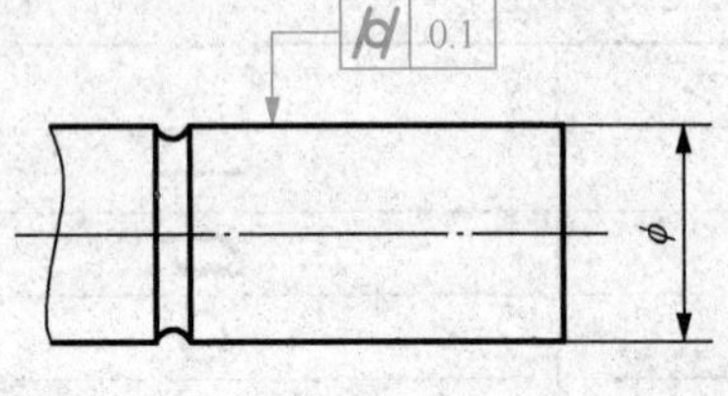

图9－40 被测要素为轮廓线或表面

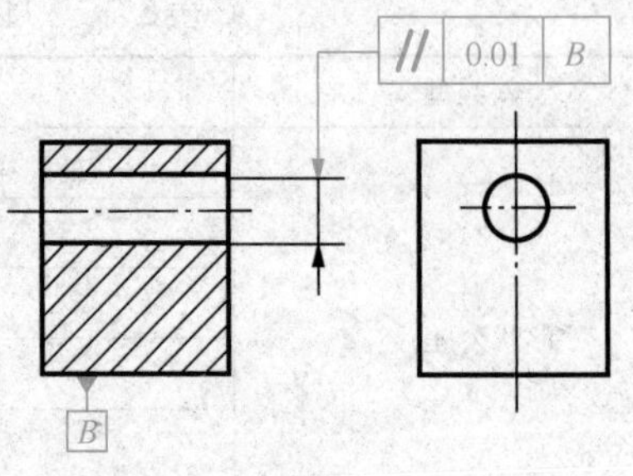

图9－41 被测要素为轴线

（2）基准要素。当基准要素为轮廓线或表面时，基准符号应标注在该要素的轮廓线或延长线上，基准符号中的细实线与其尺寸线的箭头应明显错开，如图9－41、图9－43所示。基准三角形也可放置在该轮廓面引出线的水平线上，如图9－45所示。当基准要素为轴线、中心面或中心点时，基准符号中的细实线与尺寸线对齐，如图9－44、图9－46所示。

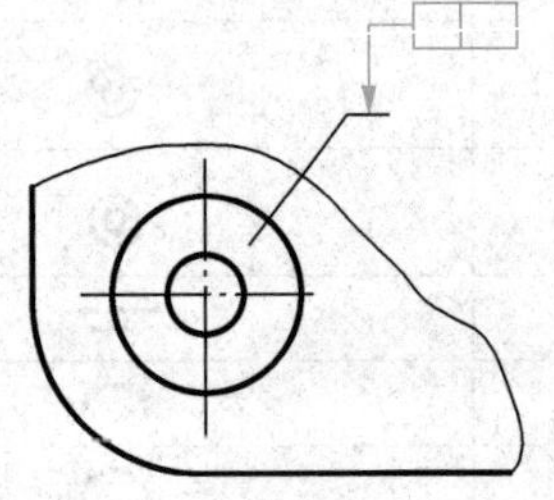

图9－42 箭头指向引出线上

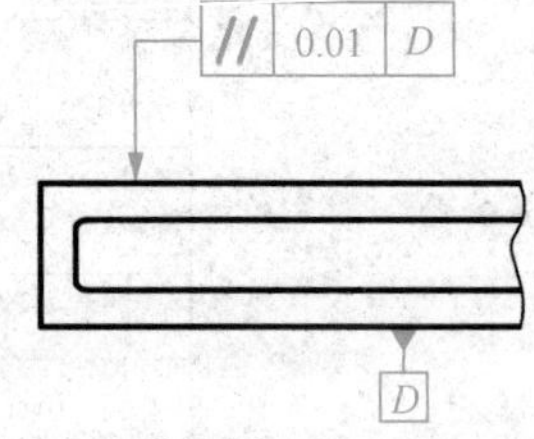

图9－43 基准要素为轮廓线或表面

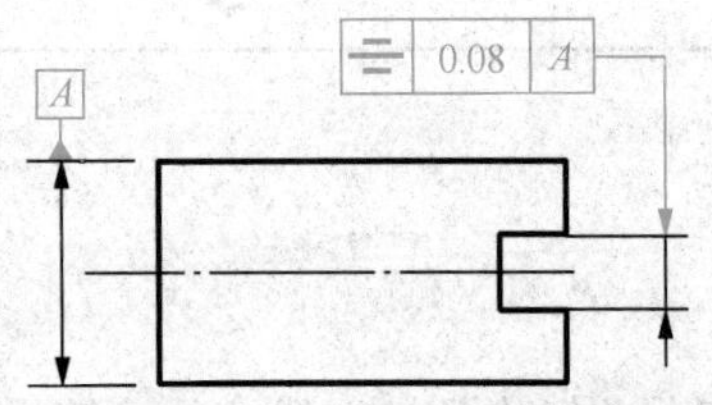

图9－44 被测、基准要素为中心面

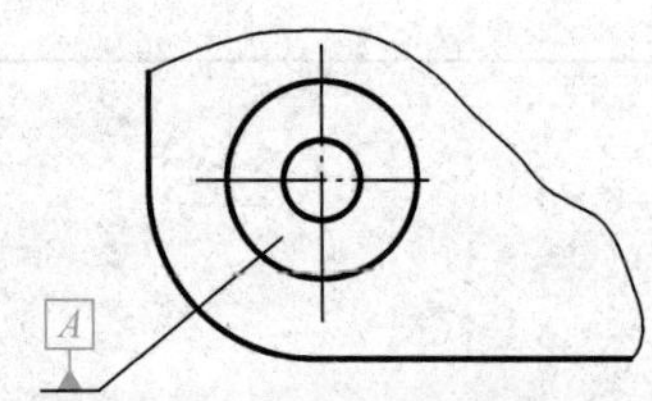

图9－45 基准指向引出线上

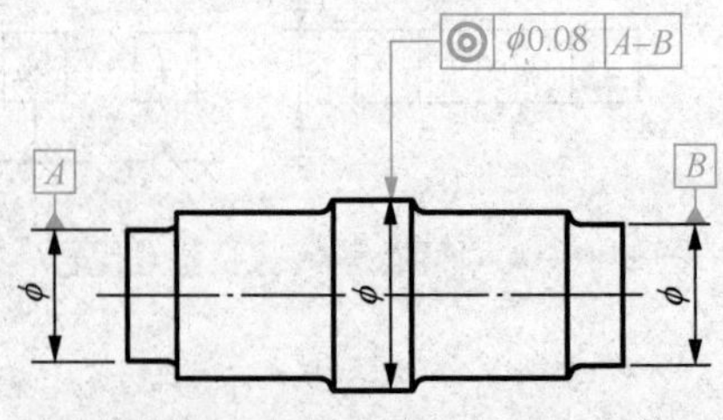

图9－46 基准要素为轴线

一个公差框格可以用于具有相同几何特征和公差值的若干个分离要素，如图9－47所示。

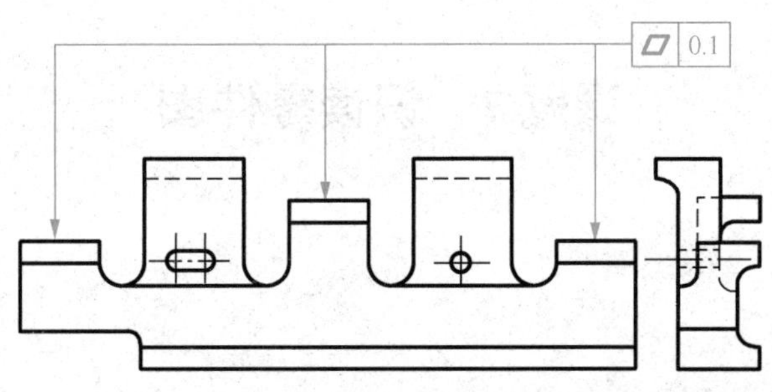

图9－47　相同几何特征和公差值的标注

如果需要就某个要素给出几种几何特征的公差，可将一个公差框格放在另一个的下面，如图9－48所示。

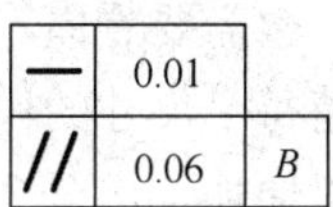

图9－48　同一要素有几种几何特征的标注

一、几何公差的识读与标注

完成习题集9.10几何公差标注练习。

二、在CAD中标注几何公差

打开“9.11－1.dwg”，如图9－49所示，根据题意标注几何公差（可参考视频9.11－1.wmv）。

用文字说明几何公差，用代号和框格形式注在图9－49上。

1. 平面A的平面度不大于0.04。

2. 20f7中心面对平面A的垂直度不大于0.01。

3. 90°V形槽对20f7对称中心面的对称度不大于0.04。

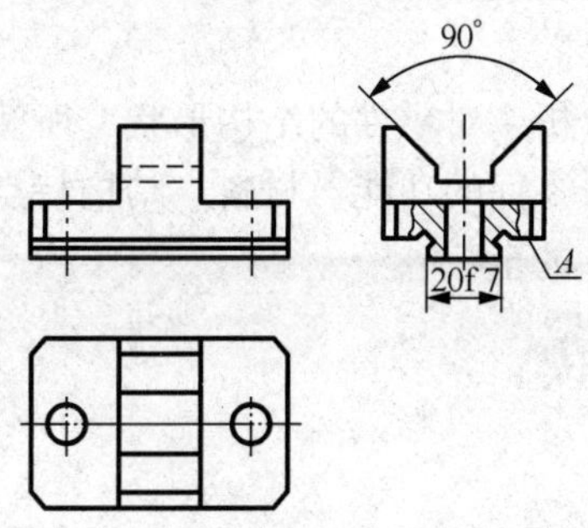

图9－49　打开“9.11－1.dwg”

课题7　识读零件图

一、识读零件图的目的和要求

在设计、生产及学习等活动中，看零件图是一项十分重要的工作。设计零件时，经常需要参考同类机器零件的图样。制造零件时，也需要看懂零件图。识读零件图的目的是通过图样的表达方法想象出零件的结构和形状，弄清每个尺寸的作用和要求，了解各项技术要求的内容和实现这些要求应该采取的工艺措施等，以便加工出符合图样要求的合格零件。另外，为了更好地读懂零件图，最好能联系零件在机器或部件中的位置、功能以及与其他零件的关系来读图。

二、识读零件图的方法与步骤

1. 概括了解

先阅读零件图的标题栏，了解零件的名称、材料、绘图比例等。然后浏览全图，弄清该零件属于哪一类零件，在机器中大致起什么作用，由此可对该零件有个概括了解。

2. 表达方案及结构分析

首先浏览零件视图的布局方式，根据投影关系判断哪个是主视图，采用了哪种剖视图和剖切方法，其他视图与主视图的关系以及采用的表达方法。然后对零件的结构和形状进行详细分析。通常采用形体分析法，按“先主后次、先大后小、先外后内，先粗后细”的顺序，有条不紊地进行识读，从而想象出零件的整体结构。

3. 尺寸和技术要求分析

确定零件各个方向的尺寸基准，了解各部分的定形尺寸、定位尺寸和总体尺寸。了解各配合表面的尺寸公差，有关的形位公差。了解各表面的粗糙度要求以及热处理、表面处理等技术要求。

4. 归纳总结

通过对零件图上述内容的分析，对零件的结构形状、所注尺寸以及各项技术要求等有了比较细致的了解和认识，然后对零件的功能、材料、结构特点、尺寸要点以及重要的技术要求进行归纳总结，从而认识零件的全貌。

三、典型零件图的识读

1. 轴套类零件图

轴套类零件主要有轴、套筒和衬套等。轴在机器中起着支承和传动的作用，套类零件通

常是安装在轴上，起到定向定位、传动或连接的作用，阅读图9－1传动轴零件图。

1）概括了解

从标题栏中了解到零件的名称为传动轴，材料为45号钢，绘图比例为1:1。

2）分析视图，想象零件结构形状

该零件采用了主视图和两个移出断面图表达。主视图按其加工位置选择，即轴线水平放置，从主视图中可以看出该零件由若干段同轴回转体组成，在ϕ15和ϕ22的圆柱段上各有一个键槽，右端为M20的螺纹，并有退刀槽和倒角等工艺结构。

3）分析尺寸，看懂技术要求

径向尺寸基准为回转轴线，轴向尺寸基准为ϕ30圆柱的右端面。左端键槽的定位尺寸为8，右端键槽的定位尺寸为5，尺寸74是设计基准与工艺基准的联系尺寸，零件的总长为138。

有四个轴段有尺寸公差的标注，它们的表面粗糙度Ra值为1.6μm。ϕ30两端面和键槽的粗糙度均为Ra3.2μm，其余均为Ra12.5μm。ϕ22的轴线与两端ϕ15的公共轴线同轴度公差不大于ϕ0.01。为了提高零件的强度和韧性，要求调质处理241～269HBS。

4）归纳总结

综上所述，对零件结构形状、尺寸基准和技术要求作整体分析总结。

2. 轮盘类零件图

轮盘类零件主要有齿轮、带轮、手轮、法兰盘和端盖等。这类零件在机器中主要起传动、连接、支承和密封等作用，阅读图9－3端盖零件图。

1）概括了解

从标题栏中了解到零件的名称为端盖，起密封作用，材料为HT200，绘图比例为1:2。

2）分析视图，想象零件结构形状

该零件采用主视图和左视图表达，主视图按加工位置选择，即轴线水平放置，主视图采用旋转全剖视，以表达端盖上孔及槽的内部结构。左视图表达端盖的基本外形与四个圆孔与两个方槽的分布。外形由三个圆柱组成，其直径分别为ϕ72、ϕ70、ϕ105。左端内孔为ϕ62、锥度为1:10的锥孔。盖上均布四个ϕ9的固定圆孔，垂直方向有对称的长、宽均为10mm的方槽两个。另有倒角、圆角等工艺结构。

3）分析尺寸，看懂技术要求

该零件的径向尺寸基准为主轴线，ϕ105的左端面为轴向尺寸基准。ϕ70的左端面为长度方向的辅助基准，两基准的联系尺寸为26.5。端盖在装配时，ϕ72h11圆柱面与箱体孔配合。零件的左端面和ϕ72h11圆柱面的表面粗糙度为Ra3.2μm，ϕ105的左端面表面粗糙度为Ra6.3μm，锥坑内表面保持原铸造状态。其余表面粗糙度为Ra12.5μm。ϕ105的左端面对ϕ72h11轴线的垂直度公差为0.03mm。所有未注铸造圆角均为R2。

4）归纳总结

综上所述，对零件结构形状、尺寸基准和技术要求作整体分析总结。

3. 叉架类零件图

叉架类零件主要有拨叉、连杆和各种支架等，该零件一般由支承部分、工作部分与连接部分组成，阅读图9－7支架零件图。

1）概括了解

从标题栏中了解到零件的名称为支架，起支承作用，材料为 HT150，绘图比例为 1∶1。

2）分析视图，想象零件结构形状

该零件采用两个基本视图，主视图和左视图均采用局部剖视。为了反映零件左上部夹板的形状而采用了局部视图，用移出断面来表达中间的连接部分 T 形特征。

3）分析尺寸，看懂技术要求

支架的垂直、水平安装面分别是长度、高度方向尺寸的主要基准，左视图对称面为宽度方向尺寸的主要基准。ϕ20 孔的轴线是长度方向的辅助基准，尺寸 25 用来确定 ϕ11 孔的位置。支架的垂直、水平安装面以及 ϕ20 孔的表面其粗糙度为 *Ra*3. 2μm，ϕ35 圆柱的两侧面以及夹板凸台上表面其粗糙度为 *Ra*6. 3μm，夹板槽与孔以及安装孔其粗糙度为 *Ra*12. 5μm，其余表面均为铸造表面。支架的垂直面对水平安装面的垂直度公差为 0. 04。未注铸造圆角均为*R*2 ~ *R*3。

4）归纳总结

综上所述，对零件结构形状、尺寸基准和技术要求作整体分析总结。

4. 箱体类零件图

箱体类零件主要有泵体、阀体、变速箱体、机座等，主要用来容纳和支承其他零件。

1）概括了解

从标题栏中了解到零件的名称为蜗轮箱体，材料为 HT150，绘图比例为 1∶1。

2）分析视图，想象零件结构形状

该零件采用两个基本视图表达，主视图按工作位置选择，并采用半剖视，既表达了箱体空腔和蜗杆轴孔的内部结构，又表达了箱体外形结构及圆形壳体前端面的六个螺孔的分布情况。左视图采用全剖视，除了表达箱体空腔结构形状外，还反映出壳体上方的注油螺孔和下方的排油螺孔，同时还反映出 ϕ120 圆柱下方的肋板形状。*A* 向局部视图补充表达肋板的宽度和位置。*B* 向局部视图补充表达壳体左右两端面的外形以及上面分布的三个 M10 的螺孔。*C* 向局部视图反映箱体底面的凹槽形状以及安装孔的分布。

3）分析尺寸，看懂技术要求

该零件的长度方向主要尺寸基准为左右对称面，高度方向主要尺寸基准为底平面，宽度方向主要尺寸基准为通过蜗杆轴线的中心平面。零件的主要尺寸有蜗轮与蜗杆中心距 105 ± 0. 09、蜗轮轴线的定位尺寸 190 等。

表面粗糙度以及其他方面的技术要求按前面所述的方法，读者可自行分析。

4）归纳总结

综上所述，对零件结构形状、尺寸基准和技术要求作整体分析总结。

一、识读零件图回答问题

完成习题集 9. 12 ~ 9. 15 识读零件图练习。

二、识读零件图，创建三维实体

打开“9. 16 – 1. dwg”，如图 9 – 50 所示，分析视图，创建零件的三维实体（可参考视频 9. 16 – 1. wmv）。

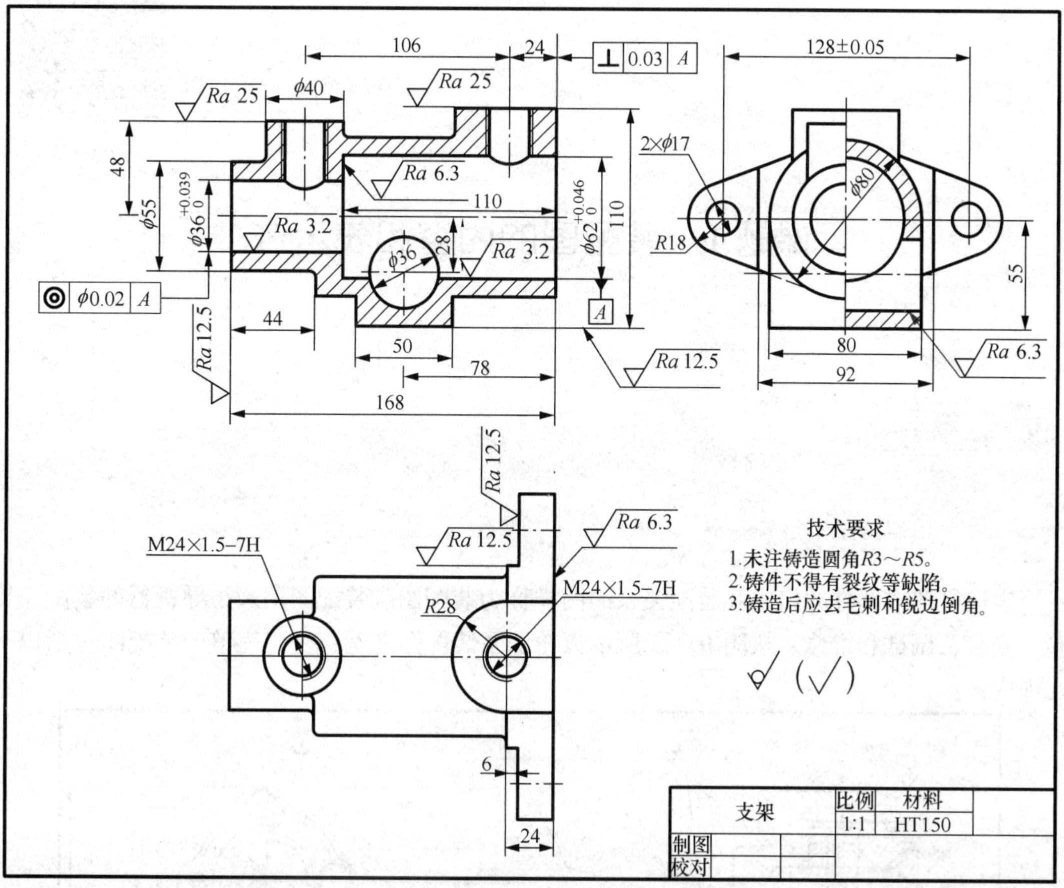

技术要求

1. 未注铸造圆角 $R3 \sim R5$。
2. 铸件不得有裂纹等缺陷。
3. 铸造后应去毛刺和锐边倒角。

支架	比例	材料
	1:1	HT150
制图		
校对		

图 9 – 50　打开“9. 16 – 1. dwg”

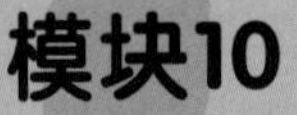

模块10 装配图

课题 1 装配图的内容和表示法

一、装配图的内容

表达机器或部件的组成及装配关系的图样称为装配图。装配图用来指导机器的装配、检验、安装、调试和维修。从图 10－1 所示齿轮油泵装配图来看，一张完整的装配图包括以下几项内容：

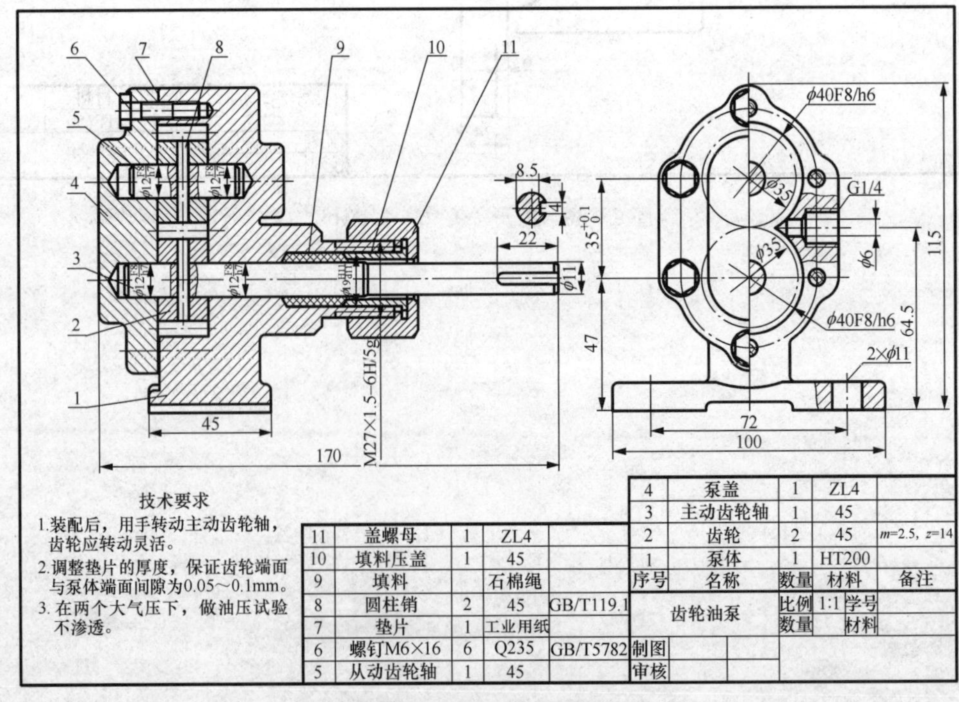

序号	名称	数量	材料	备注
11	盖螺母	1	ZL4	
10	填料压盖	1	45	
9	填料		石棉绳	
8	圆柱销	2	45	GB/T119.1
7	垫片	1	工业用纸	
6	螺钉M6×16	6	Q235	GB/T5782
5	从动齿轮轴	1	45	
4	泵盖	1	ZL4	
3	主动齿轮轴	1	45	
2	齿轮	2	45	m=2.5，z=14
1	泵体	1	HT200	

图 10－1 齿轮油泵装配图

1. 一组图形

装配图中的一组图形，用来表达机器或部件的工作原理、零件的装配关系和结构特点。

2. 必要的尺寸

装配图中应标注机器或部件的规格（性能）、安装尺寸、零件之间的装配尺寸以及外形尺寸等。

3. 技术要求

用文字说明或标记代号指明机器或部件在装配、检验、调试、运输和安装等方面所需达到的技术要求。

4. 标题栏、零件序号和明细栏

对每种零件编注序号，在明细栏中填写零件序号、名称、材料、数量、标准件代号等。在标题栏中写明装配体名称、图号比例和有关人员的责任签字等。

二、装配图的表达方法

零件的各种表达方法同样适用于装配图，但装配图以表达机器或部件的工作原理、各零件间的装配关系为主，所以国家标准还规定了一些机器或部件的规定画法和特殊表达方法。

1. 装配图的规定画法

1）相邻零件的接触面与非接触面画法

两相邻零件的接触面或配合面只用一条轮廓线表示，如图 10 - 2 中的（1）所示。而对非接触或非配合面用两条轮廓线表示，如图 10 - 2 中的（2）所示。若间隙很小或剖面区域狭小时，可以夸大表示，如图 10 - 2 中的（3）所示。

2）剖面线的画法

同一零件在不同视图中的剖面线方向和间隔必须一致。相邻零件的剖面线方向应相反或方向相同间隔不等。如图 10 - 2 中的（4）所示。剖面区域厚度小于 2mm 的图形可以涂黑来代替剖面符号，如图 10 - 2 中的（5）所示。

3）实心件、标准件的画法

在装配图中，对于紧固件以及轴、键、销等实心零件，若按纵向剖切，且剖切平面通过其对称平面或轴线时，则这些零件均按不剖绘制，如图 10 - 2 中的（6）所示。如果需要特别表明这些零件上的局部结构，如凹槽、键槽、销孔等，可用局部剖视表示，如图 10 - 2 中的（7）所示。

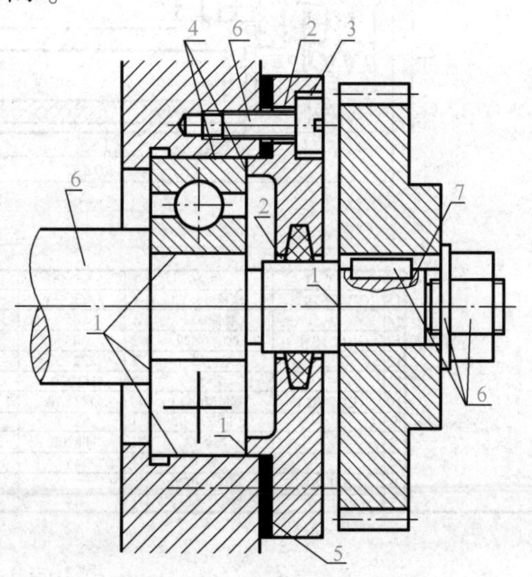

图 10 - 2 装配图的规定画法

2. 装配图的特殊画法

1）拆卸画法

在装配图中，当某些零件遮住了需要表达的结构和装配关系时，可假想将这些零件拆去不画。如图 10－3 的左视图就是拆去零件 1～5 之后的投影。当需要说明时，可在所得视图上方注出“拆去零件××”字样。

2）沿结合面剖切画法

在装配图中，可假想沿某些零件的结合面剖切，既将剖切平面与观察者之间的零件拆掉后进行投射，此时在零件结合面上不画剖面线，但被切部分（如螺杆、螺钉等）必须画出剖面线，如图 10－1 左视图所示。

3）夸大画法

装配图中较小的直径、斜度、锥度或厚度小于 2mm 的结构，如垫片、细小弹簧、金属丝等，可以不按实际尺寸画，允许在原来的尺寸上稍加夸大画出。

4）假想画法

为了表示与本部件有装配关系，但又不属于本部件的其他相邻零、部件时，可采用假想画法，将其他相邻零部件用细双点画线画出，如图 10－3 主视图所示。

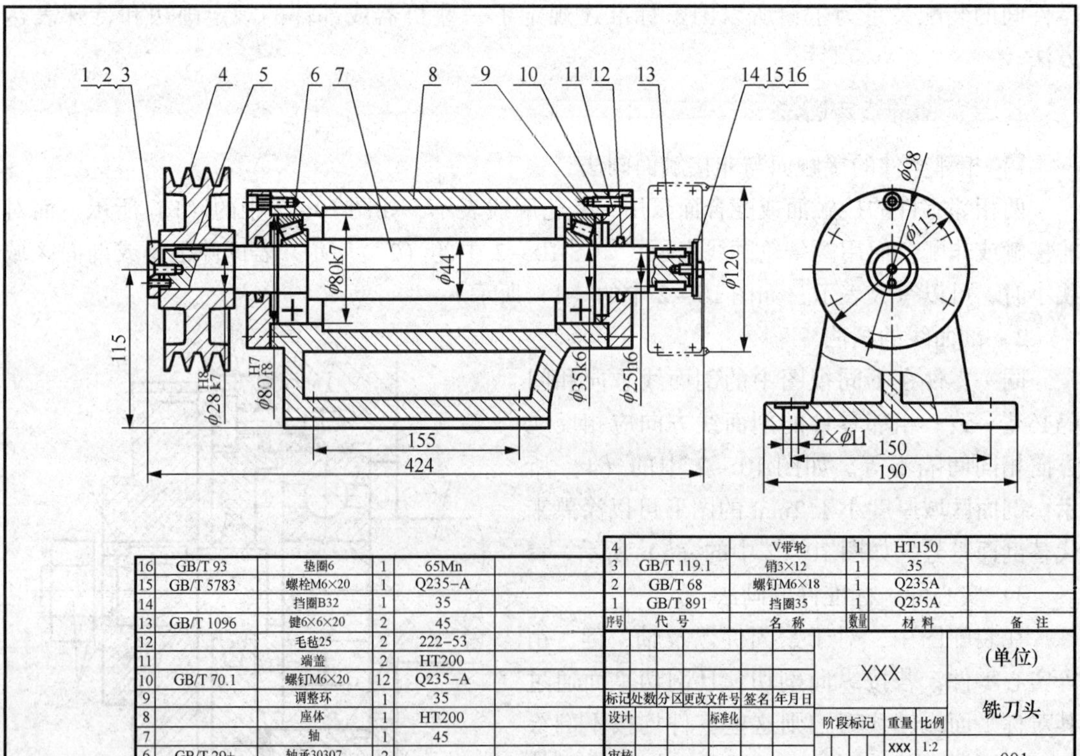

序号	代号	名称	数量	材料	备注
16	GB/T 93	垫圈6	1	65Mn	
15	GB/T 5783	螺栓M6×20	1	Q235-A	
14		挡圈B32	1	35	
13	GB/T 1096	键6×6×20	2	45	
12		毛毡25	2	222-53	
11		端盖	2	HT200	
10	GB/T 70.1	螺钉M6×20	12	Q235-A	
9		调整环	1	35	
8		座体	1	HT200	
7		轴	1	45	
6	GB/T 29+	轴承30307	2		
5	GB/T 1096	键8×7×40	1	45	
4		V带轮	1	HT150	
3	GB/T 119.1	销3×12	1	35	
2	GB/T 68	螺钉M6×18	1	Q235A	
1	GB/T 891	挡圈35	1	Q235A	

标记	处数	分区	更改文件号	签名	年月日	XXX	(单位)
设计			标准化			阶段标记 / 重量 XXX / 比例 1:2	铣刀头
审核							001
工艺			批准			共 张 第 张	

图 10－3 铣刀头装配图

5）展开画法

为了展示传动机构的传动路线和装配关系，可假想用剖切平面按传动顺序沿它们的轴线

剖开，然后依次展开，将剖切平面均旋转到与选定的投影面平行的位置，再画出其剖视图，这种画法称为展开画法，这种展开画法，在表达机床的主轴箱、进给箱以及汽车的变速器等较复杂的变速装置时经常采用，如图 10－4 所示。

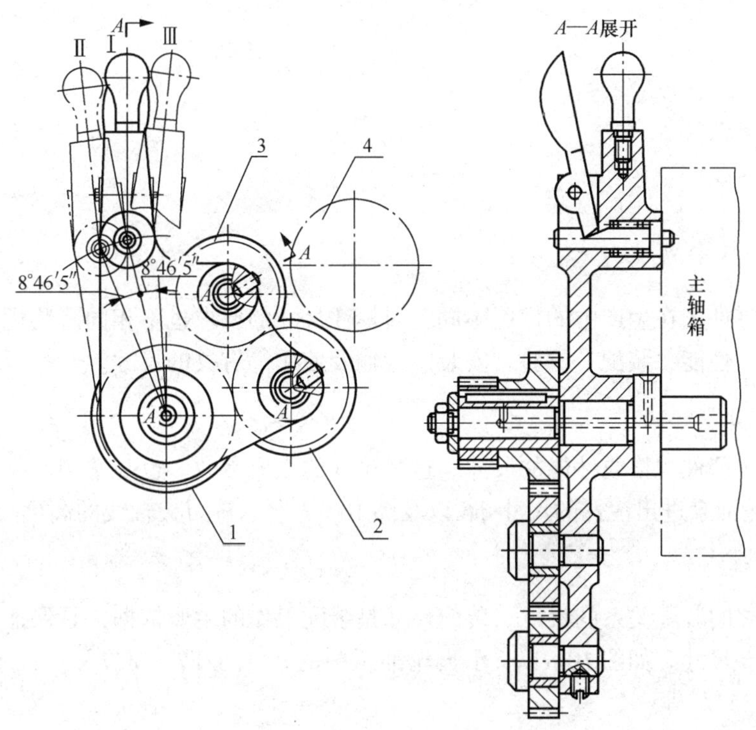

图 10－4　三星齿轮传动机构的假想和展开画法

6）单独表示某个零件

在装配图中，当某个零件的形状不表达清楚将对理解装配关系有影响时，可以单独画出该零件的某个视图。

7）简化画法

在装配图中，对于重复出现且有规律分布的零件组，可详细地画出一处，其余用细点画线表示其装配位置，如图 10－3 左视图中 10 号件螺钉画法。

零件上的工艺结构如倒角、圆角、退刀槽等允许省略不画。另外对于螺栓、螺母、滚动轴承等均可采用简化画法。

旋塞阀装配图表达方法练习

打开 10. 1－1. dwg，根据旋塞阀装配示意图和零件图，拼画其装配图（可参考视频 10. 1－1. wmv）。

课题2　装配图的尺寸标注、零部件序号和明细栏

一、装配图的尺寸标注

装配图与零件图在生产中的作用不同，对标注尺寸的要求也不相同。装配图一般只标注与部件的规格、性能、装配、检验、安装、运输及使用等有关的尺寸。

1. 规格（性能）尺寸

表示机器、部件规格或性能的尺寸。这是设计的主要参数，也是选用产品的依据。如图10－1所示齿轮油泵进出油孔的尺寸 $\phi6$ 以及图10－3所示铣刀头轴线的高度尺寸115。

2. 装配尺寸

表示零件之间装配关系的尺寸。装配尺寸是装配工作的主要依据，是保证机器、部件性能所必需的重要尺寸。如图10－1所示齿轮油泵中的 $\phi12F8/h7$、M27×1.5－6H/5g以及两轴之间的尺寸 $35^{+0.1}_{0}$ 等。

3. 安装尺寸

表示与其他零件、部件、基座间安装所需的尺寸。图10－1中底板上的小孔尺寸 $2\times\phi11$、小孔间距尺寸72。

4. 外形尺寸

表示机器或部件的总长、总宽、总高的尺寸。总体尺寸可为包装、运输和安装使用时提供所需要占有空间的大小。如图10－1中的尺寸170、115、100为外形尺寸。

二、装配图的零部件序号和明细栏

为了便于看图和进行图样管理，在装配图中对每种不同的零部件均需编号，并在标题栏的上方画出明细栏，填写零件的序号、名称、数量、材料等内容。

1. 零部件序号的编排方法

零部件序号的编排方式通常有两种：

（1）对机器或部件中所有零件（包括标准件）按一定顺序进行编号，如图10－3所示。

（2）标准件不占编号，而是在装配图中直接标注其代号和数量等，而非标准件按顺序进行编号。

装配图中编写序号的一般规定如下：

（1）装配图中，每种零件或部件只编一个序号，一般只标注一次，必要时，多处出现

的相同零、部件也可用同一个序号在各处重复标注。

（2）序号的位置一般在指引线的末端的横线上、圆圈内或附近，序号字高比装配图中尺寸数字高度大一号或两号，如图 10－5 所示。

（3）同一装配图中编写序号的形式应一致。

（4）指引线、横线和圆圈均用细实线绘制，指引线应自所指部分的可见轮廓内引出，并在末端画一圆点，若所指部分不便画圆点时（如零件较薄或剖面涂黑）可在指引线末端画出箭头，并指向该部分的轮廓，如图 10－6 序号 4 所示。

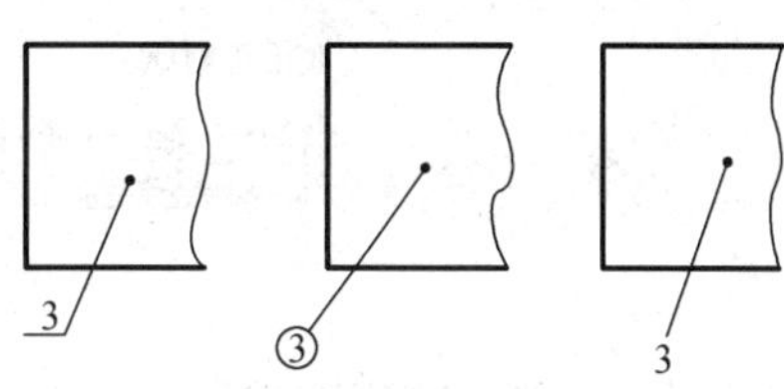

图 10－5 序号的注法（一）

（5）指引线不能相交，当通过剖面线的区域时，指引线不能与剖面线平行。必要时允许将指引线画成折线，但只允许转折一次，如图 10－6 序号 2 所示。

（6）一组紧固件以及装配关系清楚的零件组，可采用公共指引线，如图 10－7 所示。

（7）装配图中的序号应按水平或竖直方向排列整齐。序号的顺序应按顺时针或逆时针方向顺次排列，零件序号应与明细栏中的序号一致。

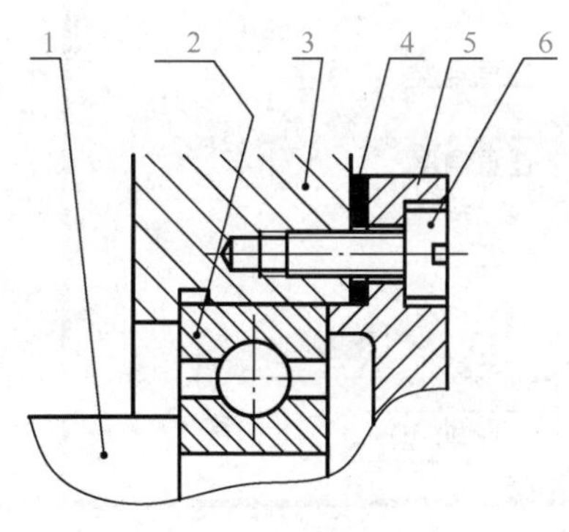

图 10－6 序号的注法（二）

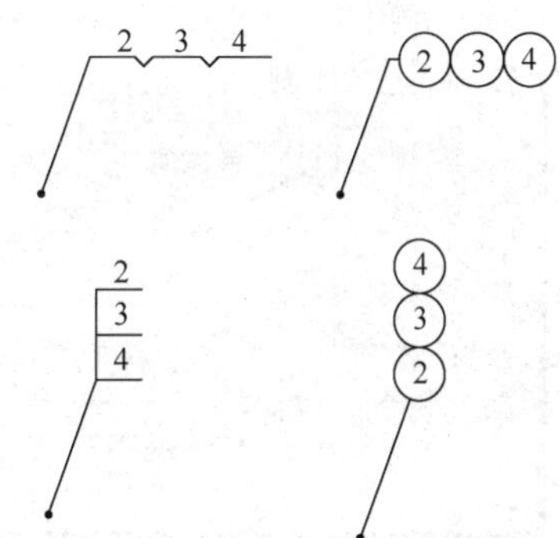

图 10－7 序号的注法（三）

2. 明细栏

明细栏可按国家标准中推荐使用的格式绘制。制图作业中建议使用图 1－4（a）所示格式。

明细栏画在装配图标题栏的上方，栏内分格线为细实线，左侧边框为粗实线，序号应自下而上填写，如位置不够时，可将明细栏画在标题栏左边自下而上延续。当装配图中不能在标题栏的上方配置明细栏时，可用 A4 幅面单独画出，但序号顺序应自上而下填写。

一、在 AutoCAD 中绘制零、部件序号

快速引线（QLEADER）命令，如图 10－8 所示。

```
命令:
QLEADER
指定第一个引线点或 [设置(S)] <设置>: s
```

图10－8　快速引线命令

输入 QLEADER 命令后，输入 S 进入引线设置对话框，分别修改“引线和箭头”选项卡和“附着”中的内容，如图 10－9 和图 10－10 所示。

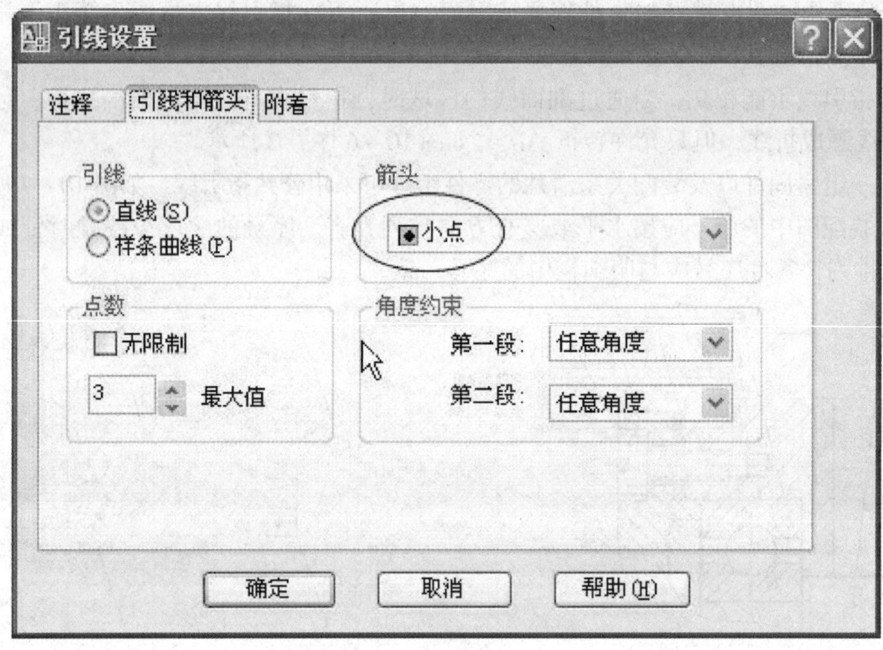

图10－9　“引线和箭头”选项卡

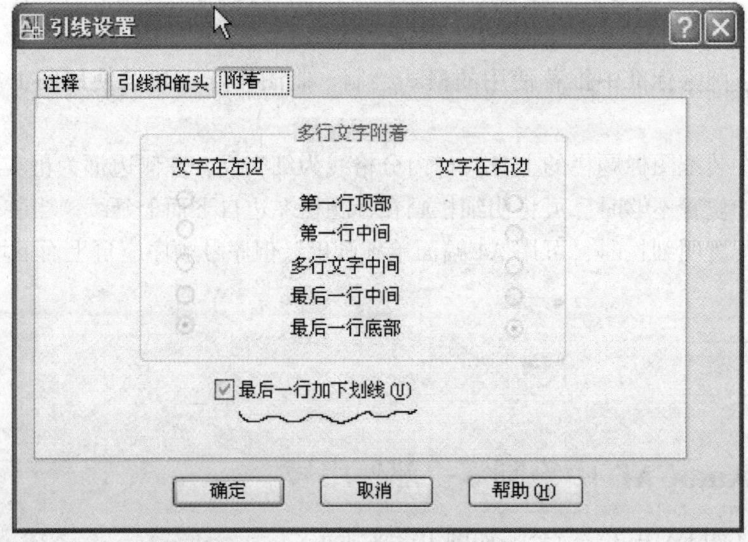

图10－10　“附着”选项卡

标注式样如图 10－11 所示。

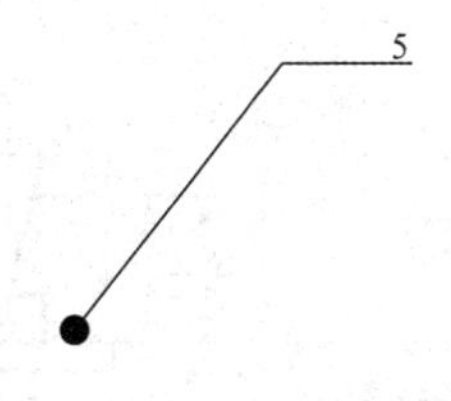

图 10－11　标注示例

二、在 AutoCAD 中绘制标题栏与明细栏

在 AutoCAD 2018 版中，可以从外部电子表格中的数据（如 Excel）创建表格。下面以图 1－4 所示格式，先使用 Excel 创建并保存表格文件，再使用 AutoCAD 中的插入表格（TABLE）命令，创建表格（可参考视频 10. 2－1. wmv）。

课题 3　常见的合理装配结构

在绘制装配图时，应考虑装配结构的合理性，以保证机器或部件的性能，连接可靠，便于零件拆装等。下面对常见装配结构作简要介绍。

一、接触面与配合面的合理性

1. 接触面的数量

两个零件在同一方向上只能有一个接触面，如图 10－12 所示。$a_1 > a_2$，既保证了零件接触良好，又降低了加工要求；若 $a_1 = a_2$，则会造成加工困难，成本提高。

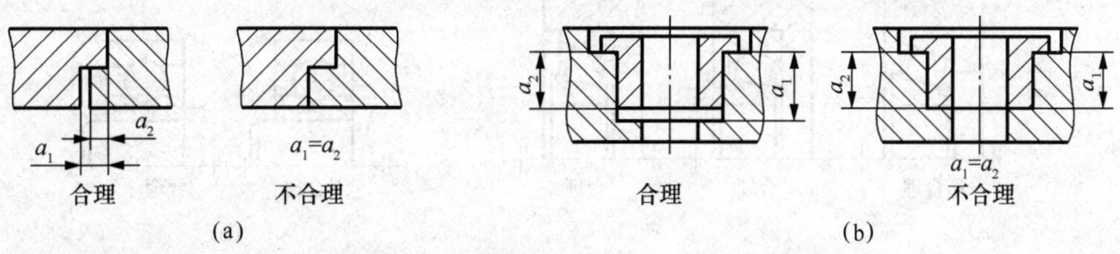

图 10－12　接触面的数量

2. 轴和孔的配合面

在图 10－13（a）中，由于 ϕA 已经形成配合，ϕB 和 ϕC 不应再形成配合，即 ϕB 应大于 ϕC，才能保证 ϕA 柱面的正确配合。在图 10－13（b）中，两锥面配合时，锥体顶部与锥

孔底部之间应留有间隙，即 L_1 应小于 L_2。否则两锥面不能正确配合。

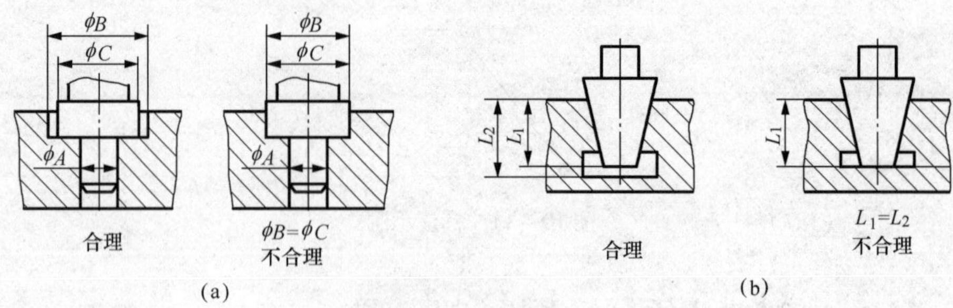

图 10－13　孔与轴的配合面问题

3. 接触面转角处结构

当要求两个零件在两个方向同时接触时，在两个接触面的交角处应制成倒角或沟槽，以保证接触的可靠性，如图 10－14 所示。

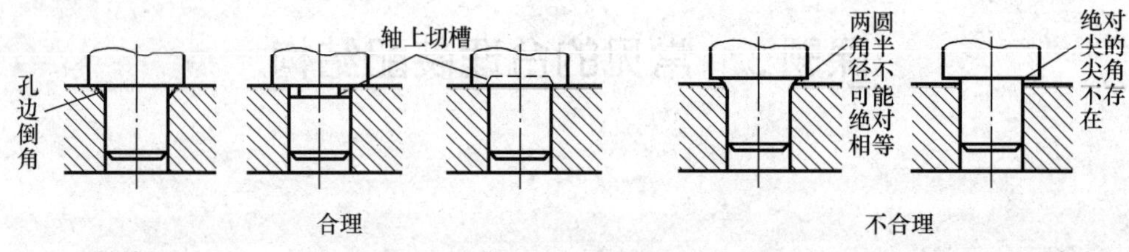

图 10－14　接触面转角处的结构

二、便于装、拆的合理结构

1. 滚动轴承拆卸合理性

滚动轴承常以轴肩、孔肩定位，为了便于拆卸，一般孔肩的孔径应大于轴承外圈的内径，如图 10－15（a）所示。轴肩的直径应小于轴承内圈的外经，如图 10－15（b）所示。或在轴肩、孔肩上加工放置拆卸工具的孔或槽，如图 10－15（a）所示。

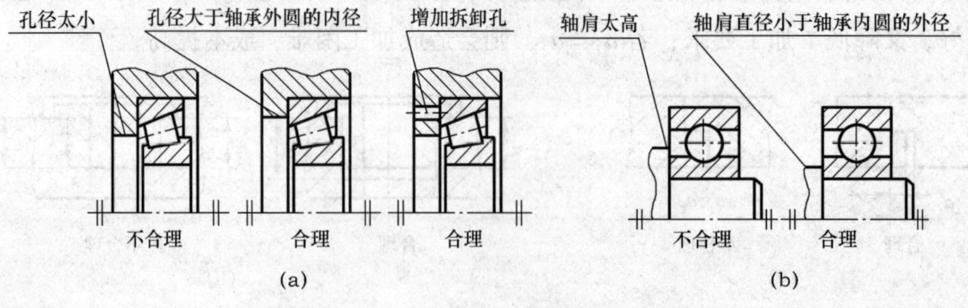

图 10－15　滚动轴承拆卸合理性

2. 紧固件、连接件要便于装拆

紧固件、连接件要考虑装、拆方便，要注意留出装、拆时工具的活动空间，如图10－16 所示。

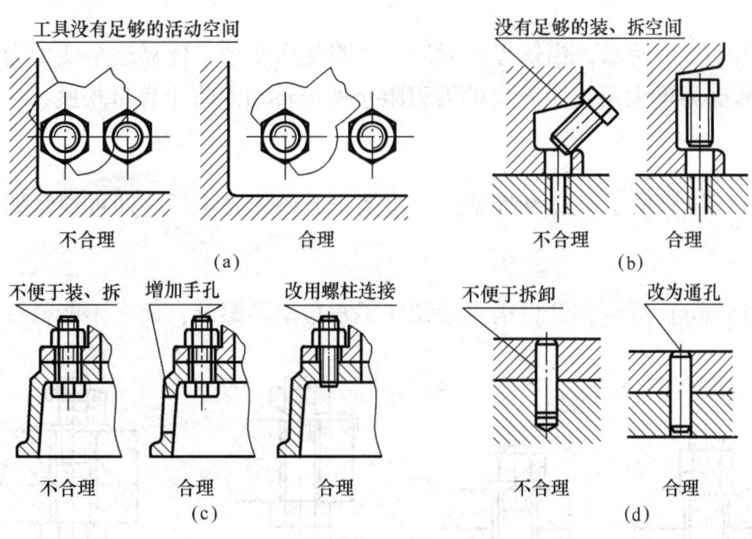

图 10－16 紧固件、连接件要便于拆卸

三、防漏结构

在部件或机器中，为了防止内部液体外漏和外部灰尘、杂质侵入，通常要采用防漏和防尘装置，图 10－17 为两种最常见的防漏装置。在防漏装置中，填料应画成刚刚加满处于开始挤压的位置。

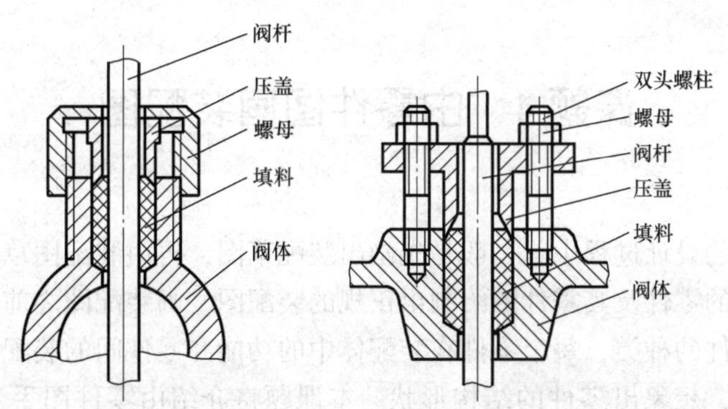

图 10－17 防漏结构

四、防松结构

机器运转时，由于受到震动或冲击，一些紧固件、连接件可能产生松动现象。因此，在某些装置中需要采用防松结构，图 10－18 是几种常用的防松结构。

1. 双螺母

如图 10－18（a）所示，它依靠两螺母在拧紧后，螺母之间产生的轴向力，使螺母牙与螺栓牙之间的摩擦力增大而防止螺母自动松脱。

2. 弹簧垫圈

如图 10－18（b）所示，当螺母拧紧后，垫圈受压变平，依靠这个变形力，使螺母牙与螺栓牙之间的摩擦力增大及垫圈开口的刀刃阻止螺母转动而防止螺母松脱。

3. 止退垫片

如图 10－18（c）所示，螺母拧紧后，弯倒止退垫片的止运片即可锁紧螺母。

4. 开口销

如图 10－18（d）所示，开口销直接锁住了六角槽形螺母，使之不能松脱。

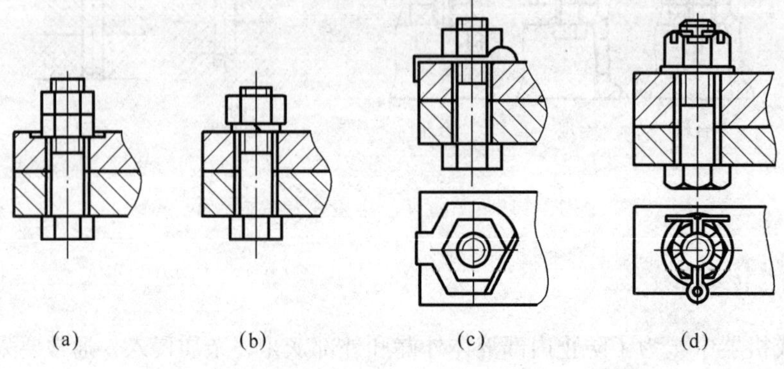

图10－18 防松结构

（a）双螺母防松；（b）弹簧垫圈防松；（c）止退垫圈防松；（d）开口销防松

课题4 由零件图画装配图

在机器或部件的设计过程中，一般是先画出装配草图，再由装配图草图拆画并设计出零件，最后由设计出的零件及其零件图绘制出正规的装配图。画装配图之前，首先要了解装配体的工作原理和零件的种类，每个零件在装配体中的功能和零件间的装配关系等。然后看懂每个零件的零件图，想象出零件的结构形状。本课题将介绍由零件图手工绘制装配图和用 AutoCAD 绘制装配图两种方法。

一、手工绘制装配图

以图 10－19 所示千斤顶为例。

1. 分析

1）阅读零件图和千斤顶立体图，了解装配体

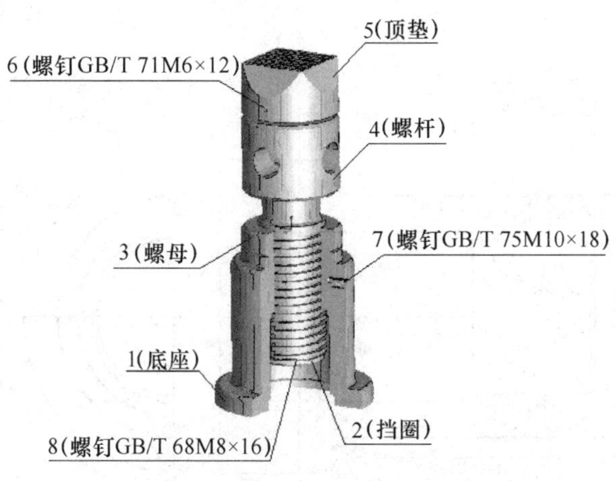

图 10－19　千斤顶立体图

根据千斤顶零件图（图 10－20）和立体图（图 10－19），分析该装配体的用途、工作原理、零件之间的装配关系、主要零件的结构形状和部件的安装情况等。如图 10－19 所示的千斤顶是用来起重或顶压的工具，它利用螺旋运动顶举重物。该装配体由 8 种零件组成，其中标准件有 3 个。螺母 3 镶嵌在底座 1 的内孔中，并用螺钉 7 紧定。为了控制上升的行程及防止螺杆 4 的脱落，用螺钉 8 将挡圈 2 连接在螺杆 4 上。为了防止顶垫 5 随螺杆一起转动时脱落，在螺杆顶部加工一环槽，将紧定螺钉 6 的圆弧形端部伸进环槽锁定。

2）确定视图表达方案

根据对所画装配体的了解，合理运用各种表达方法，部件的主视图通常按工作位置画出，并选择能反映部件的装配关系、工作原理和主要零件的结构特点的方向作为主视图的投影方向。根据主视图，再考虑反映其他装配关系、局部结构和外形的视图。如图 10－20 所示千斤顶，主视图按工作位置选择并作全剖视，为了反映挡圈 2 与螺杆 4 的连接关系而采用局部剖视。从主视图中可清楚表达各主要零件的结构形状、装配关系和工作原理。为了反映螺母和底座的外形，俯视图采用了拆卸画法。再补充两个辅助视图，用来反映顶垫的顶面结构和螺杆上部通孔（用于穿绞杆）的局部结构。

2. 画图

1）图面布局

根据视图表达方案所确定的视图数目、部件的尺寸大小和复杂程度，选择适当的画图比例和图纸幅面。布局时既要考虑各视图所占面积，又要考虑标注尺寸、编排零件序号、明细栏、标题栏以及技术要求的位置和所占面积。先画出图框、标题栏和明细栏的底稿线，再画出各视图的作图基准线（如对称中心线、主要轴线和主要零件的基准面等），如图 10－21（a）所示。

2）画底稿

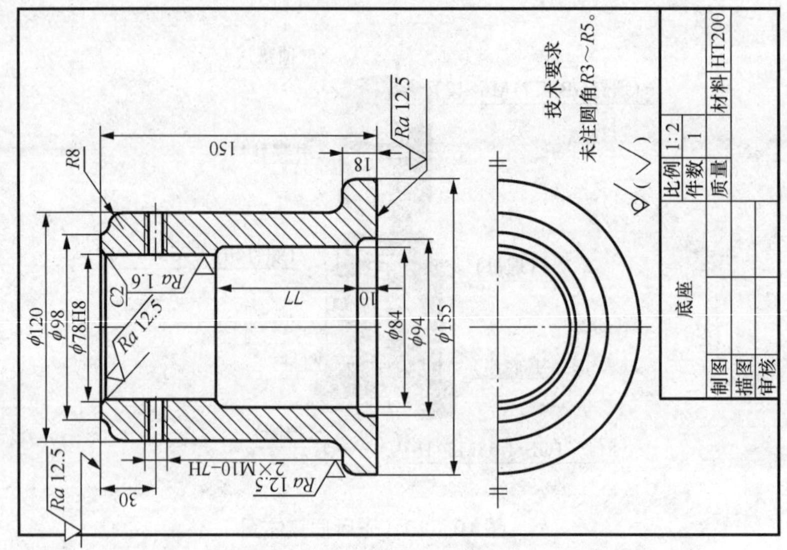

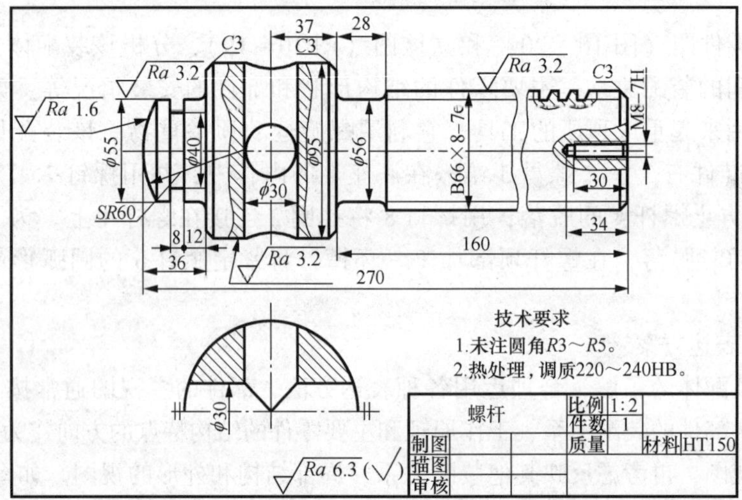

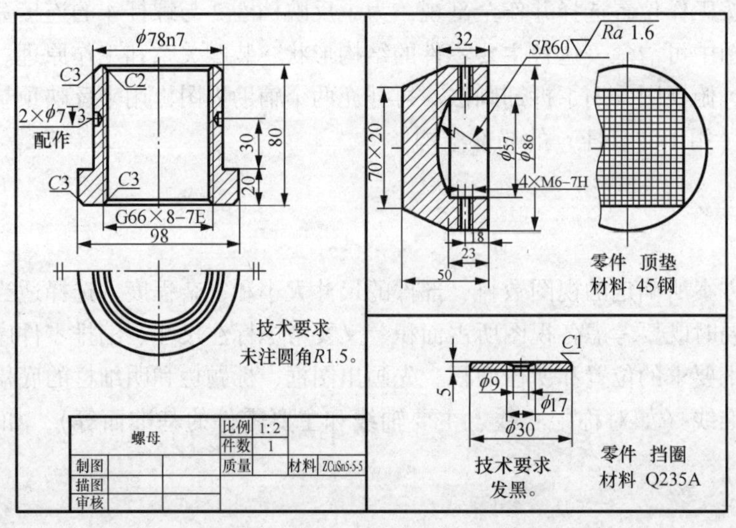

图 10－20 千斤顶零件图

一般从主视图画起，几个视图配合进行。画图时一般先画主要零件，然后根据各零件的装配关系从相邻零件开始，依次画出其他零件。要注意零件的装配关系，分清接触面和非接触面。千斤顶的装配图可先画出底座、螺母的轮廓线〔图 10－21（b）〕，再画出螺杆、顶垫、挡圈以及两个辅助视图的轮廓线〔图 10－21（c）〕。然后画出螺钉、孔、槽、螺纹等局部结构〔图 10－21（d）〕。

3）完成全图

画完底稿后，接着画出剖面线，然后进行校核。经修改后，将各类图线按规定宽度描粗、加深，如图 10－21（e）所示。最后标注尺寸、编排零件序号、填写技术要求、标题栏和明细栏，如图 10－21（f）所示。

二、AutoCAD 绘制装配图

根据提供的“×××.dwg”零件图文件，在 AutoCAD 中完成装配图，主要方法就是拼图。但是为了拼图的方便，通常要对零件图进行整理，目的是利用图层隔离命令进行修图。以下是绘制装配图的主要步骤：

1. 将每个零件图的视图调入装配图文件

将除图形、中心线图层以外的图层关闭，选择所有图形，利用 Windows 剪贴板（即复制、粘贴），将图形复制到装配图文件。

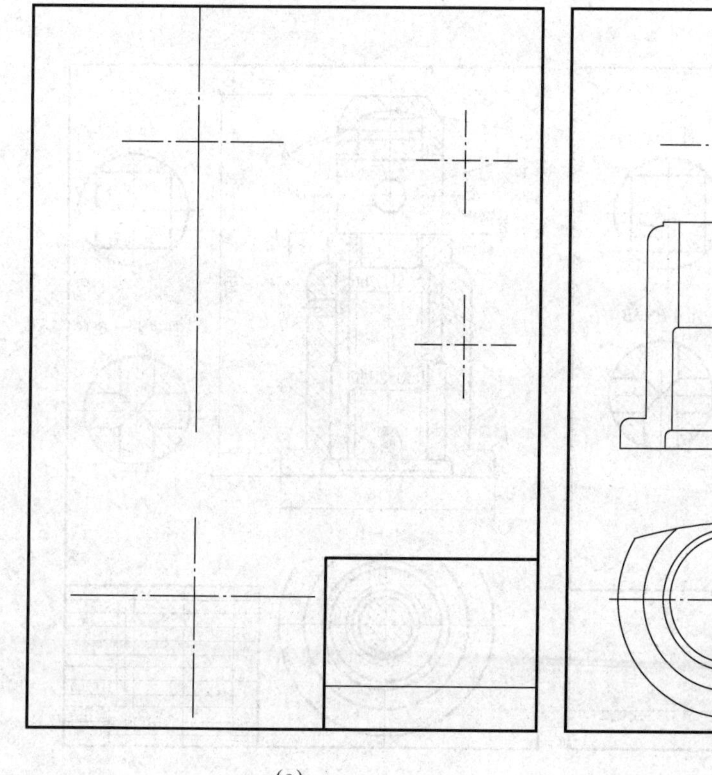

(a)

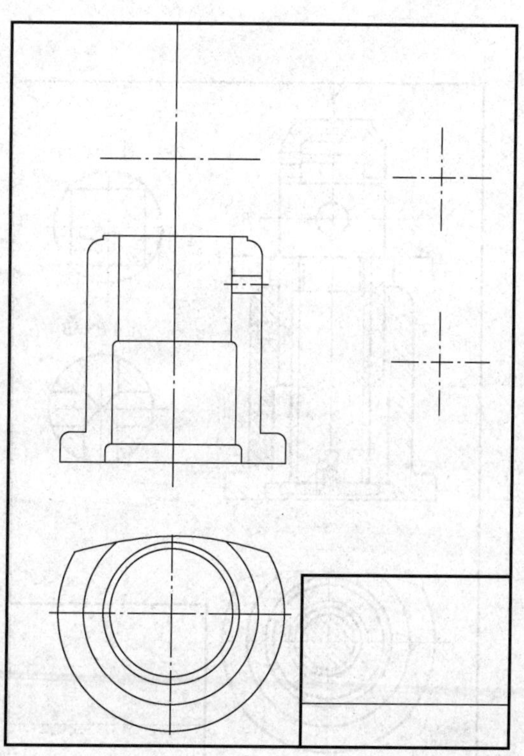

(b)

图 10－21　千斤顶装配图的画法步骤

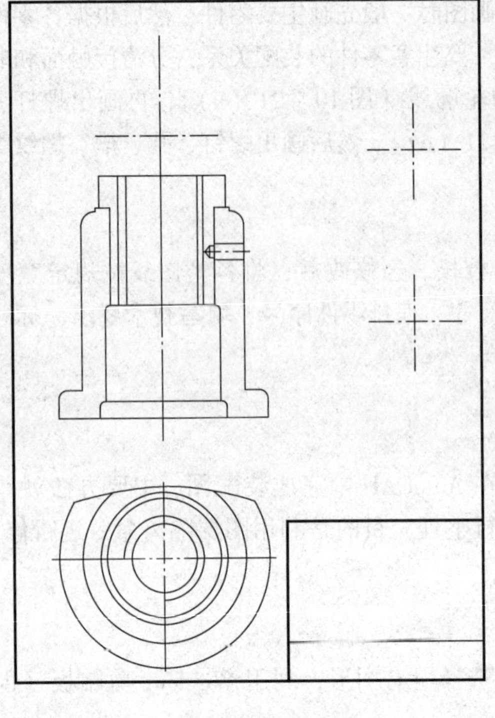

(c)

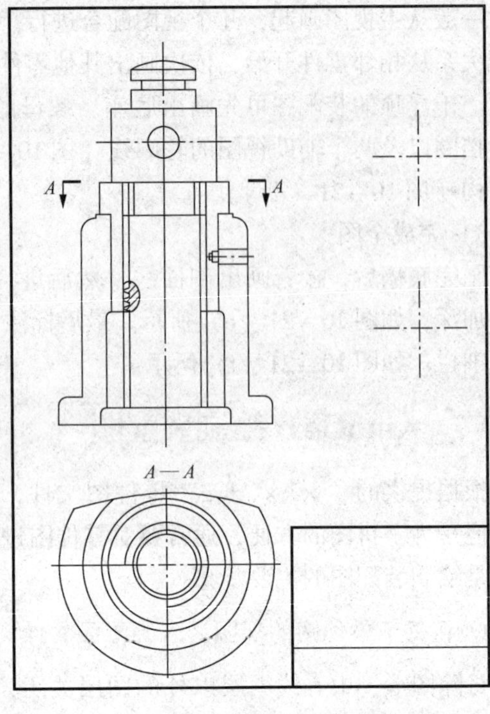

(d)

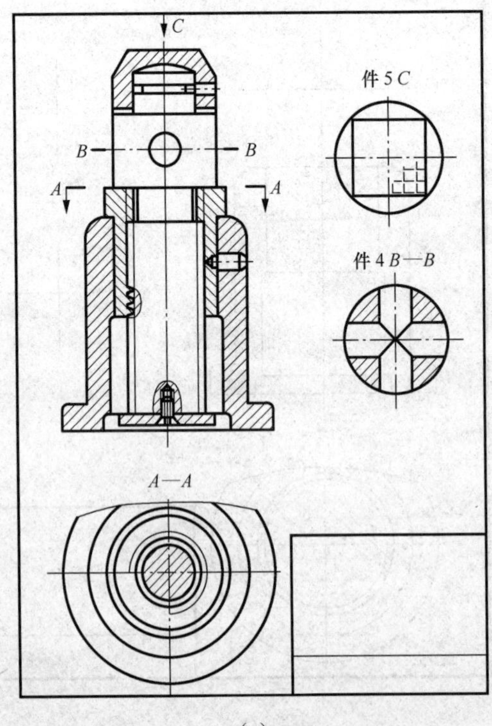

(e)

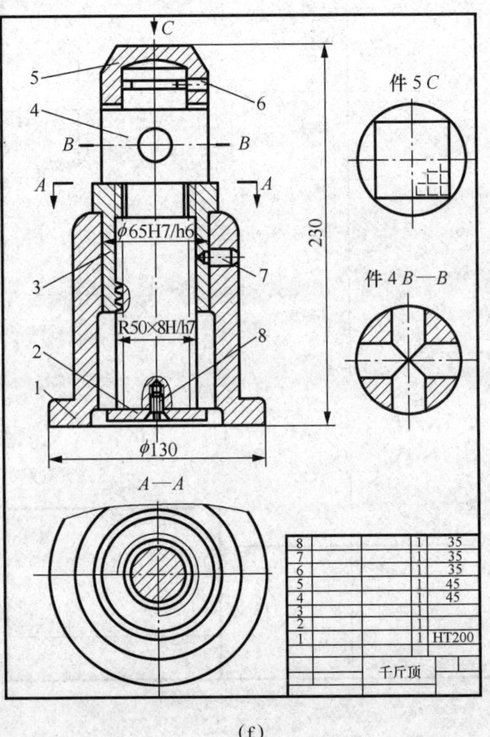

(f)

图 10－21　千斤顶装配图的画法步骤（续）

2. 将所有不同类型图线的要素设置为不随层

通常零件图的图线是按图层来管理的，例如，粗实线图层用来放置可见轮廓线，点画线图层用来放置中心线、对称线等。另外对于图线的特性都采用默认的特性，即随层（BYLAYER）。但是为了适应图层隔离命令，要将图线原来的特性加以改变。具体操作如下：

（1）使用快速选择（QSELECT）命令，如图10－22所示。在“特性”栏中选择“图层”，在“值”列表中选择“粗实线”。此时，凡粗实线图层中的对象都被选择，即选择了粗实线。

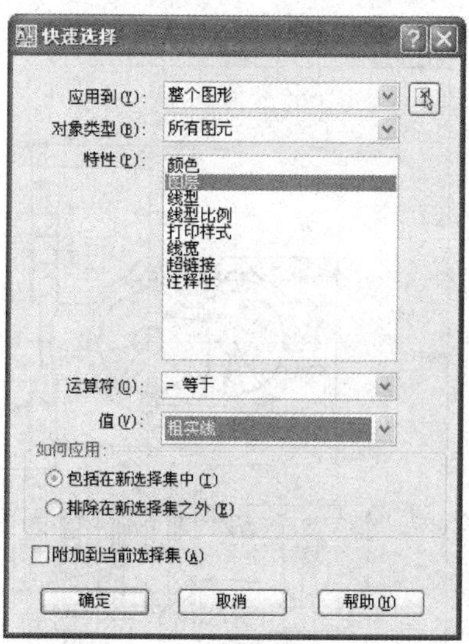

图10－22　快速选择对话框

（2）在对象特性工具栏（如果未打开，右击工具栏将其打开），原来默认的特性均为ByLayer（随层），此时分别将颜色、线型、线宽特性修改为“白”“Continuous”“0.35”（线宽的大小保持原来图层的线宽即可）。

（3）再次使用快速选择（QSELECT）命令，修改细实线、点画线的方法与粗实线类似。

3. 新建图层并按零件分配图层

新建若干个图层（图层的数量与零件的个数相同），选择某一个零件，在图层应用过滤器中选择一个新建图层，即将该零件分配到选择的图层中。用同样的方法，将其他零件分别分配到新建图层中，直至所有零件都转移完成。

4. 拼图

按零件的装配关系移动零件（拼图），根据零件的遮挡关系，使用图层隔离（LAYISO）命令，选择要修改的零件。此时，未被隔离图层上的对象被锁定并显示为灰色。这样可以使用修剪、删除命令对隔离对象进行修改。修改完毕，再使用取消图层隔离（LAYUNISO）命令，恢复图层的锁定状态。依此类推，分别将零件移动（拼图）、图层隔离、修改图形、取消隔离，直至将所有零件装配完毕。

5. 完成装配图中其他内容

标注尺寸，注写技术要求，编写零件序号，绘制图框、标题栏和明细栏等。

一、手工练习

完成习题集10.2装配图画法练习。

二、AutoCAD装配图画法

打开“10.3－1.dwg”，如图10－23所示。根据齿轮油泵装配示意图和零件图，绘制其装配图（可参考视频10.3－1.wmv）。

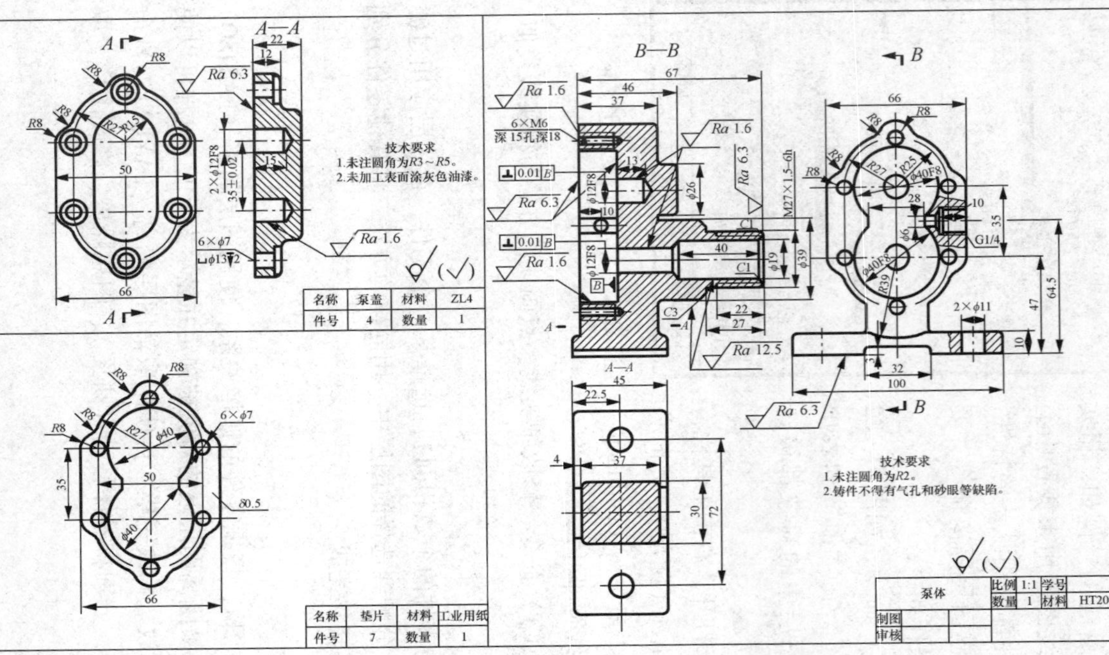

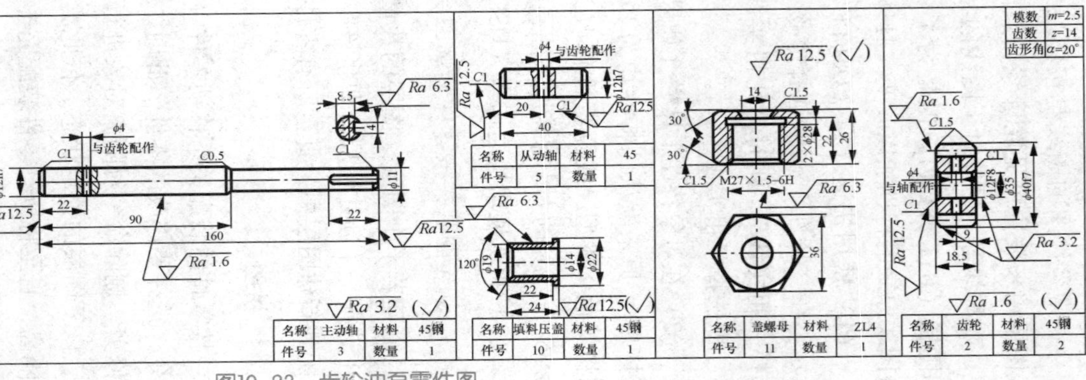

图10-23　齿轮油泵零件图

一、作业说明

该齿轮油泵主要应用于小型机床的润滑系统，其工作原理是靠一对齿轮的旋转活动，把油从低压区油孔吸入，加压到高压区出油孔送出，经机床上油配槽送到轴承等需要润滑的部位，其结构由泵盖、齿轮、主动齿轮轴、从动齿轮轴等11种零件组成。为避免润滑油沿主动齿轮轴流出，在泵体上设有密封装置。通过拧紧盖螺母，填料压盖将填料压紧，起密封作用。为防止润滑油沿泵体和泵连接处渗出，中间加一垫片，同时也用来调整齿轮与泵盖间轴向间隙。泵体上油的吸入孔与输出孔均用管螺纹G1/4与输油管连接。

二、作业要求

1.阅读齿轮油泵装配示意图，并对照读懂各个零件图。

2.绘制齿轮油泵装配图，要求：

（1）采用A3，比例1:1。

（2）按图1-4格式，绘制图框、标题栏和明细表。

（3）完成视图表达、尺寸标注、零件序号和技术要求等内容。

课题 5　读装配图和拆画零件图

在机器或部件的设计、制造、安装、维修和技术交流中，都需要识读装配图。因此需要学会读装配图和由装配图拆画零件图的方法。读装配图的基本要求是：

（1）了解部件的工作原理和使用性能。

（2）了解组成该部件的全部零件的名称、数量、相对位置以及零件间的装配关系等。

（3）弄清每个零件在部件中的功能及其基本结构。

（4）确定装配和拆卸该部件的方法与步骤。

下面以图 10－24 所示蝴蝶阀为例，说明读装配图和由装配图拆画零件图的方法步骤。

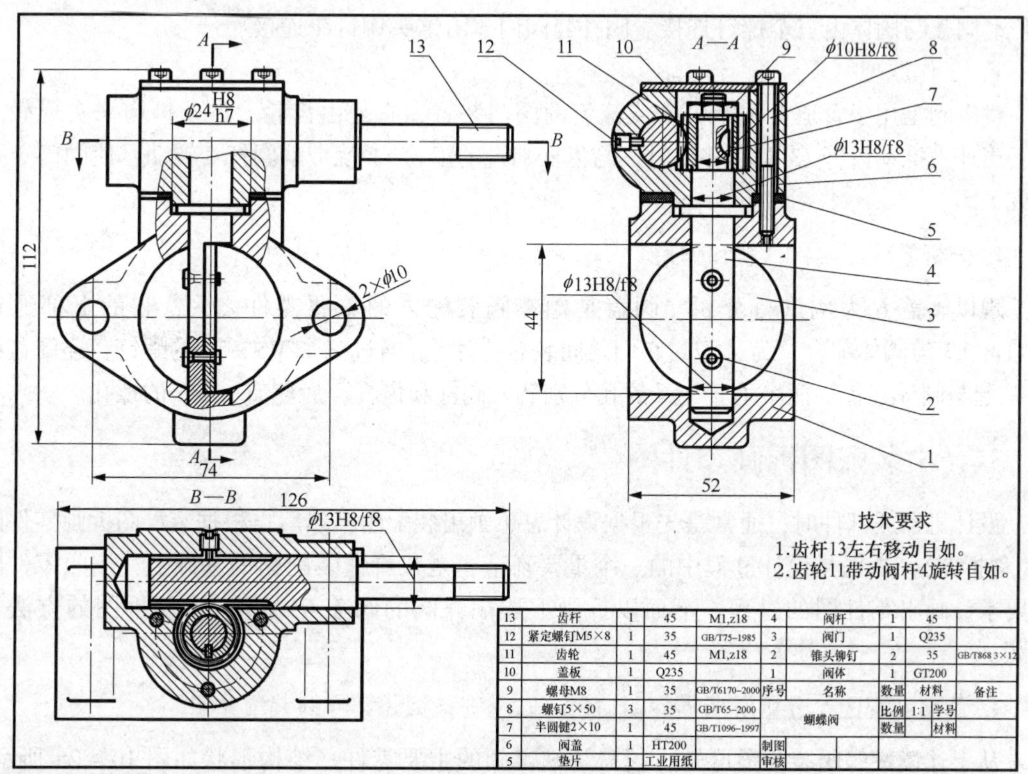

13	齿杆	1	45	M1,z18	4	阀杆	1	45	
12	紧定螺钉M5×8	1	35	GB/T75–1985	3	阀门	1	Q235	
11	齿轮	1	45	M1,z18	2	锥头铆钉	2	35	GB/T868 3×12
10	盖板	1	Q235		1	阀体	1	GT200	
9	螺母M8	1	35	GB/T6170–2000	序号	名称	数量	材料	备注
8	螺钉5×50	3	35	GB/T65–2000	蝴蝶阀		比例 1:1	学号	
7	半圆键2×10	1	45	GB/T1096–1997			数量	材料	
6	阀盖	1	HT200		制图				
5	垫片	1	工业用纸		审核				

图 10－24　蝴蝶阀装配图

一、读装配图的方法步骤

1. 概括了解

从标题栏上可知，该部件是蝴蝶阀，绘图比例 1:1，由明细栏了解到它由 13 种零件

组成。

2. 分析视图

蝴蝶阀采用三个基本视图。主视图采用局部剖视，除了表达阀的外形结构外，还表达了阀体与阀盖的配合关系以及阀杆与阀门的连接关系。俯视图采用全剖视，表达了齿杆与齿轮的传动关系，并表达了阀体的外形和阀盖的内外结构。左视图采用全剖视，表达了阀体的内部结构和阀盖的内外结构，并表达了阀杆与齿轮、阀体、阀盖的关系，紧定螺钉与齿杆的防转关系以及阀盖与阀体由螺钉连接的关系。

3. 分析装配关系、传动关系和工作原理

1）配合关系

齿杆 13 与阀盖 6 的配合为 ϕ13H8/f8；阀杆 4 与阀体 1 和阀盖 6 的配合为 ϕ13H8/f8；阀盖与阀体的配合为 ϕ24H8/h7。

2）定位、连接关系与传动路线

齿杆上有长槽，由紧定螺钉 12 限制齿杆转动，当齿杆沿轴向滑动时，齿杆上的齿条就带动齿轮 11 转动。齿轮与半圆键 7 和螺母 9 与阀杆 4 连接，由阀杆轴肩在阀盖中实现轴向定位。阀盖与阀体由三个螺钉连接。阀杆与阀门 3 由锥头铆钉 2 连接。

3）工作原理

蝴蝶阀是用于管道上截断气流或液流的阀门装置，它是由齿轮、齿条机构来实现截流的。当外力推动齿杆 13 左右移动时，与齿杆啮合的齿轮 11 就带动阀杆 4 转动，使阀门 3 开启或关闭。

4. 分析零件的结构形状和作用

现以阀盖 6 为例进行分析。阀盖是蝴蝶阀装配体的重要零件之一，它的下部通过 ϕ24H8/h7 与阀体配合，为了密封它们之间装有垫片 5。通过三个 M5 × 50 的螺钉，连同盖板 10 一起与阀体连接。两个垂直交叉的孔分别装入阀杆和齿杆，后侧有一 M5 的螺孔。

二、由装配图拆画零件图

设计机器或部件时，通常是先根据设计思想画出装配图，然后再根据装配图拆画零件图（简称拆图）。拆图是设计过程中的一个重要环节，是在看懂装配图的基础上，按照零件图的要求，画出零件图的过程。下面以拆画上述蝴蝶阀的阀盖 6 为例，说明拆图的方法与步骤。

1. 读懂装配图，分析所拆零件的功用，以及它与相邻零件的装配关系

从上述读蝴蝶阀装配图可知：阀盖是蝴蝶阀的主要零件，结构形状如图 10 – 25 所示。它的功用是容纳齿杆、齿轮，其下部凸台与阀体上部凹坑有配合要求 ϕ24H8/h7，水平圆孔与齿杆有配合要求 ϕ13H8/f8，铅锤圆孔与阀杆有配合要求 ϕ13H8/f8。

2. 从装配图中，分离所拆零件

（1）用白纸蒙画阀盖在各视图中的投影轮廓，然后再根据它与相邻零件的装配关系，补画出被其他零件遮挡的轮廓。

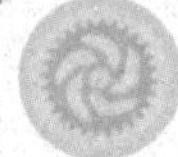

（2）补画阀盖在装配图中被省去的若干工艺结构，如倒角、倒圆和退刀槽等。

3. 重新考虑所拆零件的表达方案

零件图的表达方案，不能完全照抄装配图的表达方案。因为二者的表达目的完全不同，装配图是以表达部件的工作原理、零件间的装配连接关系为中心，而零件图则是以表达单个零件的结构形状为中心。因此，拆图时应重新考虑零件的表达方案，阀盖表达方案如图 10－25所示。

4. 标注尺寸及技术要求

装配图不是零件生产的直接依据，因此装配图中对零件的尺寸标注不完全。拆画零件图时，对于装配图中已给出的尺寸，都是重要尺寸，可直接抄注在零件图上。对于配合尺寸，应查阅相应国家标准注出该尺寸的上、下偏差或根据配合代号写出该尺寸的公差带代号，如图 10－25 中的尺寸。

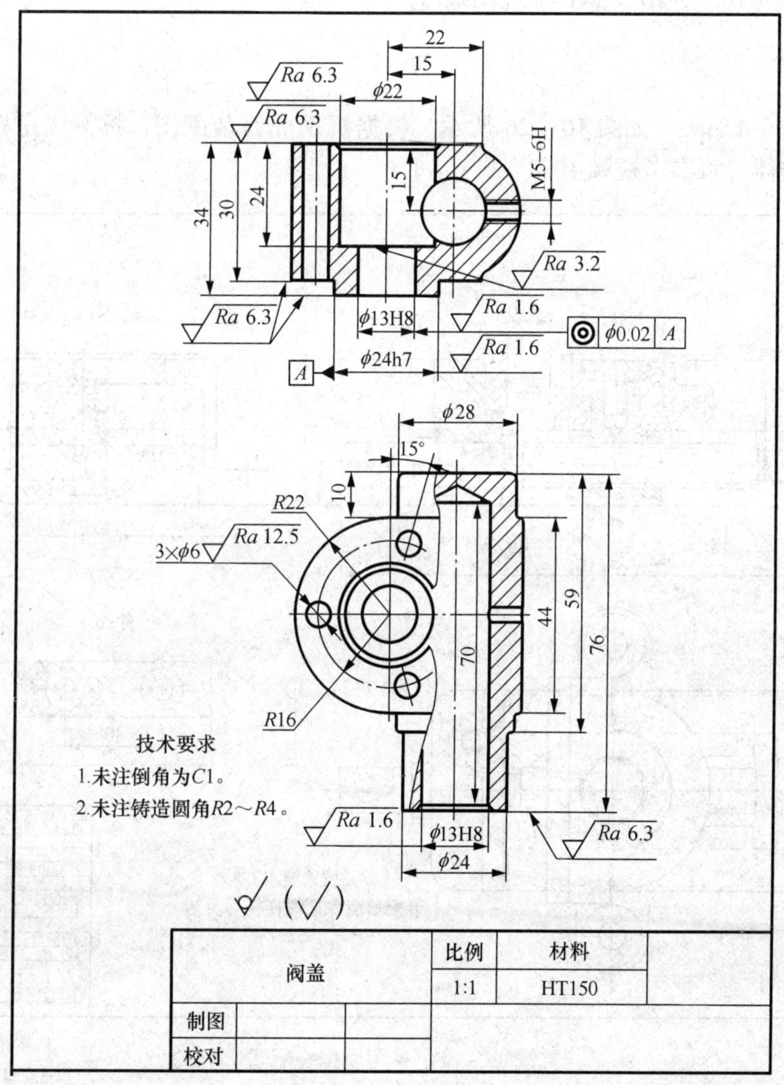

图 10－25 阀盖零件图

对装配图中未标注的尺寸，应按照装配图的绘图比例从图中直接量取，对于标准结构(如螺孔、键槽等)，量取的尺寸还必须查阅相应国家标准将其修正为标准值。

零件的技术要求（如表面粗糙度、几何公差等），要根据装配图上所示该零件在部件中的功用及与其他件的配合关系，并结合自己掌握的结构和工艺方面的知识来确定。阀盖的技术要求，如图 10－25 所示。

一、识读装配图

完成习题集 10.4～10.7 识读装配图练习。

二、由装配图拆画零件图

打开 10.8－1.dwg，如图 10－26 所示。根据机用虎钳装配图，拆画固定钳座零件图，并创建三维实体（可参考视频 10.8－1.wmv）。

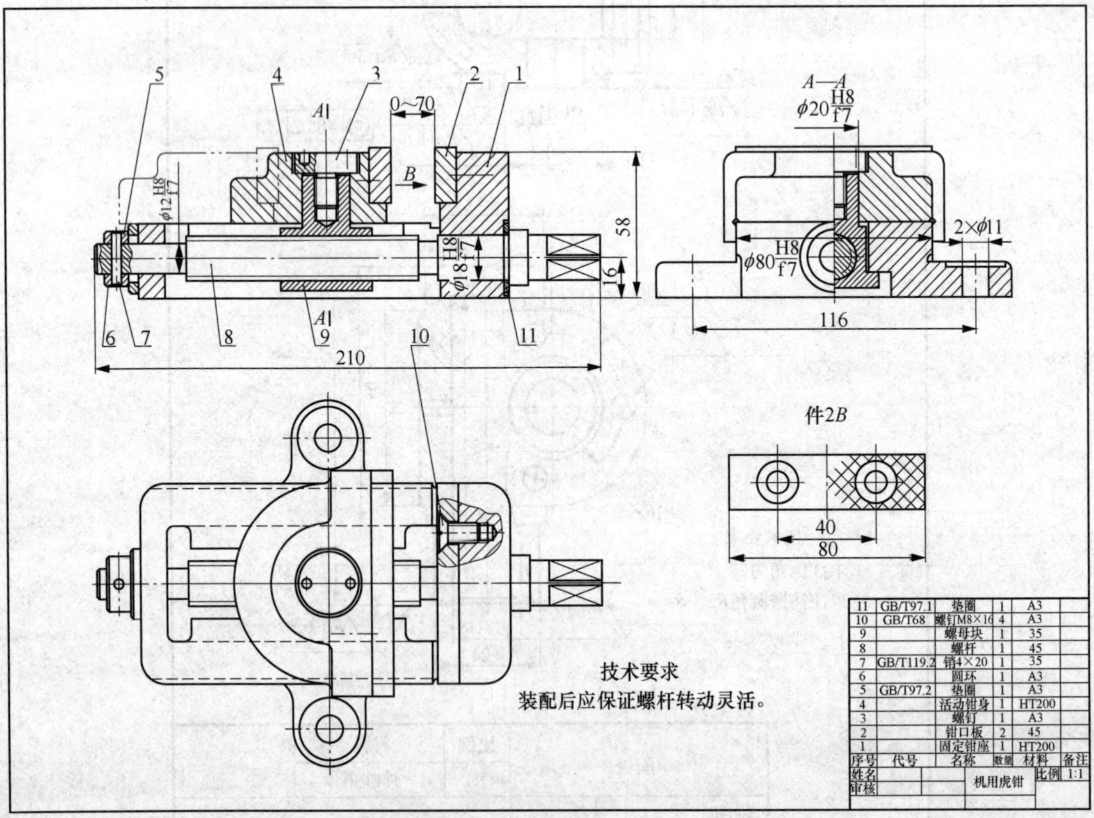

技术要求

装配后应保证螺杆转动灵活。

序号	代号	名称	数量	材料	备注
11	GB/T97.1	垫圈	1	A3	
10	GB/T68	螺钉M8×16	4	A3	
9		螺母块	1	35	
8		螺杆	1	45	
7	GB/T119.2	销4×20	1	35	
6		圆环	1	A3	
5	GB/T97.2	垫圈	1	A3	
4		活动钳身	1	HT200	
3		螺钉	1	A3	
2		钳口板	2	45	
1		固定钳座	1	HT200	

姓名			机用虎钳	比例	1:1
审核					

图 10－26　机用虎钳装配图

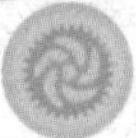

附 录

附表 1 普通螺纹直径与螺距（摘自 GB/T 196—197—2003） mm

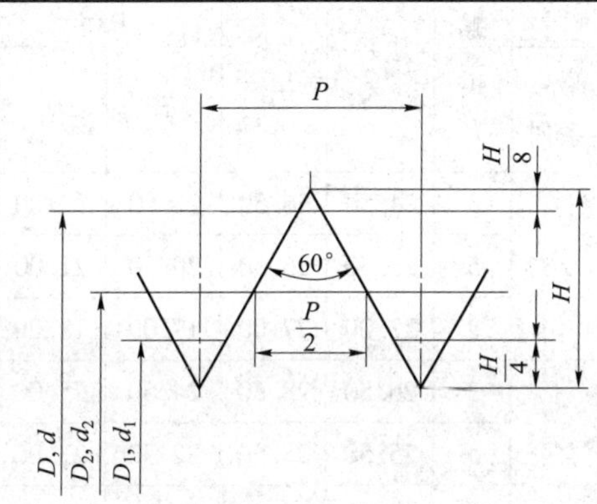

D——内螺纹的基本大径（公称直径）

d——外螺纹的基本大径（公称直径）

D_2——内螺纹的基本中径

d_2——外螺纹的基本中径

D_1——内螺纹的基本小径

d_1——外螺纹的基本小径

P——螺距

H——$\frac{\sqrt{3}}{2}P$

标注示例

M24（公称直径为 24 mm、螺距为 3 mm 的粗牙右旋普通螺纹）

M24 × 1.5 - LH（公称直径为 24 mm、螺距为 1.5 mm 的细牙左旋普通螺纹）

公称直径 D、d		螺距 P		粗牙中径	粗牙小径
第一系列	第二系列	粗牙	细　牙	D_2、d_2	D_1、d_1
3		0.5	0.35	2.675	2.459
	3.5	(0.6)		3.110	2.850
4		0.7	0.5	3.545	3.242
	4.5	(0.75)		4.013	3.688
5		0.8		4.480	4.134
6		1	0.75 (0.5)	5.350	4.917
8		1.25	1, 0.75, (0.5)	7.188	6.647
10		1.5	1.25, 1, 0.75, (0.5)	9.026	8.376
12		1.75	1.5, 1.25, 1, 0.75, (0.5)	10.863	10.106
	14	2	1.5, (1.25), 1, (0.75), (0.5)	12.701	11.835
16		2	1.5, 1, (0.75), (0.5)	14.701	13.835
	18	2.5	1.5, 1, (0.75), (0.5)	16.376	15.294
20		2.5		18.376	17.294
	22	2.5	2, 1.5, 1, (0.75), (0.5)	20.376	19.294
24		3	2, 1.5, 1, (0.75)	22.051	20.752
	27	3	2, 1.5, 1, (0.75)	25.051	23.752
30		3.5	(3), 2, 1.5, 1, (0.75)	27.727	26.211

注：1. 优先选用第一系列，括号内尺寸尽可能不用，第三系列未列入。

2. M14 × 1.25 仅用于火花塞。

附表2 梯形螺纹基本尺寸（GB/T 5796.3—2005）

mm

标记示例

公称直径 36 mm、导程 12 mm，螺距为 6 mm 的双线左旋梯形螺纹：

Tr36 × 12 （P6） LH

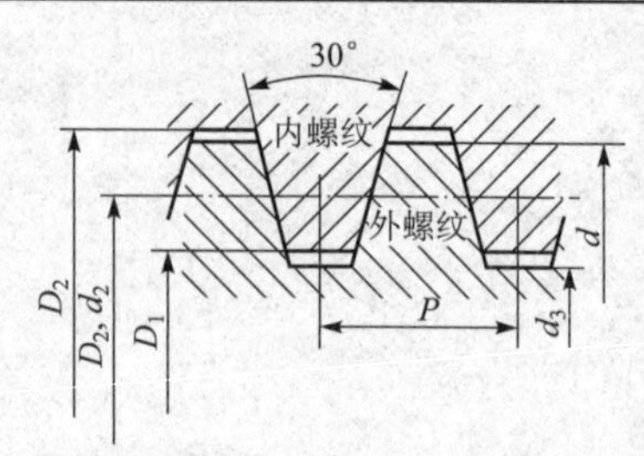

公称直径		螺距	中径	大径	小径		公称直径		螺距	中径	大径	小径	
第一系列	第二系列	P	$d_2=D_2$	D_4	d_3	D_1	第一系列	第二系列	P	$d_2=D_2$	D_4	d_3	D_1
8		1.5	7.25	8.30	6.20	6.50		26	3	24.50	26.50	22.50	23.00
	9	1.5	8.25	9.30	7.20	7.50			5	23.50	26.50	20.50	21.00
		2	8.00	9.50	6.50	7.00			8	22.00	27.00	17.00	18.00
10		1.5	9.25	10.30	8.20	8.50	28		3	26.50	28.50	24.50	25.00
		2	9.00	10.50	7.50	8.00			5	25.50	28.50	22.50	23.00
	11	2	10	11.5	8.5	9.0			8	24.00	29.00	19.00	20.00
		3	9.50	11.50	7.50	8.00		30	3	28.50	30.50	26.50	29.00
12		2	11.00	12.50	9.50	10.00			6	27.00	31.00	23.00	24.00
		3	10.50	12.50	8.50	9.00			10	25.00	31.00	19.00	20.00
	14	2	13.00	14.50	11.50	12.00	32		3	30.50	32.50	28.50	29.00
		3	12.50	14.50	10.50	11.00			6	29.00	33.00	25.00	26.00
16		2	15.00	16.50	13.50	14.00			10	27.00	33.00	21.00	22.00
		4	14.00	16.50	11.50	12.00		34	3	32.50	34.50	30.50	31.00
	18	2	17.00	18.5	15.50	16.00			6	31.00	35.00	27.00	28.00
		4	16.00	18.50	13.50	14.00			10	29.00	35.00	23.00	24.00
20		2	19.00	20.50	17.50	18.00	36		3	34.50	36.50	32.50	33.00
		4	18.00	20.50	15.50	16.00			6	33.00	37.00	29.00	30.00
	22	3	20.50	22.50	18.50	19.00			10	31.00	37.00	25.00	26.00
		5	19.50	22.50	16.50	17.00		38	3	36.50	38.50	34.50	35.00
		8	18.00	23.00	13.00	14.00			7	34.50	39.00	30.00	31.00
24		3	22.50	24.50	20.50	21.00			10	33.00	39.00	27.00	28.00
		5	21.50	24.50	18.50	19.00	40		3	38.50	40.50	36.50	37.00
		8	20.00	25.00	15.00	16.00			7	36.50	41.00	32.00	33.00
									10	35.00	41.00	29.00	30.00

附表3 螺纹密封管螺纹（GB/T 7306—2001）

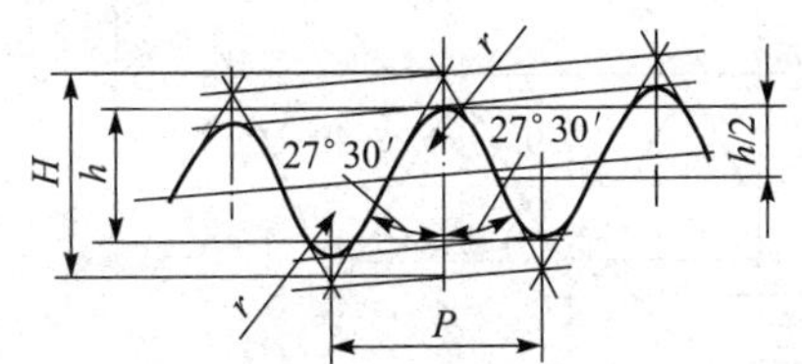

圆锥螺纹基本牙型

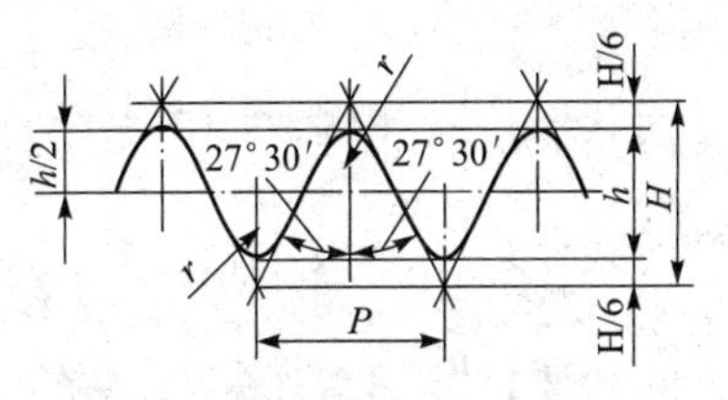

圆柱内螺纹基本牙型

标记示例

$1\frac{1}{2}$圆锥内螺纹：$R_c1\frac{1}{2}$　　圆锥内螺纹与圆锥外螺纹的配合：$R_c1\frac{1}{2}/R1\frac{1}{2}$

$1\frac{1}{2}$圆锥内螺纹：$R_p1\frac{1}{2}$　　圆锥内螺纹与圆锥外螺纹的配合：$R_p1\frac{1}{2}/R1\frac{1}{2}$

$1\frac{1}{2}$圆锥外螺纹左旋：$R1\frac{1}{2}-LH$

尺寸代号	每25.4 mm内的牙数 n	螺距 P/mm	牙高 h/mm	圆弧半径 r/mm	基面上的基本尺寸/mm			基准距离/mm	有效螺纹长度/mm
					大径 $d=D$	中径 $d_2=D_2$	小径 $d_1=D_1$		
$\frac{1}{16}$	28	0.907	0.581	0.125	7.723	7.142	6.561	4.0	6.5
$\frac{1}{8}$	28	0.907	0.581	0.125	9.728	9.147	8.566	4.0	6.5
$\frac{1}{4}$	19	1.337	0.856	0.184	13.157	12.301	11.445	6.0	9.7
$\frac{3}{8}$	19	1.337	0.856	0.184	16.662	15.806	14.950	6.4	10.1
$\frac{1}{2}$	14	1.814	1.162	0.249	20.955	19.793	18.631	8.2	13.2
$\frac{3}{4}$	14	1.814	1.162	0.249	26.441	25.279	24.117	9.5	14.5
1	11	2.309	1.479	0.317	33.249	31.770	30.291	10.4	16.8
$1\frac{1}{4}$	11	2.309	1.479	0.317	41.910	40.431	38.952	12.7	19.1
$1\frac{1}{2}$	11	2.309	1.479	0.317	47.803	48.324	44.845	12.7	19.1
2	11	2.309	1.479	0.317	59.614	58.135	56.656	15.9	23.4
$2\frac{1}{2}$	11	2.309	1.479	0.317	75.184	73.705	72.226	17.5	26.7
3	11	2.309	1.479	0.317	87.884	86.405	84.926	20.6	29.8
$3\frac{1}{2}$	11	2.309	1.479	0.317	100.330	100.351	97.372	22.2	31.4
4	11	2.309	1.479	0.317	113.030	111.531	110.072	25.4	35.8
5	11	2.309	1.479	0.317	138.430	135.951	136.472	28.6	40.1
6	11	2.309	1.479	0.317	163.830	162.351	160.872	28.6	40.1

附表4　非密封管螺纹（GB/T 7307—2001）

标记示例

尺寸代号 $1\frac{1}{2}$，内螺纹：G$1\frac{1}{2}$；

尺寸代号 $1\frac{1}{2}$，A 级外螺纹：G$1\frac{1}{2}$A；

尺寸代号 $1\frac{1}{2}$，B 级外螺纹，左旋：G$1\frac{1}{2}$B－LH

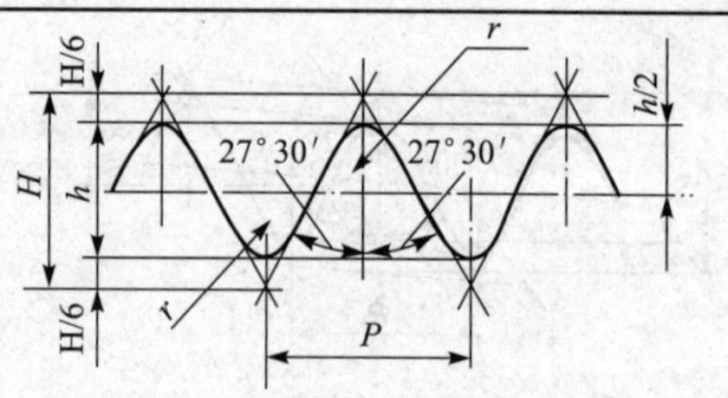

尺寸代号	每25.4 mm内的牙数 n	螺距 P/mm	牙高 h/mm	圆弧半径 $r\approx$/mm	基本直径/mm 大径 $d=D$	中径 $d_2=D_2$	小径 $d_1=D_1$
$\frac{1}{16}$	28	0.907	0.581	0.125	7.723	7.142	6.561
$\frac{1}{8}$	28	0.907	0.581	0.125	9.728	9.147	8.566
$\frac{1}{4}$	19	1.337	0.856	0.184	13.157	12.301	11.445
$\frac{3}{8}$	19	1.337	0.856	0.184	16.662	15.806	14.950
$\frac{1}{2}$	14	1.814	1.162	0.249	20.995	19.793	18.631
$\frac{5}{8}$	14	1.814	1.162	0.249	22.911	21.749	20.587
$\frac{3}{4}$	14	1.814	1.162	0.249	26.441	25.279	24.117
$\frac{7}{8}$	14	1.814	1.162	0.249	30.201	29.039	27.877
1	11	2.309	1.479	0.317	33.249	31.770	30.291
$1\frac{1}{8}$	11	2.309	1.479	0.317	37.897	36.418	34.939
$1\frac{1}{4}$	11	2.309	1.479	0.317	41.910	40.431	38.952
$1\frac{1}{2}$	11	2.309	1.479	0.317	47.803	46.324	44.845
$1\frac{3}{4}$	11	2.309	1.479	0.317	53.746	52.267	50.788
2	11	2.309	1.479	0.317	59.614	58.135	56.656
$2\frac{1}{4}$	11	2.309	1.479	0.317	65.710	64.231	62.752
$2\frac{1}{2}$	11	2.309	1.479	0.317	75.184	73.705	72.226
$2\frac{3}{4}$	11	2.309	1.479	0.317	81.534	80.055	78.576
3	11	2.309	1.479	0.317	87.884	86.405	84.926
$3\frac{1}{2}$	11	2.309	1.479	0.317	98.851	98.851	97.372
4	11	2.309	1.479	0.317	100.330	111.551	110.072
$4\frac{1}{2}$	11	2.309	1.479	0.317	125.730	124.251	122.772
5	11	2.309	1.479	0.317	138.430	136.951	135.472
$5\frac{1}{2}$	11	2.309	1.479	0.317	151.130	149.651	148.172
6	11	2.309	1.479	0.317	168.830	162.351	160.872

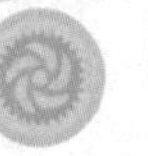

附表 5　普通螺纹的螺纹收尾、间距、退刀槽、倒角　　mm

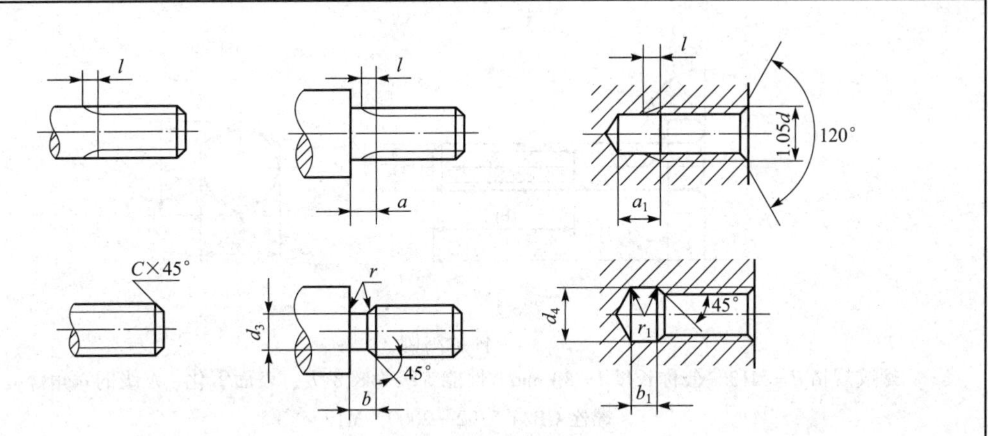

螺距 P	粗牙螺纹大径 D_d	外螺纹								倒角 C	内螺纹						
		螺纹收尾 l（不大于）		轴肩 a（不大于）			退刀槽				螺纹收尾 l（不大于）		轴肩 a_1（不大于）		退刀槽		
							b	$r\approx$	d_3						b_1	$r_1\approx$	d_4
		一般	短的	一般	长的	短的	一般				一般	短的	一般	长的	一般		
0.5	3	1.25	0.7	1.5	2	1	1.5	0.5P	$d-0.8$	0.5	1	1.5	3	4	2	0.5P	$d+0.3$
0.6	3.5	1.5	0.75	1.8	2.4	1.2	1.5		$d-1$		1.2	1.8	3.2	4.8			
0.7	4	1.75	0.9	2.1	2.8	1.4	2		$d-1.1$	0.6	1.4	2.1	3.5	5.6	3		
0.75	4.5	1.9	1	2.25	3	1.5	2		$d-1.2$		1.5	18	3.8	6			
0.8	5	2	1	2.4	3.2	1.6	2		$d-1.3$	0.8	1.6	2.4	4	6.4			
1	6, 7	2.5	1.25	3	4	2	2.5		$d-1.6$	1	2	3	5	8	4		$d+0.5$
1.25	8	3.2	1.6	4	5	2.5	3		$d-2$	1.2	2.5	4	6	10	5		
1.5	10	3.8	1.9	4.5	6	3	3.5		$d-2.3$	1.5	3	4.5	7	12	6		
1.75	12	4.3	2.2	5.3	7	3.5	4		$d-2.6$	2	3.5	5.3	9	14	7		
2	14, 16	5	2.5	6	8	4	5		$d-3$		4	6	10	16	8		
2.5	18, 20, 22	6.3	3.2	7.5	10	5	6		$d-3.6$	2.5	5	7.5	12	18	10		
3	24, 27	7.5	3.8	9	12	6	7		$d-4.4$		6	9	14	22	12		
3.5	30, 33	9	4.5	10.5	14	7	8		$d-5$	3	7	10.5	16	24	14		
4	36, 39	10	5	12	16	8	9		$d-5.7$		8	12	18	26	16		
4.5	42, 45	11	5.5	13.5	18	9	10		$d-6.4$	4	9	13.5	21	29	18		
5	48, 52	12.5	6.3	15	20	10	11		$d-7$		10	15	23	32	20		
5.5	56, 60	14	7	16.5	22	11	12		$d-7.7$	5	11	16.5	25	35	22		
6	64, 68	15	7.5	18	24	12	13		$d-8.3$		12	2.25	28	38	24		

附表 6　六角头螺栓——A 和 B 级（GB/T 5782—2000）　mm

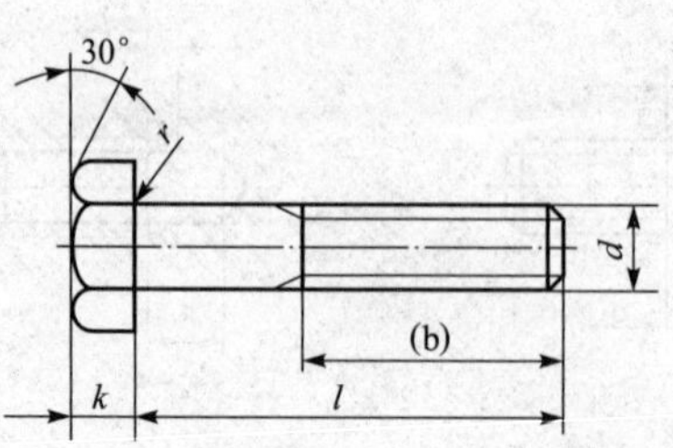

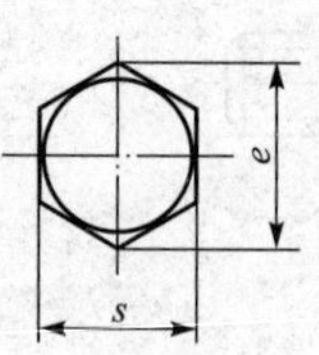

标记示例

螺纹规格 d = M12、公称长度 l = 80 mm、性能等级为 8.8 级、表面氧化、A 级的六角螺栓：

螺栓 GB/T 5782—2000　M12 × 80

螺纹规格 d		M3	M4	M5	M6	M8	M10	M12	M16	M20	M24	M30	M36
s		5.5	7	8	10	13	16	18	24	30	36	46	55
k		2	2.8	3.5	4	5.3	6.4	7.5	10	12.5	15	18.7	22.5
r		0.1	0.2	0.2	0.25	0.4	0.4	0.6	0.6	0.8	0.8	1	1
e	A	6.01	7.66	8.79	11.05	14.38	17.77	20.03	26.75	33.53	39.98	—	—
	B	5.88	7.50	8.63	10.89	14.20	17.59	19.85	26.17	32.95	39.55	50.85	51.11
(b) GB/T 5782	$l \leqslant 125$	12	14	16	18	22	26	30	38	46	54	66	—
	$125 < l \leqslant 200$	18	20	22	24	28	32	36	44	52	60	72	84
	$l > 200$	31	33	35	37	41	45	49	57	65	73	85	97
l 范围（GB/T 5782）		20 ~ 30	25 ~ 40	25 ~ 50	30 ~ 60	40 ~ 80	45 ~ 100	50 ~ 120	65 ~ 160	80 ~ 200	90 ~ 240	110 ~ 300	140 ~ 360
l 范围（GB/T 5782）		6 ~ 30	8 ~ 40	10 ~ 50	12 ~ 60	16 ~ 80	20 ~ 100	25 ~ 120	30 ~ 150	40 ~ 150	50 ~ 150	60 ~ 200	70 ~ 200
l 系列		6，810，12，16，20，25，30，35，40，45，50，55，60，65，70，80，90，100，110，120，130，140，150，160，180，200，220，240，260，280，300，320，340，360，380，400，420，440，460，480，500											

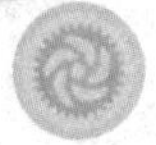

附表7　双头螺柱

$b_m = 1d$（GB/T 897—1988）　$b_m = 1.25d$（GB/T 898—1988）

$b_m = 1.5d$（GB/T 899—1988）　$b_m = 2d$（GB/T 900—1988）

A型

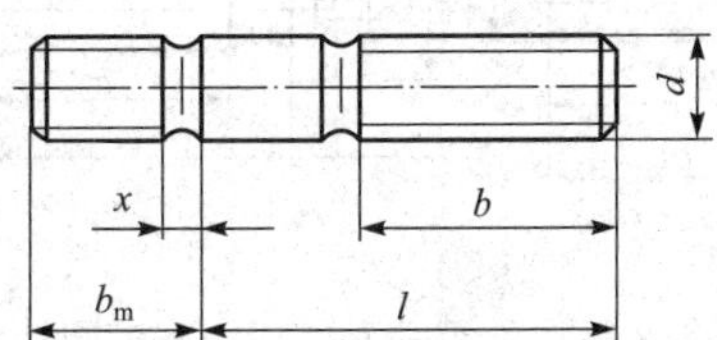

B型

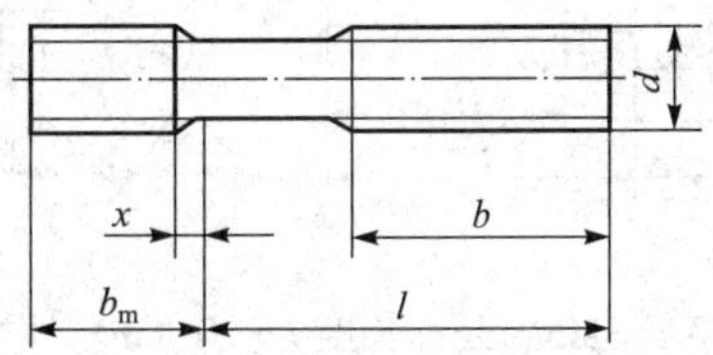

标记示例

两端均为粗牙普通螺纹、螺纹规格：d = M10、公称长度 l = 50 mm、性能等级为4.8级、不经表面处理、$b_m = 1d$、B型的双头螺柱：

螺柱　GB/T 897—1988　M10×50

螺纹规格 d	b_m/mm				l/b
	GB/T 897—1988	GB/T 898—1988	GB/T 899—1988	GB/T 900—1988	
M5	5	6	8	10	$\frac{16\sim20}{10}$、$\frac{25\sim50}{16}$
M6	6	8	10	12	$\frac{20}{10}$、$\frac{25\sim30}{14}$、$\frac{35\sim70}{18}$
M8	8	10	12	16	$\frac{20}{12}$、$\frac{25\sim30}{16}$、$\frac{35\sim90}{22}$
M10	10	12	15	20	$\frac{25}{14}$、$\frac{30\sim35}{16}$、$\frac{40\sim120}{26}$、$\frac{130}{32}$
M12	12	15	18	24	$\frac{25\sim30}{16}$、$\frac{35\sim40}{20}$、$\frac{45\sim120}{30}$、$\frac{130\sim200}{36}$
M16	16	20	24	32	$\frac{30\sim35}{20}$、$\frac{40\sim55}{30}$、$\frac{60\sim120}{38}$、$\frac{130\sim200}{44}$
M20	20	25	30	40	$\frac{35\sim40}{25}$、$\frac{45\sim60}{35}$、$\frac{70\sim120}{46}$、$\frac{130\sim200}{52}$
M24	24	30	36	48	$\frac{45\sim50}{30}$、$\frac{60\sim75}{45}$、$\frac{80\sim120}{54}$、$\frac{130\sim200}{60}$
M30	30	38	45	60	$\frac{60\sim65}{40}$、$\frac{70\sim90}{50}$、$\frac{95\sim120}{66}$、$\frac{130\sim200}{72}$、$\frac{210\sim250}{85}$
M36	36	45	54	72	$\frac{65\sim75}{45}$、$\frac{80\sim110}{60}$、$\frac{120}{78}$、$\frac{130\sim200}{84}$、$\frac{210\sim300}{97}$
l系列	16 20 25 30 35 40 45 50（55）60（65）70（75）80（85）90（95）100 110 120 130 140 150 160 170 180 190 200 210 220 230 240 250 260 280 300				

附表8　开槽螺钉

mm

开槽圆柱螺钉（GB/T 65—2000）、开槽沉头螺钉（GB/T 68—2000）、开槽盘头螺钉（GB/T 67—2000）

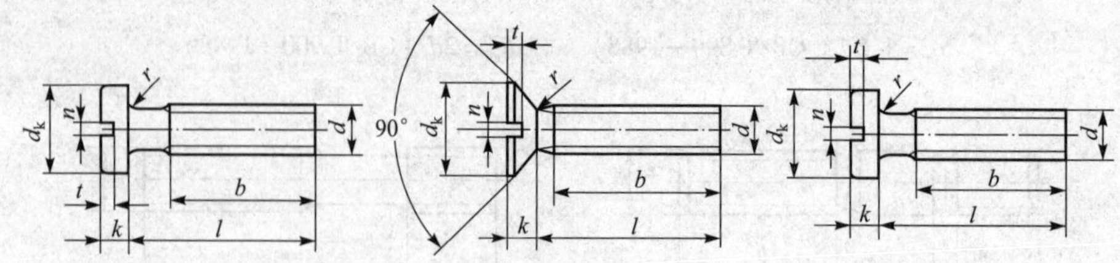

标记示例

螺纹规格 d = M5、公称长度 l = 20 mm、性能等级为 4. 8 级、不经表面处理的开槽圆柱头螺钉：

螺钉 GB/T65—2000 M65 ×20

螺纹 d		M1. 6	M2	M2. 5	M3	M4	M5	M6	M8	M10
GB/T 65—2000	d_k					7	8. 5	10	13	16
	k					2. 6	3. 3	3. 9	5	6
	t_{min}					1. 1	1. 3	1. 6	2	2. 4
	r_{min}					0. 2	0. 2	0. 25	0. 4	0. 4
	l					5 ~ 40	6 ~ 50	8 ~ 60	10 ~ 80	12 ~ 80
	全螺纹时最大长度					40	40	40	40	40
GB/T 67—2000	d_k	3. 2	4	5	5. 6	8	9. 5	12	16	23
	k	1	1. 3	1. 5	1. 8	2. 4	3	3. 6	4. 8	6
	t_{min}	0. 35	0. 5	0. 6	0. 7	1	1. 2	1. 4	1. 9	2. 4
	r_{min}	0. 1	0. 1	0. 1	0. 1	0. 2	0. 2	0. 25	0. 4	0. 44
	l	2 ~ 16	2. 5 ~ 20	3 ~ 25	4 ~ 30	5 ~ 40	6 ~ 50	8 ~ 60	10 ~ 80	12 ~ 80
	全螺纹时最大长度	30	30	30	30	40	40	40	40	40
GB/T 68—2000	d_k	3	3. 8	4. 7	5. 5	8. 4	9. 3	11. 3	15. 8	18. 3
	k	1	1. 2	1. 5	1. 65	2. 7	2. 7	3. 3	4. 65	5
	t_{min}	0. 32	0. 4	0. 5	0. 6	1	1. 1	1. 2	1. 8	2
	r_{max}	0. 4	0. 5	0. 6	0. 8	1	1. 3	1. 5	2	2. 5
	l	2. 5 ~ 16	3 ~ 20	4 ~ 25	5 ~ 30	6 ~ 40	8 ~ 50	8 ~ 60	10 ~ 80	12 ~ 80
	全螺纹时最大长度	30	30	30	30	45	45	45	45	45
n		0. 4	0. 5	0. 6	0. 8	1. 2	1. 2	1. 6	2	2. 5
b		25				38				
l 系列		2 2. 5 3 4 5 6 8 10 12（14）16 20 25 30 35 40 45 50（55）60（65）70（75）80								

附表 9 内六角圆柱头螺钉（GB/T 70.1—2000） mm

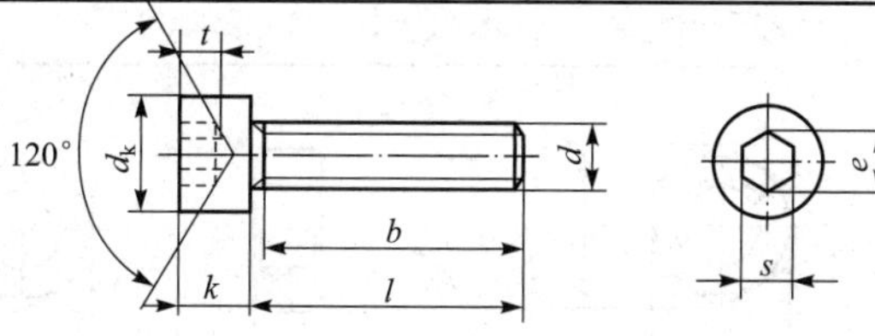

标记示例

螺纹规格 d = M5、公称长度 l = 20 mm、性能等级为 8.8 级，表面氧化的内六角圆柱头螺钉：

螺钉 GB/T 70.1—2000 M5 × 20

螺纹规格 d	M2.5	M3	M4	M5	M6	M8	M10	M12	M16	M20	M24	M30	M36
d_{kmax}	4.5	5.5	7	8.5	10	13	16	18	24	30	36	45	54
k_{max}	2.5	3	4	5	6	8	10	12	14	20	24	30	36
t_{min}	1.1	1.3	2	2.5	3	4	5	6	7	10	12	15.5	19
r	0.1		0.2		0.25	0.4		0.6		0.8		1	
s	2	2.5	3	4	5	6	8	10	12	17	19	22	27
e	2.3	2.87	3.44	4.58	5.72	6.86	9.15	11.43	13.72	19.4	21.7	25.15	30.85
b（参考）	17	18	20	22	24	28	32	36	44	52	60	72	84
l 系列	2.5，3，4，5，6，8，10，12，16，20，25，30，35，40，45，50，55，60，65，70，80，90，100，110，120，130，140，150，160，180，200												

附表 10 开槽锥端紧定螺钉 mm

锥端（GB/T 71—1985）　平端（GB/T 73—1985）　长圆柱端（GB/T 75—1985）

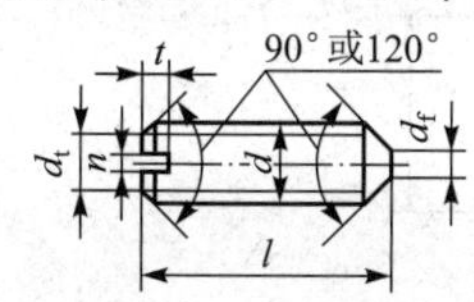

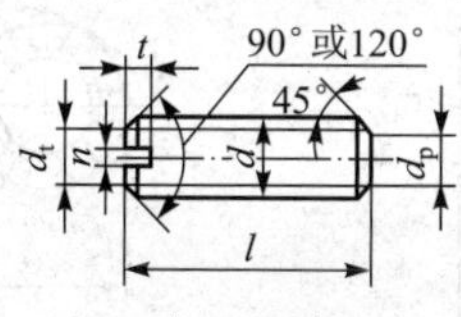

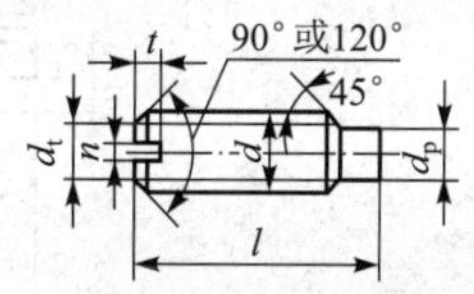

标记示例

螺纹规格 d = M5、公称长度 l = 20 mm、性能等级为 14H 级，表面氧化的开槽锥端紧定螺钉：

螺钉 GB/T 71—1985 M5 × 20

螺纹规格 d	M2	M2.5	M3	M5	M6	M8	M10	M12
d_f	螺纹小径							
d_t	0.2	0.25	0.3	0.5	1.5	2	2.5	3
d_p	1	1.5	2	3.5	4	5.5	7	8.5
n	0.25	0.4	0.4	0.8	1	1.2	1.6	2
t	0.84	0.95	1.05	1.63	2	2.5	3	3.6
z	1.25	1.5	1.75	2.75	3.25	4.3	5.3	6.3
l 系列	2，2.5，3，4，5，6，8，10，12（14），16，20，25，30，35，40，45，50，(55)，60							

附表 11　1 型六角螺母——C 级（GB/T 41—2000）1 型六角螺母（GB/T 6170—2000）
六角薄螺母（GB/T 6172.1—2000）

mm

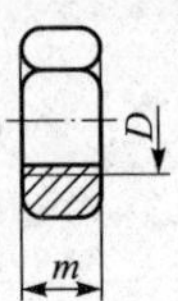

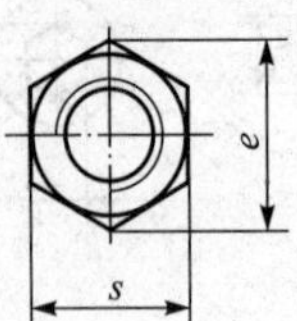

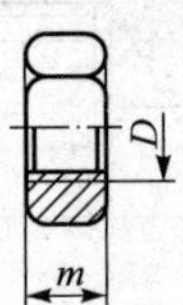

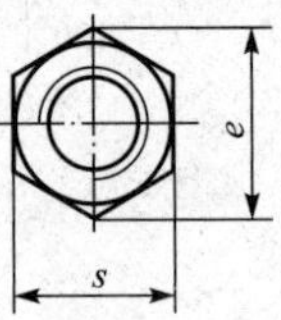

标记示例

螺纹规格 D = M12、性能等级为 5 级、不经表面处理、C 级的 1 型六角螺母：

螺母　GB/T 41—2000　M12

螺纹规格 D		M3	M4	M5	M6	M8	M10	M12	M16	M20	M24	M30	M36	M42	M48
e_{min}	GB/T 41			8.63	10.89	14.20	17.59	19.85	26.17	32.95	39.55	50.85	60.79	71.3	82.6
	GB/T 6170	6.01	7.66	8.79	11.05	14.38	17.77	20.03	26.75	32.95	39.55	50.85	60.79	71.3	82.6
	GB/T 6172	6.01	7.66	8.79	11.05	14.38	17.77	20.03	16.75	32.95	39.55	50.85	60.79	71.3	82.6
s		5.5	7	8	10	13	16	18	24	30	36	46	55	65	75
m_{max}	GB/T 6170	2.4	3.2	4.7	5.2	6.8	8.4	10.8	14.8	18	21.5	25.6	31	34	38
	GB/T 6172	1.8	2.2	2.7	3.2	4	5	6	8	10	12	15	18	21	24
	GB/T 41			5.6	6.4	7.9	9.5	12.2	15.9	19	22.3	26.4	31.5	34.9	38.9

附表 12　1 型六角开槽螺母——A 和 B 级（GB/T 6178—1986）

mm

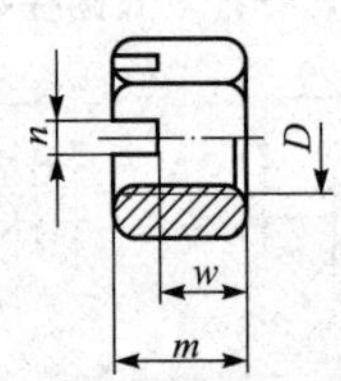

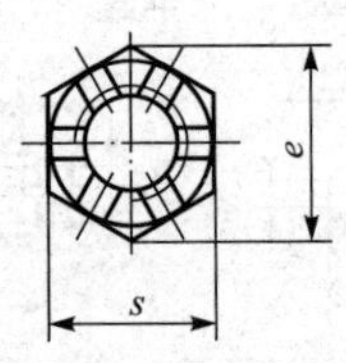

标记示例

螺纹规格 D = M5、性能等级为 8 级、不经表面处理、A 机的 1 型六角开槽螺母：

GB/T 6178—1986　M5

螺纹规格 D	M4	M5	M6	M8	M10	M12	（M14）	M16	M20	M24	M30
e	7.7	8.8	11	14	17.8	20	23	26.8	33	39.6	50.9
m	6	6.7	7.7	9.8	12.4	15.8	17.8	20.8	24	29.5	34.6
n	1.2	1.4	2	2.5	2.8	3.5	3.5	4.5	4.5	5.5	7
s	7	8	10	13	16	18	21	24	30	36	46
w	3.2	4.7	5.2	6.8	8.4	10.8	12.8	14.8	18	21.5	25.6
开口销	1×10	1.2×12	1.6×14	2×16	2.5×20	3.2×22	3.2×25	4×28	4×36	5×40	6.3×50

附表 13　平垫圈——A 级（GB/T 97.1—2002）、平垫圈倒角型——A 型（GB/T 97.2—2002）mm

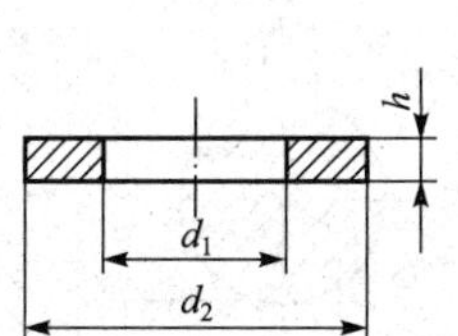

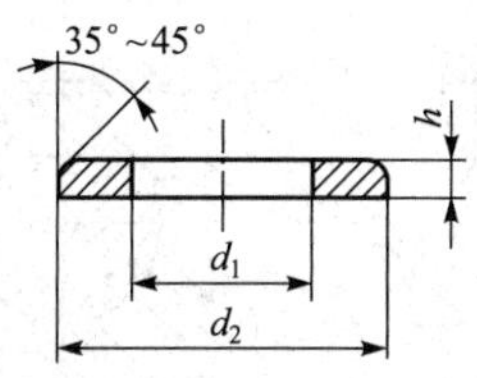

标记示例

标准系列，公称尺寸 $d=8$ mm，由钢制造的硬度等级为 200HV 级，

不经表面处理、产品等级为 A 级的平垫圈：

垫圈　GB/T 97.1—2002　8

规格（螺纹直径）	2	2.5	3	4	5	6	8	10	12	14	16	20	24	30
内径 d_1	2.2	2.7	3.2	4.3	5.3	6.4	8.4	10.5	13	15	17	21	25	31
内径 d_2	5	6	7	9	10	12	16	20	24	28	30	37	44	56
厚度 h	0.3	0.5	0.5	0.8	1	1.6	1.6	2	2.5	2.5	3	3	4	4

附表 14　标准形弹簧垫圈（GB/T 93—1987）轻型弹簧垫圈（GB/T 859—1987）　mm

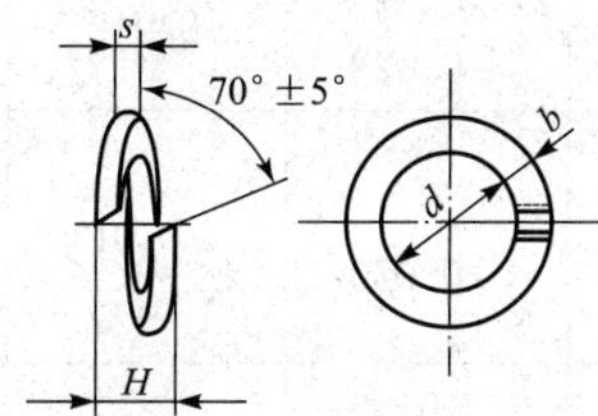

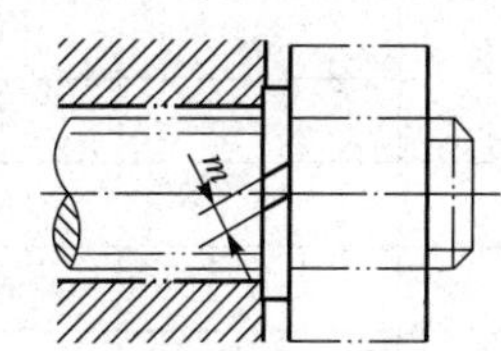

标记示例

公称直径 16 mm、材料为 16Mn、表面氧化的标准型垫圈：

垫圈 GB/T 93—1987　16

规格（螺纹直径）		2	2.5	3	4	5	6	8	10	12	16	20	24	30	36	42
d		2.1	2.6	3.1	4.1	5.1	6.2	8.2	10.2	12.3	16.3	20.5	24.5	30.5	36.6	42.6
H	GB/T 93	1.2	1.6	2	2.4	3.2	4	5	6	7	8	10	12	13	14	16
	GB/T 859	1	1.2	1.6	1.6	2	2.4	3.2	4	5	6.4	8	9.6	12		
$s(b)$	GB/T 93	0.6	0.8	1	1.2	1.6	2	2.5	3	3.5	4	5	6	6.5	7	8
s	GB/T 859	0.5	0.6	0.8	0.8	1	1.2	1.6	2	2.5	3.2	4	4.8	6		
$m\leqslant$	GB/T 93	0.4		0.5	0.6	0.8	1	1.2	1.5	1.7	2	2.5	3	3.2	3.5	4
	GB/T 859	0.3		0.4		0.5	0.6	0.8	1	1.2	1.6	2	2.4	3		
b	GB/T 859	0.8		1	1.2		1.6	2	2.5	3.5	4.5	5.5	6.5	8		

附表15　键和键槽的断面尺寸（GB/T 1095—2003）普通平键的尺寸（GB/T 1096—2003）mm

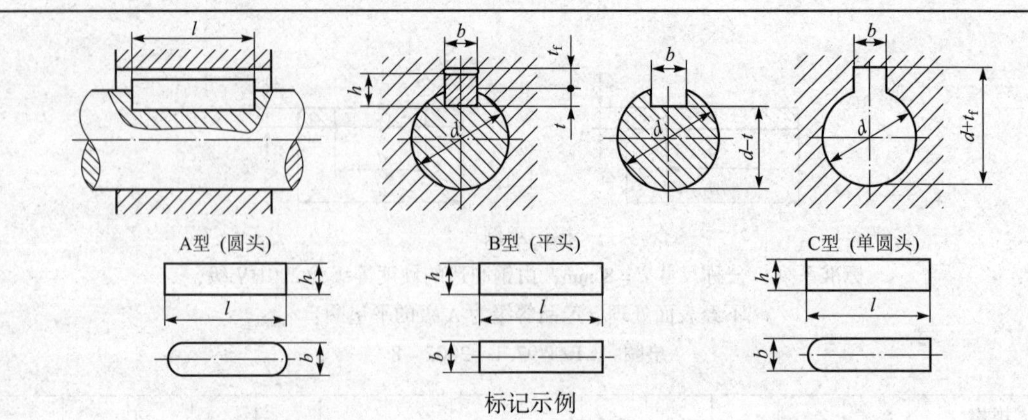

标记示例

圆头普通平键（A）型　$b=16$ mm、$h=10$ mm、$L=100$ mm

键 16×100　GB/T 1096—2003

轴径	键		键槽				
			宽度			深度	
				一般键连接偏差			
d	b	h	b	轴 N9	毂 JS9	轴 t	毂 t_1
自6~8	2	2	2	−0.004	±0.012 5	1.2	1
>8~10	3	3	3	−0.029		1.8	1.4
>10~12	4	4	4	0 −0.030	±0.018	2.5	1.8
>12~17	5	5	5			3.0	2.3
>17~22	6	6	6			3.5	2.8
>22~30	8	7	8	0 −0.036	±0.018	4.0	3.3
>30~38	10	8	10			5.0	3.3
>38~44	12	8	12	0 −0.043	±0.021 5	5.0	3.3
>44~50	14	9	14			5.5	3.8
>50~58	16	10	16			6.0	4.3
>58~65	18	11	18			7.0	4.4
>65~75	20	12	20	0 −0.052	±0.026	7.5	4.9
>75~85	22	14	22			9.0	5.4
>85~95	25	14	25			9.0	5.4
>95~110	28	16	28			10.0	6.4
>110~130	32	18	32	0 −0.062	±0.031	11.0	7.4
>130~150	36	20	36			12.0	8.4
>150~170	40	22	40			13.0	9.4
>170~200	45	25	45			15.0	10.4
l 系列	6，8，10，12，16，18，20，22，25，28，32，36，40，45，50，56，63，70，80，90，100，110，125，140，160，180，200，220，250，280，320，360，400，450						

附表 16　圆柱销（GB/T 119.1—2000）

mm

标记示例

公称直径 $d=8$ mm、公差为 m6、长度 $l=30$ mm、材料 35 钢、不经淬火、不经表面处理的圆柱销：销　GB/T 119.1—2000　8　m6×30

d	1	1.2	1.5	2	2.5	3	4	5	6	8	10	12
$a\approx$	0.12	0.16	0.20	0.25	0.30	0.40	0.50	0.63	0.80	1.0	1.2	1.6
$c\approx$	0.20	0.25	0.30	0.35	0.40	0.50	0.63	0.80	1.2	1.6	2	2.5
l 系列	2，3，4，5，6，8，10，12，14，16，18，20，22，24，26，28，30，32，35，40，45，50，55，60，65，70，75，80，85，90，95，100，120，140											

附表 17　深沟球轴承（摘自 GB/T 276—1994）圆锥滚子轴承（摘自 GB/T 297—1994）推力球轴承（摘自 GB/T 301—1995）

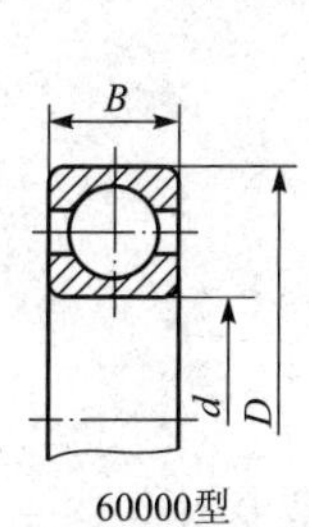

60000型

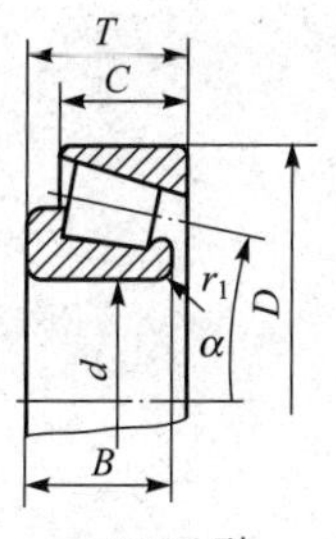

30000型

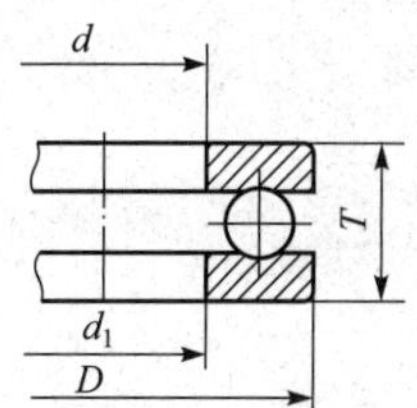

标记示例：滚动轴承 6310 GB/T 276—1994

标记示例：滚动轴承 30212 GB/T 297—1994

标记示例：滚动轴承 51305 GB/T 301—1995

轴承型号	尺寸/mm			轴承型号	尺寸/mm					轴承型号	尺寸/mm			
	d	D	B		d	D	B	C	T		d	D	T	d_1
尺寸系列［（0）2］				尺寸系列［02］						尺寸系列［12］				
6202	15	35	11	30203	17	40	12	11	13.25	51202	15	32	12	17
6203	17	40	12	30204	20	47	14	12	15.25	51203	17	35	12	19
6204	20	47	14	30205	25	52	15	13	16.25	51204	20	40	14	22
6205	25	52	15	30206	30	62	16	14	17.25	51205	25	47	15	27
6206	30	62	16	30207	35	72	17	15	18.25	51206	30	52	16	32
6207	35	72	17	30208	40	80	18	16	19.75	51207	35	62	18	37
6208	40	80	18	30209	45	85	19	16	20.75	51208	40	68	19	42
6209	45	85	19	30210	50	90	20	17	21.75	51209	45	73	20	47
6210	50	90	20	30211	55	100	21	18	22.75	51210	50	78	22	52
6211	55	100	21	30212	60	110	22	19	23.75	51211	55	90	25	57
6212	60	110	22	30213	65	120	23	20	24.75	51212	60	95	26	62

续表

尺寸系列［（0）3］				尺寸系列［03］						尺寸系列［13］				
6302	15	42	13	30302	15	42	13	11	14.25	51304	20	47	18	22
6303	17	47	14	30303	17	47	14	12	15.25	51305	25	52	18	27
6304	20	52	15	30304	20	52	15	13	16.25	51306	30	60	21	32
6305	25	62	17	30305	25	62	17	15	18.25	51307	35	68	24	37
6306	30	72	19	30306	30	72	19	16	20.75	51308	40	78	26	42
6307	35	80	21	30307	35	80	21	18	22.75	51309	45	85	28	47
6308	40	90	23	30308	40	90	23	20	25.25	51310	50	95	31	52
6309	45	100	25	30309	45	100	25	22	27.25	51311	55	105	35	57
6310	50	110	27	30310	50	110	27	23	29.25	51312	60	110	35	62
6311	55	120	29	30311	55	120	29	25	31.50	51313	65	115	36	67
6312	60	130	31	30312	60	130	31	26	33.50	51314	70	125	40	72

附表 18 标准公差数值（GB/T 1800.1—2009）

公称尺寸/mm		标准公差等级																	
		IT1	IT2	IT3	IT4	IT5	IT6	IT7	IT8	IT9	IT10	IT11	IT12	IT13	IT14	IT15	IT16	IT17	IT18
大于	至	μm											mm						
—	3	0.8	1.2	2	3	4	6	10	14	25	40	60	0.1	0.14	0.25	0.4	0.6	1	1.4
3	6	1	1.5	2.5	4	5	8	12	18	30	48	75	0.12	0.18	0.3	0.48	0.75	1.2	1.8
6	10	1	1.5	2.5	4	6	9	15	22	36	58	90	0.15	0.22	0.36	0.58	0.9	1.5	2.2
10	18	1.2	2	3	5	8	11	18	27	43	70	110	0.18	0.27	0.43	0.7	1.1	1.8	2.7
18	30	1.5	2.5	4	6	9	13	21	33	52	84	130	0.21	0.33	0.52	0.84	1.3	2.1	3.3
30	50	1.5	2.5	4	7	11	16	25	39	62	100	160	0.25	0.39	0.62	1	1.6	2.5	3.9
50	80	2	3	5	8	13	19	30	46	74	120	190	0.3	0.46	0.74	1.2	1.9	3	4.6
80	120	2.5	4	6	10	15	22	35	54	87	140	220	0.35	0.54	0.87	1.4	2.2	3.5	5.4
120	180	3.5	5	8	12	18	25	40	63	100	160	250	0.4	0.63	1	1.6	2.5	4	6.3
180	250	4.5	7	10	14	20	29	46	72	115	185	290	0.46	0.72	1.15	1.85	2.9	4.6	7.2
250	315	6	8	12	16	23	32	52	81	130	210	320	0.52	0.81	1.3	2.1	3.2	5.2	8.1
315	400	7	9	13	18	25	36	57	89	140	230	360	0.57	0.89	1.4	2.3	3.6	5.7	8.9
400	500	8	10	15	20	27	40	63	97	250	250	400	0.63	0.97	1.55	2.5	4	6.3	9.7

尺寸小于或等于 1 mm，无 IT14 至 IT18。

附表 19　尺寸≤120 mm 轴的基本偏差数值（GB/T 1800. 1—2009）

公称尺寸/mm		基本偏差数值/μm															
		上极限偏差 es											js	下极限偏差 ei			
		a	b	c	cd	D	e	ef	f	fg	g	h		j		k	
大于	至	所有等级												IT5 和 IT6	IT7	4~7	≤3>7
6	10	−280	−150	−80	−56	−40	−25	−18	−13	−8	−5	0	偏差=±Itn/2，式中 Itn 式 IT 的数值	−2	−5	+1	0
10	18	−290	−150	−95		−50	−32				−6	0		−3	−6	+1	0
18	30	−300	−160	−110		−65	−40				−7	0		−4	−8	+2	0
30	40	−310	−170	−120		−80	−50				−9	0		−5	−10	+2	0
40	50	−320	−180	−130													
50	65	−340	−190	−140		−100	−60				−10	0		−7	−12	+2	0
65	80	−360	−200	−150													
80	100	−380	−220	−170		−120	−72				−12	0		−9	−15	+3	0
100	120	−410	−240	−180													

附表 20　尺寸≤120mm 孔的基本偏差数值（GB/T 1800.1—2009）

公称尺寸/mm		基本偏差数值/μm																					
		上极限偏差 es											JS	下极限偏差 ei					Δ值			
		A	B	C	CD	D	E	EF	F	FG	G	H		J			k					
大于	至	所有等级												IT6	IT7	IT8	≤IT8	>IT8	IT5	IT6	IT7	IT8
6	10	+280	+150	+80	+56	+40	+25	+18	+13	+8	+5	0	偏差＝±Itn/2，式中 Itn 式 IT 的数值	+5	+8	+12	−1+Δ		2	3	6	7
10	14	+290	+150	+95		+50	+32		+16		+6	0		+6	+10	+12	−1+Δ		3	3	7	9
14	18																					
18	24	+300	+160	+110		+65	+40		+20		+7	0		+8	+12	+20	−2+Δ		3	4	8	12
24	30																					
30	40	+310	+170	+120		+80	+50		+25		+9	0		+10	+12	+24	−2+Δ		4	5	9	12
40	50	+320	+180	+130																		
50	65	+340	+190	+140		+100	+60		+30		+10	0		+13	+18	+28	−2+Δ		5	6	11	16
65	80	+360	+200	+150																		
80	100	+380	+220	+170		+120	+72		+36		+12	0		+16	+22	+34	−3+Δ		5	7	13	19
100	120	+410	+240	+180																		

附表 21　轴的极限偏差数值（GB/T 1800. 2—2009）

代号		a	b	c	d	e	f	g	h								js	k	m	n	p	r	s	t	u	v	x	y	z
公称尺寸/mm		公差等级																											
大于	至	11	11	11	9	8	7	6	5	6	7	8	9	10	11	12	6	6	6	6	6	6	6	6	6	6	6	6	6
—	3	−270 −330	−140 −200	−60 −120	−20 −45	−14 −28	−6 −16	−2 −8	0 −4	0 −6	0 −10	0 −14	0 −25	0 −40	0 −60	0 −100	±3	+6 0	+8 +2	+10 +4	+12 +6	+16 +10	+20 +14	—	+24 +18	—	+26 +20	—	+32 +26
3	6	−270 −345	−140 −215	−70 −145	−30 −60	−20 −38	−10 −22	−4 −12	0 −5	0 −8	0 −12	0 −18	0 −30	0 −48	0 −75	0 −120	±4	+9 +1	+12 +4	+16 +8	+20 +12	+23 +15	+27 +19	—	+31 +23	—	+36 +28	—	+43 +35
6	10	−280 −338	−150 −240	−80 −170	−40 −76	−25 −47	−13 −28	−5 −14	0 −6	0 −9	0 −15	0 −22	0 −36	0 −58	0 −90	0 −150	±4. 5	+10 +1	+15 +6	+19 +10	+24 +15	+28 +19	+32 +23	—	+37 +28	—	+43 +34	—	+51 +42
10	14	−290 −400	−150 −260	−95 −205	−50 −93	−32 −59	−16 −34	−6 −17	0 −8	0 −11	0 −18	0 −27	0 −43	0 −70	0 −110	0 −180	±5. 5	+12 +1	+18 +7	+23 +12	+29 +18	+34 +23	+39 +28	—	+44 +33	—	+51 +40	—	+61 +50
14	18																							—		+50 +39	+56 +45	—	+71 +60
18	24	−300 −430	−160 −290	−110 −240	−65 −117	−40 −73	−20 −41	−7 −20	0 −9	0 −13	0 −21	0 −33	0 −52	0 −84	0 −130	0 −210	±6. 5	+15 +2	+21 +8	+28 +15	+35 +22	+41 +28	+48 +35	—	+54 +41	+60 +47	+67 +54	+76 +63	+86 +73
24	30																							+54 +41	+61 +48	+68 +55	+77 +64	+88 +75	+101 +88
30	40	−310 −470	−170 −330	−120 −280	−80 −142	−50 −89	−25 −50	−9 −25	0 −11	0 −16	0 −25	0 −39	0 −62	0 −100	0 −160	0 −250	±8	+18 +2	+25 +9	+33 +17	+42 +26	+50 +34	+59 +43	+64 +48	+76 +60	+84 +68	+96 +80	+110 +94	+128 +112
40	50	−320 −480	−180 −340	−130 −290																				+70 +54	+86 +70	+97 +81	+113 +97	+130 +114	+152 +136
50	65	−340 −530	−190 −380	−140 −330	−100 −174	−60 −106	−30 −60	−10 −29	0 −13	0 −19	0 −30	0 −46	0 −47	0 −120	0 −190	0 −300	±9. 5	+21 +2	+30 +11	+39 +20	+51 +32	+60 +41	+72 +53	+85 +66	+106 +87	+121 +102	+141 +122	+163 +144	+191 +172
65	80	−360 −550	−200 −390	−150 −340																		+62 +43	+78 +59	+94 +75	+121 +102	+139 +120	+165 +146	+193 +174	+229 +210
80	100	−380 −600	−220 −440	−170 −390	−120 −207	−72 −126	−63 −71	−12 −34	0 −15	0 −22	0 −35	0 −54	0 −87	0 −140	0 −220	0 −350	±11	+25 +3	+35 +13	+45 +23	+59 +37	+73 +51	+93 +71	+113 +91	+146 +124	+168 +146	+200 +178	+236 +214	+280 +258
100	120	−410 −630	−240 −460	−180 −400																		+76 +54	+101 +79	+126 +104	+166 +144	+194 +172	+232 +210	+276 +254	+332 +310

续表

代号		a	b	c	d	e	f	g	h								js	k	m	n	p	r	s	t	u	v	x	y	z
公称尺寸/mm		公差等级																											
120	140	−460 −710	−260 −510	−200 −450																		+88 +63	+117 +92	+147 +122	+195 +170	+227 +202	+273 +248	+325 +300	+390 +365
140	160	−520 −770	−280 −530	−210 −460	−145 −245	−85 −148	−43 −83	−14 −39	0 −18	0 −25	0 40	0 −63	0 −100	0 −160	0 −250	0 −400	±12.5	+28 +3	+40 +15	+52 +27	+68 +43	+90 +65	+125 +100	+159 +134	+215 +190	+253 +228	+305 +280	+365 +340	+440 +415
160	180	−580 −830	−310 −560	−230 −480																		+93 +68	+133 +108	+171 +146	+235 +210	+277 +252	+335 +310	+405 +380	+490 +465
180	200	−660 −950	−340 −630	−240 −530																		+106 +77	+151 +122	+195 +166	+265 +236	+313 +284	+379 +350	+454 +425	+549 +520
200	225	−740 −1030	−380 −670	−260 −550	−170 −285	−100 −172	−50 −96	−15 −44	0 −20	0 −29	0 −46	0 −72	0 −115	0 −185	0 −290	0 −460	±14.5	+33 +4	+46 +17	+60 +31	+79 +50	+109 +80	+159 +130	+209 +180	+287 +258	+339 +310	+414 +385	+499 +470	+604 +575
225	250	−820 −1110	−420 −710	−280 −570																		+113 +84	+169 +140	+225 +196	+313 +284	+396 +340	+454 +425	+549 +520	+669 +640
250	280	−920 −1240	−480 −800	−300 −620	−190 −320	−110 −191	−56 −108	−17 −49	0 −23	0 −32	0 −52	0 −81	0 −130	0 −210	0 −320	0 −520	±16	+36 +4	+52 +20	+66 +34	+88 +56	+126 +94	+190 +158	+250 +218	+347 +315	+417 +385	+507 +475	+612 +580	+742 +710
280	315	−1050 −1370	−540 −860	−330 −650																		+130 +98	+202 +170	+272 +240	+382 +350	+457 +425	+557 +525	+682 +650	+822 +790
315	355	−1200 −1560	−600 −960	−360 −720	−210 −250	−125 −214	−62 −119	−18 −54	0 −25	0 −36	0 −57	0 −89	0 −140	0 −230	0 −360	0 −570	±18	+40 +4	+57 +21	+73 +37	+98 +62	+144 +108	+226 +190	+304 +268	+426 +390	+511 +475	+626 +590	+766 +730	+936 +900
355	400	−1350 −1710	−680 −1040	−400 −760																		+150 +114	+224 +208	+330 +294	+471 +435	+566 +530	+696 +660	+856 +820	+1036 +1000
400	450	−1500 −1900	−760 −1160	−440 −840	−230 −385	−135 −232	−68 −131	−20 −60	0 −27	0 −40	0 −63	0 −97	0 −155	0 −250	0 −400	0 −630	±20	+45 +5	+63 +23	+80 +40	+108 +68	+166 +126	+272 +232	+370 +330	+530 +490	+635 +595	+780 +740	+960 +920	+1140 +1100
450	500	−1650 −2050	−840 −1240	−480 −880																		+172 +132	+292 +252	+400 +360	+580 +540	+700 +660	+860 +820	+1040 +1000	+1290 +1250

附表 22　孔的极限偏差数值（GB/T 1800.2—2009）

代号		A	B	C	D	E	F	G	H							JS		K	M	N	P	R	S	T	U				
公称尺寸/mm		公差等级																											
大于	至	11	11	11	9	8	8	7	6	7	8	9	10	11	12	6	7	6	7	8	7	6	7	6	7	7	7	7	7
—	3	+330 +270	+200 +140	+120 +60	+45 +20	+28 +14	+20 +6	+12 +2	+6 0	+10 0	+14 0	+25 0	+40 0	+60 0	+10 00	±3	±5	0 −6	0 −10	0 −14	−2 −12	−4 −10	−4 −14	−6 −12	−6 −16	−10 −20	−14 −24	—	−18 −28
3	6	+345 +270	+215 +140	+145 +70	+60 +30	+38 +20	+28 +10	+16 +4	+8 0	+12 0	+18 0	+30 0	+48 0	+75 0	+120 0	±4	±6	+2 −6	+3 −9	+5 −13	0 −12	−5 −13	−4 −16	−9 −17	−8 −20	−11 −23	−15 −27	—	−19 −31
6	10	+370 +280	+240 +150	+170 +80	+76 +40	+47 +25	+35 +13	+20 +5	+9 0	+15 0	+22 0	+36 0	+58 0	+90 0	+150 0	±4.5	±7	+2 −7	+5 −10	+6 −16	0 −15	−7 −16	−4 −19	−12 −21	−9 −24	−13 −28	−17 −32	—	−22 −37
10 14	14 18	+400 +290	+260 +150	+205 +95	+93 +50	+59 +32	+43 +16	+24 +6	+11 0	+18 0	+27 0	+43 0	+70 0	+110 0	+180 0	±5.5	±9	+2 −9	+6 −12	+8 −19	0 −18	−9 −20	−5 −23	−15 −26	−11 −29	−16 −34	−21 −39	—	−26 −44
18	24	+430 +300	+290 +160	+240 +110	+117 +65	+73 +40	+53 +20	+28 +7	+13 0	+21 0	+33 0	+52 0	+84 0	+130 0	+210 0	±6.5	±10	+2 −11	+6 −15	+10 −23	0 −21	−11 −24	−7 −28	−18 −31	−14 −35	−20 −41	−27 −48	—	−33 −54
24	30																											−33 −54	−40 −61
30	40	+470 +310	+330 +170	+280 +120	+142 +80	+89 +50	+64 +25	+34 +9	+16 0	+25 0	+39 0	+62 0	+100 0	+160 0	−250 0	±8	±12	+3 −13	+7 −18	+12 −27	0 −25	−12 −28	−8 −33	−21 −37	−17 −42	−25 −50	−34 −59	−39 −64	−51 −76
40	50	+480 +320	+340 +180	+290 +130																								−45 −70	−61 −86
50	65	+530 +340	+380 +190	+330 +140	+174 +100	+106 +60	+76 +30	+40 +10	+19 0	+30 0	+46 0	+74 0	+120 0	+190 0	−300 0	±9.5	±15	+4 −15	+9 −21	+14 −32	0 −30	−14 −33	−9 −39	−26 −45	−21 −51	−30 −60	−42 −72	−55 −85	−76 −106
65	80	+550 +360	+390 +200	+340 +150																						−32 −62	−48 −78	−64 −94	−91 −121
80	100	+600 +380	+440 +220	+390 +170	+207 +120	+126 +72	+90 +36	+47 +12	+22 0	+35 0	+54 0	+87 0	+140 0	+220 0	+350 0	±11	±17	+4 −18	+10 −25	+16 −38	0 −35	−16 −38	−10 −45	−30 −52	−24 −59	−38 −73	−58 −93	−78 −113	−111 −146
100	120	+630 +410	+460 +240	+400 +180																						−41 −76	−66 −101	−91 −126	−131 −166

续表

代号		A	B	C	D	E	F	G	H								JS	K	M	N	P	R	S	T	U				
公称尺寸/mm		公差等级																											
120	140	+710 +460	+510 +260	+450 +200																						−48 −88	−77 −117	−107 −147	−155 −195
140	160	+770 +520	+530 +280	+460 +210	+245 +145	+148 +85	+106 +43	+54 +14	+25 0	+40 0	+63 0	+100 0	+160 0	+250 0	+400 0	±12.5	±20	+4 −21	+12 −28	+20 −43	0 −40	−20 −45	−12 −52	−36 −61	−28 −68	−50 −90	−85 −125	−119 −159	−175 −215
160	180	+830 +580	+560 +310	+480 +230																						−53 −93	−93 −133	−131 −171	−195 −235
180	200	+950 +660	+630 +340	+530 +240																						−60 −106	−105 −151	−149 −195	−219 −265
200	225	+1030 +740	+670 +380	+550 +260	+285 +170	+172 +100	+122 +50	+61 +15	+29 0	+46 0	+72 0	+115 0	+185 0	+290 0	+460 0	±14.5	±23	+5 −24	+13 −33	+22 −50	0 −46	−22 −51	−14 −60	−41 −70	−33 −79	−63 −109	−113 −159	−163 −209	−241 −287
225	250	+1110 +820	+710 +420	+570 +280																						−67 −113	−123 −169	−179 −225	−267 −313
250	280	+1240 +920	+800 +480	+620 +300	+320 +190	+191 +110	+137 +56	+69 +17	+32 0	+52 0	+81 0	+130 0	+210 0	+320 0	+520 0	±16	±26	+5 −27	+16 −36	+25 −56	0 −52	−25 −57	−14 −66	−47 −79	−36 −88	−74 −126	−138 −190	−198 −250	−295 −347
280	315	+1370 +1050	+860 +540	+650 +330																						−78 −130	−150 −202	−220 −272	−330 −382
315	355	+1560 +1200	+960 +600	+720 +360	+350 +210	+214 +125	+151 +62	+75 +18	+36 0	+57 0	+89 0	+140 0	+230 0	+360 0	+570 0	±18	±28	+7 −29	+17 −40	+28 −61	0 −57	−26 −62	−16 −73	−51 −87	−41 −98	−87 −144	−169 −226	−247 −304	−369 −426
355	400	+1710 +1350	+1040 +680	+760 +400																						−93 −150	−187 −244	−273 −330	−414 −471
400	450	+1900 +1500	+1160 +760	+840 +440	+385 +230	+232 +135	+165 +68	+83 +20	+40 0	+63 0	+97 0	+155 0	+250 0	+400 0	+630 0	±20	±31	+8 −32	+18 45	+29 −68	0 −63	−27 −67	−17 −80	−55 −95	−45 −108	−103 −166	−209 −272	−307 −370	−467 −530
450	500	+2050 +1650	+1240 +840	+880 +480																						−109 −172	−229 −292	−337 −400	−517 −580

附表 23　线性尺寸的一般公差（GB/T 1804—2008）

公差等级	尺寸分段							
	0.5~3	>3~6	>6~30	>30~120	>120~400	>400~1 000	>1 000~2 000	>2 000~4 000
f（精密度）	±0.05	±0.05	±0.1	±0.15	±0.2	±0.3	±0.5	—
m（中等级）	±0.1	±0.1	±0.2	±0.3	±0.5	±0.8	±1.2	±2
C（粗糙度）	±0.2	±0.3	±0.5	±0.8	±1.2	±2	±3	±4
V（最粗级）	—	±0.5	±1	±1.5	±2.5	±4	±6	±8